系统核与核度理论及其应用

第2版

许 进◎著

CORE AND CORITIVITY THEORY IN SYSTEMS AND ITS APPLICATIONS

(Second Edition)

人民邮电出版社
北京

图书在版编目（CIP）数据

系统核与核度理论及其应用 / 许进著. -- 2版. -- 北京 : 人民邮电出版社, 2021.12
ISBN 978-7-115-57328-5

Ⅰ. ①系… Ⅱ. ①许… Ⅲ. ①系统理论－研究 Ⅳ. ①N941

中国版本图书馆CIP数据核字(2021)第193613号

内 容 提 要

“系统核与核度理论”是 20 世纪 80 年代末、90 年代初诞生的一种研究系统的方法，至今已有 30 余年历史，无论在自身理论方面，还是在应用方面，都取得了丰硕的成果。本书较系统地介绍了“系统核与核度理论”的产生背景、理论成果及其应用状况。全书共 14 章，第 1 章为绪论，第 2 章介绍了本书涉及的图论基础知识。第 3 章～第 8 章为理论部分，论述了系统核与核度的基本理论，核度与系统的最值网络结构，系统与补系统间的核度，核与核度的优化设计理论，子核与核度的计算，核、核度与图的连通性。第 9 章～第 14 章为应用部分，介绍了核与核度理论在神经网络、信息交流网络系统、可靠通信网络的优化设计、社交网络以及脑网络研究中的应用。

本书结构清晰，论证严谨，适合管理科学、系统科学、应用数学、社会心理学、神经网络等领域的科技人员，高等院校相关专业的教师、博士生、硕士生及本科高年级学生阅读。

◆ 著　　　许　进
责任编辑　贺瑞君
责任印制　李　东　周昇亮

◆ 人民邮电出版社出版发行　　北京市丰台区成寿寺路 11 号
邮编　100164　　电子邮件　315@ptpress.com.cn
网址　https://www.ptpress.com.cn
北京印匠彩色印刷有限公司印刷

◆ 开本：700×1000　1/16
印张：15　　　　2021 年 12 月第 2 版
字数：245 千字　　　　2021 年 12 月北京第 1 次印刷

定价：129.80 元

读者服务热线：(010)81055552　印装质量热线：(010)81055316
反盗版热线：(010)81055315
广告经营许可证：京东市监广登字 20170147 号

谨以此书

献给我敬爱的导师

汪应洛院士

第 2 版前言

本书第 1 版于 1994 年出版，至今已 27 年。27 年前，互联网刚刚露出乳牙；今天，互联网已经渗透到每个人生活的方方面面，深刻影响了人们的生活方式。互联网的出现极大地促进了社交网络的发展，并产生了多个新的科学研究热点领域，如网络信息安全、大数据、人工智能等。

本书第 1 版提出的系统核与核度理论，是一种刻画图与网络结构特征的新方法，涉及图与网络结构的问题，可直接或间接地运用系统核与核度理论。20 多年来，系统核与核度理论在许多领域得到了应用，如社交网络中的社区发现、影响力最大化等问题。自国家颁布“十一五”计划以来，社交网络、信息安全等领域的众多国家重大研究项目都将核与核度作为重要的研究工具。

本书第 1 版出版 27 年来，众多学者在系统核与核度的理论及其应用方面做出了大量有意义的工作。作者根据自己领衔的课题组的研究新进展，和当前国内外相关领域的发展方向，在第 1 版基础上进行了修订。除全书行文优化外，主要增补了如下几点内容。

1. 对第 1 版的第 12 章进行了更新，将内容从人际关系网络优化设计拓展到社交网络研究，增加了社交媒体用户兴趣集中度的度量方法、基于系统核与核度理论计算社交网络影响最大化两节。

2. 增加了第 13 章，从核与核度的定义出发，建立了树核度的概念，并基于此介绍了社交网络影响最大化问题方面的研究。

3. 增加了第 14 章，研究了基于核度理论的脑网络分析方法，该方法对精神疾病的诊断具有一定的启发作用。

在修订本书的过程中，作者的几位学生付出了辛勤劳动，他们是朱恩强、张伊凡、吴艳蕾、刘小青、周洋洋、赵栋杨、马明远、苏静、张子超、王玉、迟威、孙慧、龚音等，在此一并表示感谢。

由于时间仓促，书中难免存在缺憾甚至谬误，敬请广大读者批评指正。

许进

2021 年 8 月 22 日

于北大燕园

第 1 版序

现代社会发展的趋势是社会活动越来越复杂多变，社会活动的影响也越来越大。因而，随着社会的发展，将会出现越来越多的“大企业”系统、“大项目”系统、“大科学”系统。这些系统的特点是规模庞大、结构复杂、影响因素众多、相互关系复杂，这就迫使从事系统工程的科学工作者们面对现实，创造新的方法、新的工具和新的理论，以适应其发展。现有的系统工程理论和方法很难适应当前社会发展的需要，特别是在定量方面，以及定性与定量相结合方面。

本书作者基于大量自然现象、社会现象和理论上的需要，提出了研究系统科学的一种新方法——系统的核与核度法。这种采用定性与定量相结合的形式研究系统的新方法，能够抓住系统的关键和本质，通过核度参数进一步刻画系统的“中心”，即系统的核，为系统分析研究开辟了一个新领域。

另外，系统核与核度理论的诞生，解决了行为科学家、哲学家以及社会科学家们一直关注的难题：如何定量刻画系统的“中心”。行为科学家、哲学家以及社会科学家们一直认为系统都存在一个“中心”，那么，这个“中心”如何寻找，如何刻画？怎样给出定量分析？这些问题一直未能得到很好的解决。系统核与核度方法充分利用网络图与规划论等数学工具，较好地解决了这些问题。

系统核与核度的理论研究已经取得了比较可喜的成果，明确了核度的取值范围，给出了求核与核度的算法，获得了在核度及网络顶点数固定的条件下系统网络可能具有的最大或最小的网络结构及相应的构造方法，研究了在核与核度意义下的优化理论，并讨论了核度与连通度等参数之间的相互关系及优化问题等。

系统核与核度在应用方面也取得了较多的成果，目前已应用于可靠通信网络的优化设计、管理科学中的组织行为问题、社会心理学、信息交流网络系统等。本书作者将核与核度理论应用于人工神经网络的研究，取得了令人满意的结果。

仅在网络图为简单无向图的情况下，系统核与核度理论的研究相对成熟，希望本书能够吸引更多的读者加入这一领域的研究，使系统核与核度理论更加充实、完善，应用更加广泛，以促进我国系统科学的蓬勃发展。

汪应洛

1994 年 7 月

第 1 版前言

仔细观察和思考自然界和现实社会中的系统，不难发现：几乎每个系统都存在若干个主要素，如果去掉它们，该系统在稳定性，甚至生存性方面将受到很大的影响。为了对这种现象进行深入、细致的研究，我们形象地称这些主要素为该**系统的核**，并将衡量系统核的工具称为系统的核度。实际上，对于这种现象，行为科学家、哲学家以及社会科学家们早就有所发现，他们认为每个系统都存在一个“中心”。列宁在他的《哲学笔记》中称这个“中心”为“纽结”，毛泽东在《矛盾论》中称这个“中心”为“主要矛盾”。那么，如何寻找“主要矛盾”，或者如何寻找系统的“中心”，如何定量地刻画这个“中心”，是行为科学家、哲学家以及社会科学家们一直关注的问题。作者经过多年的研究，以图论等方法为主要工具，给出了刻画系统“中心”的有效方法——**系统核与核度**理论。系统核与核度理论的建立和研究使我们意外地发现，这一理论不但可以作为研究系统科学的新方法和新工具，而且能够在神经网络、信息交流网络系统、社会心理学、可靠通信网络的优化设计等方面获得良好的应用，并且可以作为衡量图的连通性的参数，填补过去图的连通度方面的许多不足。

另外，系统核与核度概念的产生，受到了我国学者欧阳克智教授提出的**图的相对断裂度**概念和国外几位学者提出的**离散数**（Scattering Number）概念的启发：去掉网络图的若干个顶点，使图的连通分支数相对增大。

本书以作者的工学博士学位论文和发表的十余篇学术论文为基础，在系统主要素构成的网络图是无向连通图的基础上展开论述。关于系统主要素构成的网络图是有向并且赋权值的情况，本书没有涉及。考虑到在系统网络图是无向图的条件下，本书内容已相对完善，作者还是将所获成果集结成此书，以飨读者，希望能够起到抛砖引玉、引导讨论的效果，以促进系统核与核度理论的发展、完善，以及应用的扩大。由于作者水平有限，书中难免有错误和不足之处，敬请读者批评指正。

本书的写作得到了作者的博士生导师、西安交通大学管理学院院长、中国系统工程学会副理事长汪应洛教授，博士后导师、原西安电子科技大学校长保铮院士，硕士生导师、西北工业大学王自果教授的亲切关怀和指导；同时，西安交通大学管理学院副院长、博士生导师席酉民教授也对本书给予了热情的指导，提出了许多宝贵意见，在此一并表示衷心的感谢。

在写作本书的过程中，作者还曾得到陕西师范大学校长、作者的恩师王国俊教授，陕西师范大学数学系主任魏通荪教授，西安石油学院欧阳克智教授，西安电子科技大学吴顺君教授等的关怀和鼓励，在此一并表示衷心的感谢。

许 进

1994 年 8 月 12 日

于西安电子科技大学

目 录

第1章

绪论

半个多世纪以来，“系统”作为一种研究对象，引起了不同学科、不同专业学者们的兴趣和关注。特别是20世纪40年代“系统工程”“控制论”“信息论”和“一般系统论”的创立，促使众多领域的专家们“携手作战”，从不同的领域展开了对“系统”的研究。系统科学目前仍是全世界范围内科学研究与发展的中心，当下这个时代也因此被称为“系统时代”。

然而，在这个系统时代，人们对“系统”的研究并不十分清楚，对有些问题的研究才刚刚开始，或者尚未找到较好的方法。本书介绍的“系统核与核度理论”就是其中一例。“系统核”本是系统自身固有的基本属性，过去人们一直没有找到合适的方法（或工具）去刻画和描述它。本书通过应用网络图的方法，建立了一套研究系统核的方法体系。由于系统核是系统的核心、关键及主体，因此，本书介绍的系统核与核度理论自然是一种研究系统科学的新方法和新工具。

作者意外地发现，系统核与核度理论不但是研究系统科学的一种新方法，而且对可靠通信网络、社会心理学、网络图的连通性、信息交流网络系统以及神经网络等方面的研究具有非常重要的应用价值，其中有些结果弥补了前人研究的许多不足。

本章主要介绍系统核与核度理论产生的背景及系统核的概念，研究系统核的意义、基本思想，并概述目前系统核与核度理论的研究状况及研究系统方法的状况。

1.1 系统核的概念及意义

行为科学家、哲学家以及系统科学家们都不同程度地预感到每个系统都存在一个“中心”，或者说有一些最关键、最核心的主要素存在。对于这个“中心”，不同的人在不同的领域内选择了他们认为适当的名称。为了统一起来，本书把系统的“中心”，即该系统最关键、最核心的主要素等统称为“系统核”。如何描述、寻找系统核，它有哪些基本属性等许多问题，一直没有得到很好的解决。

对于一个给定的系统，系统的核总是存在的。有些系统的核很明显，有些则不那么明显。由于现实生活中的系统类型千姿百态，对应的系统核自然也有很多类型，这为描述系统核的研究工作带来很大的难度。

通过上文对系统核的描述性定义可以看出，系统的核应该是系统的主体、关键或核心。因此，对于一个给定的系统，寻找到这个系统的核，也就抓住了这个系统的核心或关键。这对更深入地研究系统的基本结构、基本性质等问题是非常有用的，甚至解决其他问题也会变得更加简单和容易。正如毛泽东在《矛盾论》中所指出的那样：“研究任何过程，如果是存在着两个以上矛盾的复杂过程的话，就要用全力找出它的主要矛盾。捉住了这个主要矛盾，一切问题就迎刃而解了。”由此可见，研究系统的核具有重要的现实意义，它将对系统科学的深入研究和发展起到奠基性的作用。

虽然对系统核的研究非常有用，但研究过程具有一定的难度，特别是建立数学模型，需要花费大力气去探索。本书会介绍一套研究系统核的方法体系，其基本思想并不复杂，现简述如下。

对于一个给定的系统，其核的求解可从以下角度考虑：若去掉或者破坏掉这个系统的**若干个主要素**，对于这个系统的破坏性最大，即可把这“**若干个主要素**”称为这个系统的核，并且记作 S^*，原系统记作 X。衡量核的工具称为**核度**，记作 $h(X)$，并定义为

$$h(X) = X - S^*$$

其中，S^* 是未知的，求解核度的主要任务是寻找 S^*。

基于上述思想，S^* 应满足

$$h(X) = \max\left\{X - S',\ S'\text{由}X\text{中的若干个主要素构成}\right\}$$

这就是研究系统核与核度的基本思想。

1.2 研究系统方法概论

研究系统的方法可分为 3 类：定性方法、定量方法以及定性与定量相结合的方法。定性方法属于系统论的研究范围，它是定量研究的理论基础，而定量方法是系统工程的研究内容[1]，系统工程的方法体系基础就是运用系统思想及各种数学方法、控制理论、信息论及电子计算机等技术和工具来实现系统的模型化和最优化，进行系统分析和设计。系统工程的理论基础主要包括运筹学、控制论和信息论等。这表明，对系统进行定量分析的主要方法是用数学来建立模型，按照这种模型进行数学分析，然后再将分析的结果应用于原系统。

在研究分析系统的结构方面，主要采用的方法有解析模型法、认识图法[2]、系统动力学方法[2]、微分方程[2]、网络图论[3]、统计学[4]等。在系统建模与优化设计方面，主要采用的方法有网络图论、规划论（包括线性规划、非线性规划、网络规划、动态规划、整数规划）、对策论、排队论、储存论等。对于“大系统理论”，除了上述运筹学、控制论及信息论等工具外，人们还创造了诸如分解协调、分散、递阶控制[5]等方法。另外，除了上述对一般系统的研究外，人们还针对具有某些特性的系统创立了特殊的研究方法。已有的主要研究方法如下。

1. 普利高津的耗散结构理论[6]

如果一个开放系统与外界进行着物质、信息、能量等的相互交换，在外界条件的变化达到一定的阈值时，可能从原有的混沌无序的混乱状态，转变为一种在时间上、空间上或功能上的有序状态。这种在远离平衡情况下形成的新的有序结构，普利高津（I. Prigogine）把它命名为耗散结构[6]。耗散结构理论就是研究耗散结构的性质，以及它的形成、稳定和演变规律的科学。该理论的研究对象是开放系统，而宇宙中各种系统（无论是有生命的还是无生命的），实际上无一不是与外界有着相互依存和相互作用关系的开放系统，这一理论涉及的范围之广，在科学史上是罕见的。

2. H. 哈肯的协同学理论[7]

协同学理论的研究对象是一种“自组织”系统。该理论是耗散结构理论的继续与深入，是用统计力学的方法，来解决复杂系统的有序化问题。H. 哈肯严格证明了在一定的条件下，有序化问题的出现是不可避免的。协同学理论目前已广泛地应用于自然科学、社会科学等许多领域。

3. 邓聚龙的灰色系统理论[8]

对于一个系统，若它的内部结构清清楚楚，则称之为“白色系统”；若人们对它的内部结构全然不知，则称为“黑色系统”；若它的某些内部结构是已知的，某些是未知的，则称为“灰色系统”。关于灰色系统的研究，目前已有了不少成果（如建模理论与方法、决策分析、预测理论与方法、控制、优化等），特别在农业、工业等领域已得到非常广泛的应用。

4. 吴学谋的泛系方法论

泛系方法论又称泛系理论（Pansystems Methodology），它侧重从泛系（或广义的系统、关系、对称、生克等及其联系、复合与转化）来进行多层网络型的跨域研究。它具有百科可络可乐不可罗的特点，力图筹建或显生各种学科专题与事物群里外多层再现的一种广义的经路、通信网络与交通网络。

随着社会与科学技术的不断发展，上述方法很难满足对许多维数高、结构复杂的大系统的要求，特别是钱学森等人提出的“巨系统”概念[9]，更使系统科学工作者感到，创造研究系统的新方法是一项首要的、当务之急的工作。

现实生活中的许多系统很难被纯定量地描述，而需要采用定性与定量相结合的描述与刻画方法。尤其是对巨系统理论，定性与定量相结合的方法尤为适应[9]。截至本书成稿之日，人们对这方面的研究还很少，如何建立数学模型，对复杂的巨系统进行定性、定量分析，是目前系统工程的主要问题之一。

1.3 系统核与核度理论的研究状况

系统核与核度理论诞生于 20 世纪 80 年代末、90 年代初，正式出版的第一篇学术论文为 1993 年发表的《系统的核与核度理论(I)》[10]。截至本书成稿之日，该领域发表的学术论文已有近百篇。系统核与核度理论具有以下特征。

（1）该理论描述了自然界、社会实际生活中的一种基本客观现象（系统的基本属性）（见本书 3.1 节）；

（2）该理论作为一种定量、定性与定量相结合的系统研究方法，具有强大的生命力，为系统科学的研究开辟了一个新领域、启发了一种新思想。采用系统核与核度理论研究系统，能够抓住系统的本质、主体和关键。

（3）系统核与核度理论具有广阔的应用前景。目前这一理论已被应用于可靠通信网络、脑网络[11]、社会心理学[12]、信息交流网络系统[13]以及网络图的连通性等方面，取得了令人鼓舞的成果。

由于系统核与核度理论具有上述特征，因此刚一问世，便得到国内外学术界的高度赞扬与肯定。在 1993 年 6 月举行的“第三届中美国际图论及其应用”大会上，系统核与核度理论成为大会主题之一；新加坡的学者已将该理论的部分相关论文[14]翻译成英文，并与本书作者在这一领域开展了进一步的研究合作[15]。

目前，系统核与核度的研究工作主要包括理论与应用两个方面。理论方面，主要完成了下列工作。

（1）确定了核度的取值范围，构建了一些简单网络图的核度算法（如完全图、星图、完全 k-部图、树等），见本书第 3 章。

（2）构建了计算联图的核度算法，讨论了简单情况下核度与网络图的结构，指出了核度与刻画网络图的连通度之间的相互独立性，研究了核与核集的若干基本性质，这些内容将在本书第 3 章中介绍。

（3）刻画了在给定系统主要素数量及核度的条件下，系统可能具有的最大及最小网络结构，并建立了这些结构的构造方法，这些成果在人际关系[12]、组织行为的沟通网络等方面均有较好的应用。这方面内容将在本书第 4 章中介绍。

（4）当一个给定系统的网络结构比较复杂时，人们往往先研究这个网络图的补网络图，然后将研究结果应用于研究原系统的性质、结构等。目前，系统的核度与补核度的相互关系已基本清晰，如核度与补核度之间的和的问题、积的问题（即 Nordhaus-Gaddum 问题）。这方面内容详见本书第 5 章和文献[16]～文献[17]等。

（5）在目前系统核与核度的理论研究中，最核心且最主要的研究成果之一是系统核与核度的优化设计理论[18]。这套理论主要研究了在给定核值及系统网络的顶点数的条件下，网络图可具有的最大核度结构、最小核度结构及相应网络图的构造方法；在给定系统网络图顶点数、边数的条件下，系统可能具有的最大核度、最小核度及相应网络图的构造方法。值得一提的是，最小核度网络图具有非常好的应用前景，关于这方面的介绍详见本书第6章。

（6）核度的计算问题是系统核与核度理论中最基本的问题。这个问题的解决会对系统核与核度理论的深入研究产生巨大影响。本书第3章介绍了几类特殊网络图的核度计算公式或递推公式，如树、圈、路、星图、完全图、完全 *k*-部图以及联图等。本书第7章则进一步围绕一般核度的算法进行介绍。

在应用方面，对系统核与核度的研究主要包括以下工作。

（1）图的核度的应用研究。在图论这门学科中，图的连通性是图的最基本的属性。正因为如此，目前这个领域的研究成果非常多，然而，其工具仅是图的**点连通度**和类似于点连通度的**边连通度**。作者认为，图的连通度仅刻画了图的局部连通性，并且连通度在刻画图的连通性上存在着明显的不足。图的核度不但弥补了连通度的某些不足，而且是一个从整体上刻画图的连通性的新的不变量。这些研究成果将在本书第8章中介绍。第8章不但会介绍连通度的发展概况，而且还会介绍与核度在结构上很相近的一种不变量——图的坚韧度的性质、基本特征及发展概况[19]，最后会介绍在坚韧度及核度给定条件下图的极值理论。

（2）系统核与核度理论在神经网络中的应用。神经网络是近十余年来发展十分迅速的一个科学前沿领域，它的每一个突破性进展，都将对人类社会的文明进步起到不可估量的作用。从目前发展状况与趋势来看，神经网络会对计算机科学、人工智能、脑神经科学、数理科学、信息科学、微电子学、自动控制与机器人、系统工程等领域的发展产生重要影响。

为了模拟人的脑神经网络系统的信息存储、传递和处理功能，人们已经提出了数百种模拟（或者部分模拟）脑神经系统的神经网络模型。目前比较成熟和实用的神经网络已有数十种之多，如Hopfield模型[20]，MP模型[21]、感知器[22]和细胞神经网络[23]。然而，从目前神经生理学与神经解剖学的应用研究成果来看，这些模型与生物神经网络有一定的差距。神经网络的拓扑结构应该是一种连通性最好的网络图。基于此，本书应用最小核度理论，设计出一种“最小核度神经网络模型”，详见本书第9章及文献[11]。为了便于读者理解，本书第9章还介绍了神经网络的基本概念及基本理论。

（3）系统核与核度理论在信息交流网络系统中的应用。信息交流（传递）是自然界和人类社会最普遍的现象。人类要生存和发展，就必须进行信息交流。20世纪40年代，人们开始以数学为工具对信息进行定量化的研究。数学家克劳德·艾尔伍德·香农（Claude Elwood Shannon）发表了题为“A Mathematical Theory of Communication”的论文[24]，标志着信息论的诞生。亚历克斯·巴弗勒斯（Alex Bavelas）从群体组织内部结构的角度研究了信息的传递[25]，给出了从拓扑结构方面研究信息传递的方式。然而，对组织结构比较复杂，特别是成员较多的情况，组织内部信息交流与传递的研究还不太成熟。本书应用系统核与核度理论给出了分析群体信息交流网络系统优劣（如信息传递的速度、准确性等）的方法，并讨论了最优信息交流网络的构造等问题，详见第 10 章。

（4）把系统核与核度理论应用于可靠通信网络，指出了弗兰克·哈拉里（Frank Harary）在这个领域研究中的不足，并给出了最优的可靠通信网络的构造方法和步骤，指出了分布式电路的优化设计等的问题。这方面工作的详细介绍见本书第 11 章。

（5）系统核与核度理论在群体人际关系研究中的应用。社会心理学的主要课题是人际关系的研究，其中群体人际关系是主要的研究内容之一。将系统核与核度理论应用于对群体（与小群体）人际关系的研究当中，大大改进和扩展了前人在这方面的工作，并提供了一种判别小群体（乃至群体）人际关系优劣的新方法，并且讨论了在不同条件下人际关系优化设计的问题等，详见第 12 章及文献[12]。

另外，本书第 2 章介绍了本书所用网络图中涉及的基本概念与定理，供读者参考。

参考文献

[1] 汪应洛. 系统工程[M]. 北京: 机械工业出版社, 1986.

[2] 席酉民. 大型工程决策[M]. 贵阳: 贵州人民出版社, 1988.

[3] 刘永清, 宋中昆. 大型动力系统的理论与应用[M]. 广州: 华南理工大学出版社, 1992.

[4] 陈树柏. 网络图论及其应用[M]. 北京: 科学出版社, 1982.

[5] 李人厚, 邵福庆. 大系统的递阶与分散控制[M]. 西安: 西安交通大学出版社, 1986.

[6] 湛垦华, 沈小峰. 普利高津与耗散结构理论[M]. 西安: 陕西科学技

术出版社, 1982.
[7] 哈肯 H. 协同学 引论 物理学, 化学和生物学中的非平衡相变和自组织[M]. 3版. 徐锡申, 等, 译. 北京: 原子能出版社, 1984.
[8] 邓聚龙. 灰色系统基本方法[M]. 武汉: 华中理工大学出版社, 1987.
[9] 钱学森, 于景元, 戴汝为. 一个科学新领域——开放的复杂巨系统及其方法论[J]. 自然杂志, 1990, 1: 1-10.
[10] 许进, 席酉民, 汪应洛. 系统的核与核度 (I)[J]. 系统科学与数学, 1993, 13(2): 102-110.
[11] Zhang Y, Zhang K, Zou X. Structural Brain Network Mining Based on Core Theory[C]// Proceedings of IEEE International Conference on Data Science in Cyberspace. IEEE, 2018: 161-168.
[12] 许进, 席酉民, 汪应洛. 系统的核与核度理论 (VI)——核与核度在研究小群体人际关系中的应用[J]. 西安交通大学学报, 1994, 28(3): 69-73.
[13] 许进, 费奇, 汪应洛. 信息交流网络系统优化设计的核与核度法[J]. 系统工程学报, 2001, 16(4): 275-281.
[14] 许进. 系统的核与核度理论及应用[D]. 西安: 西安交通大学, 1993.
[15] Yap H P, Ho K L. Degree of Cohesiveness and Nuclei of a Graph[J]. Vishwa International Journal of Graph Theory, 1992, 1.
[16] Wang Y, Xu J, Xi Y. The Core and Coritivity of a System (IV)——Relations between a System and Its Complement[J]. Chinese Journal of Systems Engineering and Electronics, 1993, 4(2): 28-34.
[17] 许进, 席酉民, 汪应洛. 系统的核与核度理论 (V)——系统和补系统的关系[J]. 系统工程学报, 1993, 8(2): 33-39.
[18] 许进, 席酉民, 汪应洛. 系统的核与核度理论 (II)——优化设计与可靠通讯网络[J]. 系统工程学报, 1994(1): 1-11.
[19] 许进. 论图的坚韧度 (I)——基本理论[J]. 电子学报, 1996, 24(1): 23-27.
[20] Hopfield J. Neural Networks and Physical Systems with Emergent Collective Computation Abilities[J]. Proceedings of the National Academy of Sciences, 1982, 79(8): 2554-2558.
[21] Mcculloch W S, Pitts W H. A Logical Calculus of Ideas Immanent in Nervous Activity[J]. The Bulletin of Mathematical Biophysics, 1942, 5:

115-133.

[22]Rosenblatt F. Principles of Neurodynamics[M]. New York: Spartan, 1962.

[23]Chua L O, Yang L. Cullular Neural Networks: Theory and Applications [J]. IEEE Transactions on Circuits and Systems, 1988, 35(10): 1257-1290.

[24]Shannon, C E. A Mathematical Theory of Communication[J]. Bell Systems Technical Journal, 1948, 27(4): 623-656.

[25]Bavelas A A. A Mathematical Model for Group Structures[J]. Human Organization, 1948, 7(3): 16-30.

第 2 章

图论中的有关概念与理论

本章主要介绍与本书涉及的图论有关的基本概念、符号和定理，未定义的概念与结果可在文献[1]中找到，或者在后续章节给出。

2.1 图的概念

现实世界中的许多问题（包括自然现象和社会现象），都可以用一类图形来描述。这种图形是由一个顶点集和连接这个顶点集中某些点对的线构成。例如，用顶点表示国家，如果两个国家相邻，就在这两个国家之间连接一条线。例如，图 2.1 为 5 个国家之间的相邻状况图；图 2.2 为陕西省铁路干线图，其中的顶点表示车站，线表示车站与车站之间的道路。此外，还有用顶点表示人，连线表示人与人之间的关系的图形等。在这种图形中，人们主要感兴趣的是，两个顶点之间是否被一条线连接，而连线的长短与曲直则无关紧要。于是，人们便根据这种现象，抽象出数学中“图”的概念，进而形成了一门崭新的数学学科——图论。

图 2.1　5 个国家之间的相邻状况图

图论的历史悠久，最早可追溯到 1736 年莱昂哈德·欧拉（Leonhard

Euler）解决哥尼斯堡（Konigsberg）七桥问题，但真正形成一门学科则是从 20 世纪开始。图论发展神速，用途非常广泛，几乎可以应用到人类社会的各个领域，自然科学需要它，社会科学也需要它。特别是电子技术与计算机科学的发展，更显示出图论的巨大威力。限于篇幅，本章无法一一介绍图论学科中的所有成果，只对本书所用到的基本概念、符号及本书需要的有关成果进行介绍。

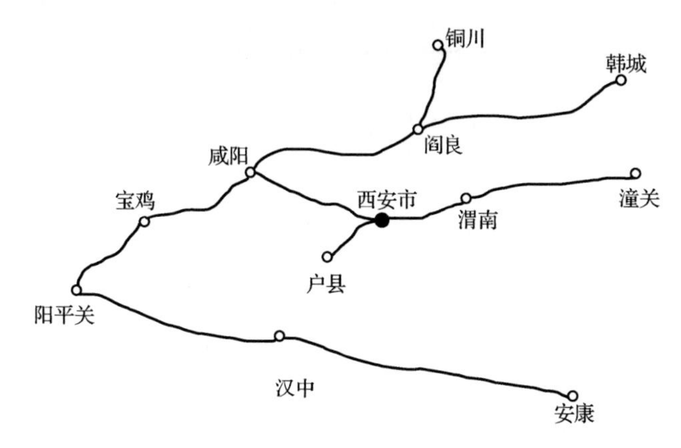

图 2.2　陕西省铁路干线图（1994 年，示意图）

有序三重集合 $G=\{V(G),E(G),\psi_G\}$ 称为一个图，其中 $V(G)\neq\varnothing$（空集），称为顶点集合，$V(G)$ 的元素称为图 G 的顶点；$E(G)$ 称为边集合，$E(G)$ 的元素称为边；$V(G)\cap E(G)=\varnothing$；$\psi_G$ 称为关联函数，其定义域为 $E(G)$，对于 $\forall e\in E(G)$，存在唯一的顶点 $u,v\in V(G)$，使得 $\psi_G(e)=uv$。当 u 与 v 无序时，G 称为无向图；当 u 与 v 有序时，G 称为有向图。记 $|V(G)|=p$，称为图 G 的顶点个数或者阶数，$|E(G)|=q$。当 $p+q<+\infty$ 时，G 称为有限图，否则为无限图。本书只讨论有限图。

这里要声明的是，本书中图、网络图和网络这 3 个概念是等同的。

为直观起见，按下述方法画出一个图的图示：把 $V(G)$ 的元素用不重合的几何点表示，位置任选；当 $\psi_G(e)=uv$ 时，若是无向图，在顶点 u 与 v 之间画一条曲线表示 e，若是有向图，则在上述曲线上标出从 u 到 v 的箭头。曲线的长短曲直任意。一般，顶点以 $v_1,v_2,\cdots,v_n,\cdots$ 标记，边以 $e_1,e_2,\cdots,e_m,\cdots$ 标记，顶点标有字母或者符号的图称为标定图。

图与其图示不是一回事，但它们是同构的。为了直观，下面把图示看成原来的那个图。这也是图论这门学科的魅力之一。

例 2.1 图 2.3 所示的图 G 为：

$V(G)=\{v_1, v_2, v_3, v_4, v_5\}$，

$E(G)=\{e_1, e_2, e_3, e_4, e_5, e_6, e_7, e_8, e_9, e_{10}\}$，

$\psi_G(e_1)=v_1v_1$，$\psi_G(e_2)=\psi_G(e_3)=\psi_G(e_4)=v_1v_3$，

$\psi_G(e_5)=v_3v_4$，$\psi_G(e_6)=v_1v_2$，$\psi_G(e_7)=v_2v_4$，

$\psi_G(e_8)=v_2v_5$，$\psi_G(e_9)=v_4v_5$，$\psi_G(e_{10})=v_5v_5$。

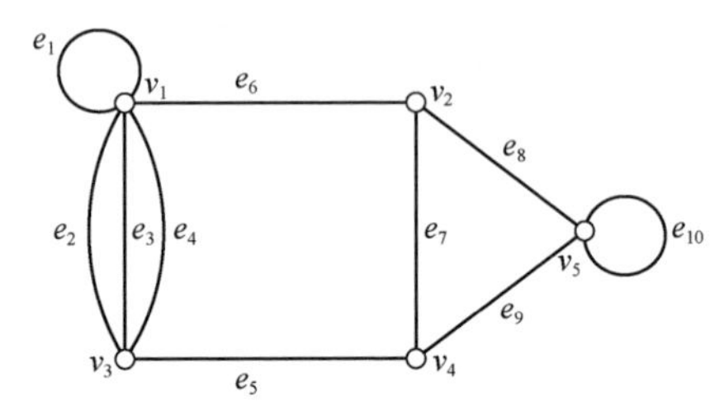

图 2.3　图 G 示意图

下面给出图中的几个最基本的术语。

（1）**边的端点**：$\psi_G(e)=uv$ 时，u 与 v 为边 e 的端点，也可写成 $e=uv$。

（2）**边与顶点相关联**：$\psi_G(e)=uv$ 时，称 e 与 u、v 相关联。

（3）**相邻顶点**：$\psi_G(e)=uv$ 时，u 与 v 为相邻顶点，或者称 u 与 v 相邻。

（4）**邻边**：与同一顶点关联的边为邻边。

（5）**环**：只与一个顶点关联的边为环，如例 2.1 中的 e_1 和 e_{10}。

（6）**重边**：$\psi_G(e_1)=\psi_G(e_2)=uv$ 时，e_1 和 e_2 为重边。例如，图 2.1 中的 e_2、e_3 和 e_4 就是重边。

（7）**简单图**：无环无重边的图称为简单图。

（8）**完全图**：任两个顶点皆相邻的图称为完全图，记作 K_p（ p 个顶点）。

（9）**平凡图**：只有一个顶点的图。

（10）**顶点 v 的度数**：记作 $d(v)$，定义为 $d(v)=d_1(v)+2l(v)$，其中，$d_1(v)$ 是与 v 相关联的非环边数，$l(v)$ 是与 v 相关联的环数。

2.2　子图及其运算

设 H 和 G 是两个图，如果 $V(H)\subseteq V(G)$，$E(H)\subseteq E(G)$，并且 ψ_H 是 ψ_G 在

$E(H)$ 内的限制，则称 H 是 G 的**子图**。此时 G 为 H 的**母图**，记作 $H \subseteq G$。如果 $H \subseteq G$，而 $H \neq G$，则称 H 是 G 的**真子图**，记作 $H \subset G$。

设 H 是 G 的子图，如果 $V(H)=V(G)$，则称 H 为 G 的**生成子图**。

设 V' 是 $V(G)$ 的非空子集，H 是 G 的一个子图，如果 $V(H)=V'$，$E(H)=\{e \mid e \in E(G),\ \psi_G(e)=uv,\ u、v \in V'\}$，$\psi_H$ 是 ψ_G 在 $E(H)$ 上的限制，则称 H 为由 V' 导出的 G 的子图，记作 $G[V']$。

导出子图 $G[V-V']$ 记作 $G-V'$，它是从 G 中删除 V' 中的顶点及与这些顶点相关联的全部边所得到的子图。当 $V'=\{v\}$ 时，则把 $G-\{v\}$ 简记为 $G-v$，称为 G 的删点子图。

与上述导出子图类似，E' 是 $E(G)$ 的非空子集，以 E' 作为边集，以 E' 中边的端点的全体为顶点集所组成的子图称为由 E' 导出的 G 的子图，记为 $G[E']$，它是 G 的边导出子图。从 G 中删去边集合 E' 中的边之后所得到的导出子图记为 $G-E'$，类似地，在 G 中增加边集合 E' 的边所得到的图记为 $G+E'$。如果 $E'=\{e\}$，则用 $G-e$ 和 $G+e$ 分别代替 $G-\{e\}$ 和 $G+\{e\}$。图 2.4 展示了这些不同类型的子图。

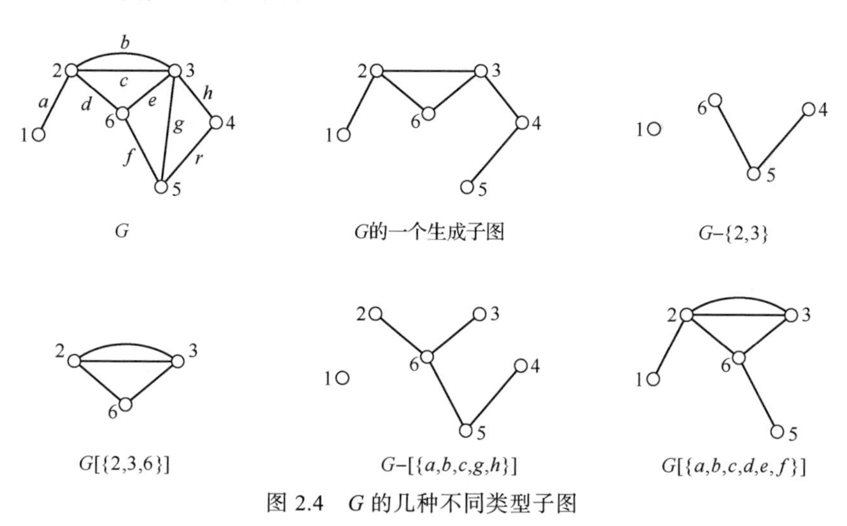

图 2.4　G 的几种不同类型子图

设 G_1 和 G_2 是图 G 的两个子图，关于 G_1 与 G_2 的几种运算定义如下。

（1）**并运算**，记作 $G_1 \cup G_2$。它是由 G_1 和 G_2 中的所有边组成的边导出子图 $G[E(G_1) \cup E(G_2)]$。如果 G_1 和 G_2 无公共边，则称 $G_1 \cup G_2$ 为 G_1 和 G_2 的**直和**，即 G_1 与 G_2 的边不重合。本书中提到直和运算时，参加运算的诸子图之间均没有公共边。

（2）**交运算**，记作 $G_1 \cap G_2$。它是由 G_1 与 G_2 的公共边构成的边导出子图 $G[E(G_1) \cap E(G_2)]$。

（3）**差运算**，记作 $G_1 - G_2$。它是从 G_1 中去掉 G_2 的边所组成的子图。

（4）G_1 与 G_2 的**环和运算**，记作 $G_1 \oplus G_2$。它是由 G_1 与 G_2 的并中去掉 G_1 与 G_2 的交所得到的图，即

$$\begin{aligned} G_1 \oplus G_2 &= (G_1 \cup G_2) - (G_1 \cap G_2) \\ &= (G_1 - G_2) \cup (G_2 - G_1) \end{aligned}$$

图 2.5 展示了上述几种运算的说明。

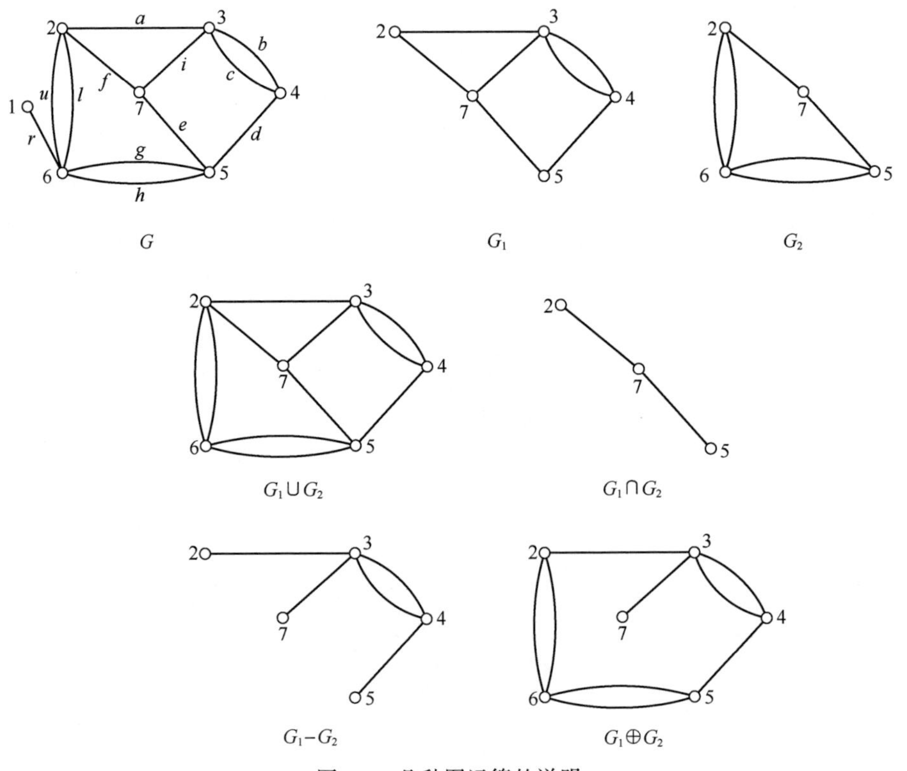

图 2.5　几种图运算的说明

除了上述几种运算外，一般地讲，图可以有一元运算（如图的细分）和多元运算（如图的联运算）。这些运算将在以后讨论有关内容时再详细介绍。

2.3　路、圈及图的连通性

设图 G 中一个有限非空的顶点和边的交替序列为 $w=v_0e_1v_1e_2v_2\cdots e_kv_k$，如果对于每一个 i，$1\leqslant i\leqslant k$，e_i 的顶点是 v_{i-1} 和 v_i，则称 w 是 G 中从 v_0 到 v_k 的一条**途径**，或者称为一条 v_0-v_k 途径，分别称顶点 v_0 和 v_k 为 w 的起点和终点，而称 $v_1,v_2,\cdots,v_{k-1}$ 为它的内点，k 为 w 的长度。若 $v_0=v_k$，则称 w 是闭的。

在简单图中，途径 $v_0e_1v_1\cdots v_{k-1}e_kv_k$ 由它的顶点序列 $v_0v_1\cdots v_k$ 确定。所以简单图的途径可简单地由其顶点序列来表示。若途径 w 的边 $e_1,e_2,\cdots,e_k$ 互不相同，则称 w 为**迹**；又若途径 w 的顶点 $v_0,v_1,\cdots,v_k$ 互不相同，则称 w 为**路**；若一条闭迹的内部顶点互不相同，则称之为**圈**。图 2.6 展示了一个图的一条途径、一条迹、路、闭迹和圈。通常，用 P_p 表示长度为 p 的路，C_p 表示长度为 p 的圈。

图 G 的两个顶点 u 和 v 称为连通的，如果在 G 中存在一条 $u-v$ 路。图 G 称为连通的。如果对于 $u,v\in V(G)$，则 u 与 v 在 G 中都连通。

途径：$ae_1fe_2ae_3fe_9de_8de_7ce_7d$

迹：$ae_1fe_2ae_3fe_9de_7c$

路：$ae_1fe_9de_7ce_5b$

闭迹：$ae_1fe_2ae_4be_5ce_7de_9fe_3a$

圈：$ae_1fe_9de_7ce_6be_4a$

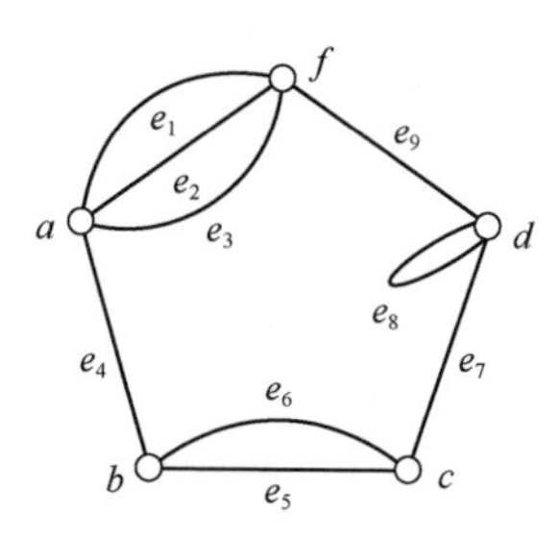

图 2.6　图的途径、迹、路、闭迹和圈

设图 G 的顶点 u 与 v 是连通的，则称 G 中最短的 $u-v$ 路的长为 u 与 v 的距离，记作 $d(u,v)$。

显然，不同顶点之间的连通关系是一个等价关系，按照等价关系，可以

把 $V(G)$ 中的顶点分类，当且仅当两个顶点连通时，它们才属于同一类，设 $V(G)$ 的类是 $V_1,V_2,\cdots,V_\omega$，则 G 的子图 $G[V_1],G[V_2],\cdots,G[V_\omega]$ 称为 G 的连通分支。G 的连通分支数量，记作 $\omega(G)$。若 G 连通，则 $\omega(G)=1$；若 $\omega(G)>1$，则 G 是不连通的。

设 G 是简单图，G 的**补图**记作 $\bar{G}$，定义为：$V(\bar{G})=V(G)$；当且仅当 $V(\bar{G})$ 中两个相邻顶点在 $V(G)$ 中不相邻。如果一个图 G 与它的补图 $\bar{G}$ 同构，则称 G 为自补图，关于自补图的详细论述见文献[2]。

定理 2.1 图 G 是不连通的当且仅当 $\bar{G}$ 是连通的。

2.4 关联矩阵和邻接矩阵

一个图 G 由它的顶点与边的关联关系唯一确定，如果 G 是 p 阶的、具有 q 条边的图，那么这样的关系可以用 $p\times q$ 阶矩阵来表示。设 $V(G)=\{v_1,v_2,\cdots,v_p\}$，$E(G)=\{e_1,e_2,\cdots,e_q\}$，把 $p\times q$ 阶矩阵 $\boldsymbol{M}(G)=(m_{ij})_{pq}$ 称为图 G 的关联矩阵，其中 m_{ij} 是 v_i 和 e_j 相关联的次数（0、1 或 2）。

例 2.2 图 2.7 展示了图 G 及其关联矩阵。

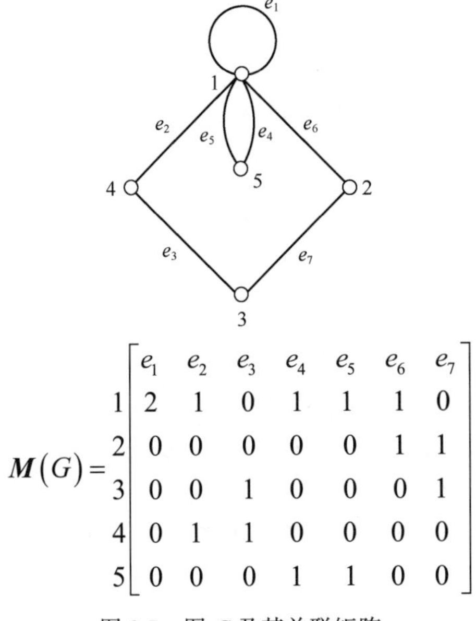

$$
\boldsymbol{M}(G)=\begin{bmatrix} & e_1 & e_2 & e_3 & e_4 & e_5 & e_6 & e_7 \\ 1 & 2 & 1 & 0 & 1 & 1 & 1 & 0 \\ 2 & 0 & 0 & 0 & 0 & 0 & 1 & 1 \\ 3 & 0 & 0 & 1 & 0 & 0 & 0 & 1 \\ 4 & 0 & 1 & 1 & 0 & 0 & 0 & 0 \\ 5 & 0 & 0 & 0 & 1 & 1 & 0 & 0 \end{bmatrix}
$$

图 2.7 图 G 及其关联矩阵

显然，若图 G 是无环图，则 $\boldsymbol{M}(G)$ 一定是一个 0-1 矩阵。

一个图 G 也可以唯一地由它的每两对顶点间的相邻关系唯一确定。若 G 是具有 q 条边的 p 阶图，这种相邻关系可由一个矩阵来确定，即 $p\times p$ 阶方阵 $\boldsymbol{A}(G)=(a_{ij})$，称为 G 的邻接矩阵(或相邻矩阵)。其中，a_{ij} 表示连接 v_i 与 v_j 的边的数量。

例如，例 2.2 中图 G 的邻接矩阵 $\boldsymbol{A}(G)$ 为

$$\boldsymbol{A}(G)=\begin{matrix} & \begin{matrix}1 & 2 & 3 & 4 & 5\end{matrix} \\ \begin{matrix}1\\2\\3\\4\\5\end{matrix} & \begin{bmatrix}1 & 1 & 0 & 1 & 2\\ 1 & 0 & 1 & 0 & 0\\ 0 & 1 & 0 & 1 & 0\\ 1 & 0 & 1 & 0 & 0\\ 2 & 0 & 0 & 0 & 0\end{bmatrix}\end{matrix}$$

邻接矩阵 $\boldsymbol{A}(G)$ 具有下列特点：

（1）$\boldsymbol{A}(G)$ 是对称矩阵，当且仅当 G 无环时，$\boldsymbol{A}(G)$ 的对角线元素均为 0；

（2）$\boldsymbol{A}(G)$ 是 0-1 矩阵 $\Leftrightarrow G$ 是简单图。

容易推断，若给定一个对角线元素均为 0 的对称 0-1 矩阵 $\boldsymbol{A}$，就可以得到一个唯一的简单图 G（以 $\boldsymbol{A}$ 为邻接矩阵）。因此，所有简单图的集合可与所有对角线元素均为 0 的对称 0-1 矩阵的集合建立一一对应，从而图的许多性质可以通过相应的矩阵分析进行探讨。定理 2.2 和推论 2.1 就是例证。

定理 2.2 设 $\boldsymbol{A}(G)$ 表示图 G 的邻接矩阵，则 $\boldsymbol{A}'(G)$ 的 (i,j) 元素等于图 G 中长为 1 的 v_i-v_j 途径的数量。

这个定理的证明需对 l 施行数学归纳法，详见文献[3]。

推论 2.1 若 $\boldsymbol{A}(G)=(a_{ij})_{pq}$ 是简单图 G 的邻接矩阵，则

（1）$a_{ii}^{(2)}=\Sigma_{j=1}^{p}a_{ij}=\Sigma_{ji}^{p}=d(v_i)$;

（2）$a_{ii}^{(3)}$ 是 G 中以 v_i 为一个顶点的三角形数量的 2 倍。

定理 2.3 描述了正则图(每个顶点的度数均相等)中邻接矩阵与关联矩阵的关系。

定理 2.3[3] 设 $\boldsymbol{M}(G)$ 和 $\boldsymbol{A}(G)$ 分别表示图 G 的关联矩阵和邻接矩阵，如果 G 是度数为 k 的正则图，则

$$\boldsymbol{M}(G)\left(\boldsymbol{M}(G)\right)^{\mathrm{T}}=\boldsymbol{A}(G)+k\boldsymbol{I}_p$$

其中，$\left(\boldsymbol{M}(G)\right)^{\mathrm{T}}$ 是 $\boldsymbol{M}(G)$ 的转置矩阵，$\boldsymbol{I}_p$ 是 p 阶单位矩阵。

当把一个图存储在计算机内时，邻接矩阵、关联矩阵起着十分重要的作用。此外，应用图的代数表示及邻接矩阵、关联矩阵等工具来研究图的性质已取得了一些显著的成果，在此基础上逐步形成了图论的一个重要分支——代数图论（见文献[3]）。

2.5 树

在图论这门学科中，树是最简单而且最重要的一类图，具有广泛的应用前景，目前已应用于管理决策、计算机科学、化学、物理、可靠性理论、社会科学及网络技术等方面，本节介绍树的基本概念并描述它的基本特征。

连通的无圈图称为**树**。图 2.2 就是一棵树。仅有一个顶点的树称为平凡树。连通分支都是树的分离图称为森林。

定理 2.4 设 G 是一个有 p 个顶点、q 条边的图，下列说法是等价的：

（1）G 是一棵树；

（2）G 的任意两顶点间有且仅有一条通路；

（3）G 连通，且 $q=p-1$；

（4）G 无圈，且 $q=p-1$；

（5）G 无圈，若 u 、v 是 G 的任意两个非邻接顶点，则 $G+uv$ 有且仅有一个圈；

（6）G 连通，但舍弃任何一条边后便不连通。

定理 2.4 比较全面地描述了树的基本特征，对这个定理的证明在一般图论的教科书中均可找到，此处不再赘述。

推论 2.2 任何一棵非平凡树 G 至少有两个度数为 1 的顶点（称为悬挂顶点）。

设 T 是图 G 的一个生成子图，如果 T 是一棵树，则称 T 为 G 的**生成树**（又称支撑树）。

定理 2.5 图 G 有生成树的充分必要条件是 G 为连通图。

生成树是图论研究中一个具有广阔应用前景的领域，关于生成树的研究可分为存在性问题、计数问题、寻找生成树的算法 3 个方面。

存在性问题由定理 2.5 给予了回答。计数问题(即求一个给定连通图有多少个生成树），虽已解决，但当运算量大时还不够理想。本书作者所在团队已着手对一些特殊的、比较感兴趣的图寻求简单的计算方法，这方面的成果可参阅文献[3]和文献[4]。寻找生成树的算法目前已有破圈法、避圈法等，参见文献[5]和文献[6]。

截至本书成稿之日，关于树的理论已有专著（如文献[7]和文献[8]），有兴趣深入了解的读者可自行参阅。

2.6　连通度

图的连通性是图最基本的属性之一，正因如此，关于图的连通性的研究已取得了非常丰硕的成果[9]。但是，这些成果仅仅是围绕着两个参数——点连通度、边连通度展开的。本节主要介绍这两个参数研究中最基本的结果。

设 G 是连通图，$V' \subseteq V(G)$，如果 $\omega(G-V')>1$，则称 V' 是图 G 的一个点割集（又称顶点割、点截集），若 $|V|=k$，则称 V' 为 k-点割集。特别的是，当 $V'=\{v\}$ 时，v 称为 G 的割点。一个图 G 的**连通度**，记作 $\kappa(G)$，定义为

$$\kappa(G)=\begin{cases}\min\{|V'|,V'\in C(G)\} & G\neq K_p\\ p-1 & G=K_p\\ 0 & G=K_p\text{，或者}G\text{不连通}\end{cases}$$

其中，$C(G)$ 表示连通图 G 的全体点割集构成的集合。

对于非负整数 k，如果 $x(G)\geqslant k$，则称图 G 是 k-(点)连通的。显然，若 G 是 k-连通的，则 G 必是 $(k-1)$-连通的，因此所有非平凡的连通图都是 1-连通的。

类似地，G 是连通图，$E'\subseteq E(G)$，如果 $G-E'$ 不连通，则称 E' 是 G 的一个边割（边割集），如果一个边割的真子集不再是边割，则称为**割集**，若 $|E|=k$，则称 E' 为 k-边割。当 $E=\{e\}$ 时，e 称为 G 的桥（或者割边）。一个图 G 的边连通度，记作 $\lambda(G)$，定义为

$$\lambda(G)=\begin{cases}\min\{|E|:E\text{为}G\text{的边割}\} & G\neq K_l\text{，}G\text{连通}\\ 0 & G=K_l\text{，或}G\text{不连通}\end{cases}$$

同样地，如果 $\lambda(G)\geqslant k$，则 G 称为 k-边连通的。所有非平凡的连通图都是 1-边连通的。

图 G 的最小度数用 $\delta(G)$ 表示（有时用 $\Delta(G)$ 表示图 G 的最大度数）。定理 2.6～定理 2.10 刻画了 $\kappa(G)$、$\lambda(G)$ 和 $\delta(G)$ 之间的关系。

定理 2.6 对于任何一个图 G，均有 $\kappa(G) \leqslant \lambda(G) \leqslant \delta(G)$。

对定理 2.6 的证明在一般图论教科书中均可找到，本书不再赘述。

定理 2.7 设 G 为具有 p 个顶点、q 条边的图，则

（1）当 $\delta(G) \geqslant \left[\dfrac{p}{2}\right]$ 时，$\lambda(G) = \delta(G)$；

（2）$\kappa(G) \leqslant \left[\dfrac{2q}{p}\right]$，$\lambda(G) \leqslant \left[\dfrac{2q}{p}\right]$。

没有割点的非平凡连通图称为**不可分图**，一个图的极大不可分子图称为**块**。若 G 是不可分的，G 本身常常就被称为一个块，显然，至少有 3 个顶点的块是 2-连通的。

定理 2.8（Whitney，1932） 设 G 是 $p \geqslant 3$ 阶的图，则 G 是 2-连通图的充要条件是 G 的任意两个顶点至少由两条内部不相交的路所联结。

定理 2.9 是图的连通性方面的核心定理之一，它是描述图的连通度与连通图中不同点的不相交路的数量之间关系的定理。有关连通性方面的许多定理都是由定理 2.9 推导出来的。

设 u 和 v 是连通图 G 的两个不同的顶点，用 S 表示 G 的一个点集或者一个边集，如果 u 和 v 不在 $G-S$ 的分支上，则称 S 分离 u 和 v。

定理 2.9（Menger 定理） 在一个图 G 中，分离两个不相邻顶点的顶点最小数量等于联结这两个顶点的不相交的路的最大数量。

由定理 2.9 出发，可以得到一个图是 n-连通图的判别准则，即定理 2.10。

定理 2.10 一个图是 n-连通的当且仅当每对顶点由 n 条点不相交的路所联结。

对定理 2.9、定理 2.10 的证明参见文献[9]。

2.7 匹配与独立集

顶点和边是构成图的基本要素，探讨边与边、顶点与顶点以及顶点与边之间的关系有助于了解图的结构。图的匹配（又称边无关集）、（点）独立集、覆盖和团等概念描述了上述关系，并且这些概念在系统科学等方面具有

很好的应用“市场”。

给定图 G ，$M \subseteq E(G)$，如果 M 中的任意两条边在 G 中都没有公共顶点，则称 M 是 G 的一个**匹配**（又称**对集或边无关集**）。一般来说，G 的匹配不是唯一的[见图 2.8]。设 M 是 G 的一个匹配，$v \in V(G)$，如果 v 的关联边都不属于 M，则称 v 是（关于 M 的）**非饱和点**，否则，称 v 是（关于 M 的）**饱和点**。

G 的边数最多的匹配称为最大匹配，最大匹配所含的边数称为**边独立数**，记作 $\alpha'(G)$。显然，$\alpha'(G) \leqslant \frac{1}{2}p$（$p = |V(G)|$），如果 G 中不含关于匹配 M 的非饱和点，则称 M 是 G 的**完美匹配**[见图 2.8（b）]。完美匹配必是最大匹配，但反之不真。

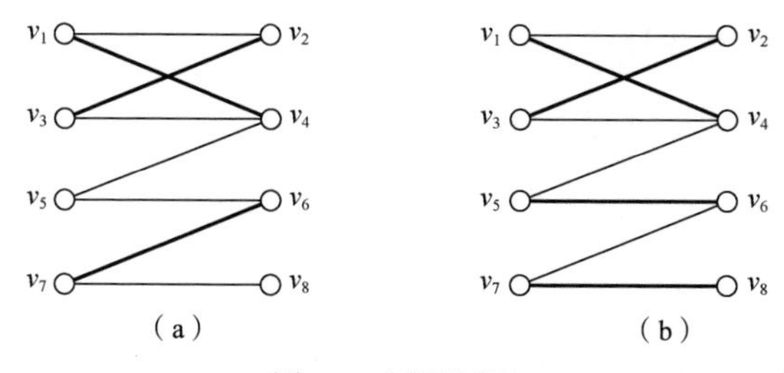

图 2.8　图的匹配

若图 G 的顶点集 $V(G)$ 存在一种划分，即 $V(G) = V_1 \cup V_2 \cup \cdots \cup V_k$，$V_i \cap V_j = \varnothing (i \neq j)$，这种划分满足 V_i 非空且 V_i 中任意两个顶点在 G 中均不相邻，则称 G 是 k-部图，记作 $G(V_1, V_2, \cdots, V_k)$。当 $k = 2$ 时，可得定理 2.11。

定理 2.11（Hall）设 G 是具有二分划 (X,Y) 的 2-部图（又称偶图），则 G 包含饱和 X 和每个顶点的匹配的充要条件是对于 X 的任一子集 S，有 $|S| \leqslant |\Gamma_G(S)|$。

其中，$\Gamma_G(S) = \bigcup\limits_{v \in S} \Gamma_G(v)$，$\Gamma_G(v)$ 表示在 G 中与 v 相邻的顶点构成的集合（又称顶点 v 的邻域）。

设 $S \subseteq V(G)$，若 S 中任意两个顶点在 G 中均不相邻，则称 S 为 G 的一个**独立集**。如果 G 不存在适应 $S' > |S|$ 的独立集 S'，则称 S 为 G 的一个最大独立集。

设 $K \subseteq V(G)$，如果 G 的每条边都至少有一个顶点在 K 中，则称 K 是 G 的一个覆盖。如果 G 没有覆盖 K'，使得 $|K'| < |K|$，则称 K 是 G 的一个**最小覆**

盖。图2.9中展示的两个覆盖都是独立集的补集，不难证明这是普遍的规律。

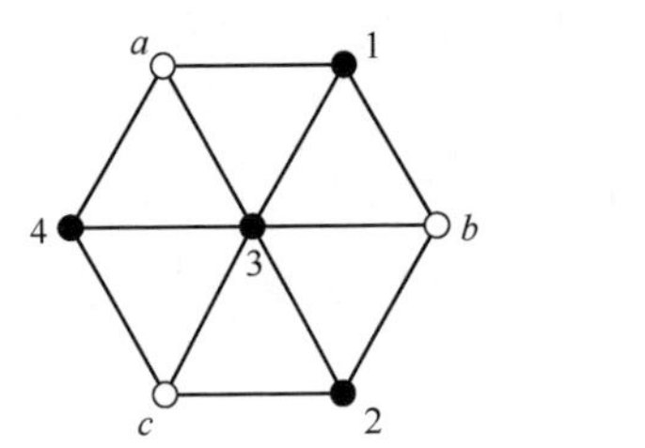

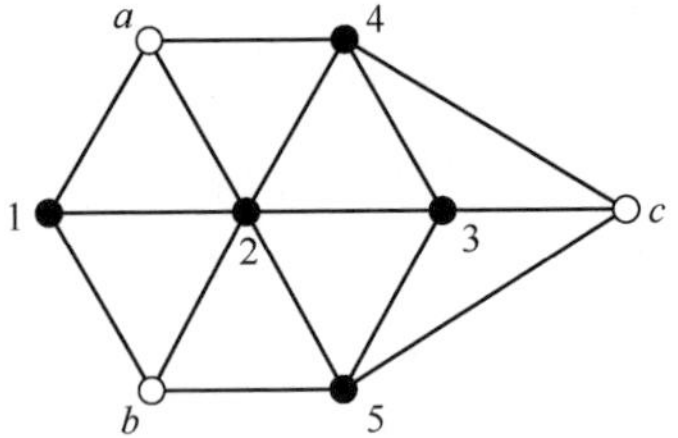

图2.9 图的覆盖

定理2.12 设$S \subseteq V(G)$，则S是G的独立集的充要条件是$V-S$是G的覆盖。

证明 由独立集的定义可知，G中每条边的两端不会同时属于其独立集S。也就是说，G中每条边至少有一个顶点属于$V-S$，因而$V-S$是G的覆盖。

类似地，可定义图G的**边覆盖**，并且很容易证明。G有边覆盖的充要条件是G无孤立点（即度数为0的顶点）。

图G的最大独立集的顶点数称为G的**独立数**，记作$\alpha(G)$；图G的最小覆盖的顶点数称为**最小覆盖数**，记作$\beta(G)$；图G的最大匹配数量称为图G的**边独立数**，记作$\alpha'(G)$；G的最小边覆盖的边数称为图G的**边覆盖数**，记作$\beta'(G)$。这4个图的参数是刻画图的很好的不变量，它们之间的相互关系概述见定理2.13、定理2.14。

定理2.13 在2-部分图中，边独立数等于最小覆盖数，即$\alpha'(G)=\beta(G)$。

定理2.14 若G是p阶图，则

$$\alpha(G)+\beta(G)=p$$

当$\delta(G)>0$时，则

$$\alpha'(G)+\beta(G)=p$$

在组合数学中，有著名的抽屉原则：如果把$n+1$个物体放到n个抽屉中去，则至少有一个抽屉放 2 个或者更多的物体；如果把m个物体放到n个抽屉中去（$m>n>1$），则必有一个抽屉中物体的个数至少为$\left[\frac{m-1}{n}\right]+1$。其中，$\left[\frac{m-1}{n}\right]$表示不超过$\frac{m-1}{n}$的最大整数。

著名的拉姆齐定理可以认为是抽屉原则的推广，设图G是一个简单图，$S \subseteq V(G)$，若$G[S]$是完全图，则称S是G的一个**团**。显然，S是图G的团当

且仅当 S 是 $\bar{G}$ 的独立集。因此，独立集和团是互补的两个概念。

给定任意正整数 k、l，总存在正整数[记作 $r(k,l)$]，使得任意一个有 $r(k,l)$ 个顶点的图包含有 k 个顶点的团，或者包含有 l 个顶点的独立集。满足这一条件的最小正整数 $r(k,l)$ 称为关于 (k,l) 的拉姆齐数。显然，有

$$r(1,l)=r(k,1)=1$$

拉姆齐数的性质见定理 2.15。

定理 2.15　对于任意两个整数 $k\geqslant 2$、$l\geqslant 2$，有

（1）$r(k,l)=r(l,k)$；

（2）$r(k,2)=k$；

（3）$r(k,l)\leqslant r(k,l-1)+r(k-1,l)$，并且当 $r(k,l-1)$ 和 $r(k-1,l)$ 都是偶数时，不等式严格成立；

（4）$r(k,l)\leqslant \binom{k+l-2}{k-1}$；

（5）当 $k\geqslant 2$ 时，$r(k,k)\geqslant 2^{\frac{k}{2}}$（Erdos，1947）；

（6）若 $m=\min\{k,l\}$，则 $r(k,l)\geqslant 2^{\frac{m}{2}}$。

截至本书成稿之日，人们对拉姆齐理论的研究已经获得非常丰硕的成果，有兴趣的读者可参阅文献[2]。

2.8　本章小结

本章介绍了本书涉及的图论相关的基本概念、符号和定理，有以下几个方面。

（1）图的定义、图示，以及图中的基本术语。

（2）子图及其运算：介绍了图的子图、真子图、生成子图、导出子图等概念，以及两个子图的并运算、交运算、差运算和环和运算。

（3）路、圈及图的连通性：介绍了途径、迹、路、闭迹和圈，以及图的连通性的概念。

（4）图的关联矩阵和邻接矩阵：一个图 G 是由它的顶点与边的关联关系唯一确定，这种关系可用关联矩阵来表示；一个图 G 也可以由它的每两对顶点间的相邻关系唯一确定，这种关系用邻接矩阵（或称相邻矩阵）表示。

（5）树：给出了树的基本定义，并描述了它的特征性质。

（6）连通度：介绍了图的点连通度、边连通度，以及围绕这两个参数研究的基本结论。

（7）匹配与独立集：介绍了图的匹配、独立集、覆盖和团等概念，并给出了一些基本研究结论。

参考文献

[1] Bondy J A, Murty U S R. Graph Theory with Applications[M]. London: The Macmillan Press, 1976.

[2] 许进. 几类图的支撑树的计数公式[J]. 西北大学学报(自然科学版), 1989(4): 23-31.

[3] Biggs N L. Algebraic Graph Theory[M]. London: Cambridge University Press, 1974.

[4] 管梅谷. 求最小树的破圈法[J]. 数学的实践与认识, 1975(4): 40-43.

[5] 田丰, 马仲蕃. 图与网络流理论[M]. 北京: 科学出版社, 1987.

[6] Graham R L, Rothschild B L, Spencer J H. Ramsey Theory[M]. New York: Wiley, 1980.

[7] Serre J P, Stillwell J. Trees[M]. New York: Springer, 1980.

[8] 王振宇. 树的枚举与算法复杂性分析[M]. 北京: 国防工业出版社, 1991.

[9] Bollobas B. Extremal Graph Theory[M]. New York: Academic Press, 1978.

第3章

系统核与核度的基本理论

本章引入系统核与核度的定义，介绍几类最简单图的核度，并给出联图核度的计算公式及树的核度的递推算法。这些内容不但是进一步研究系统核与核度的理论基础，也在信息交流网络系统、群体人际关系等方面得到了应用。本章介绍最简单的核度与图的结构，并且指出核度是刻画网络图的一个新的不变量。

3.1 系统核与核度概念的引入

仔细观察和思考现实世界中存在的系统，不难发现，无论是在自然界还是人类社会中，几乎每一个系统中总有一个或者多个要素占有非常重要的位置，如果去掉或破坏它们，这个系统就会在结构、稳定性，甚至生存性方面受到很大的影响。本节通过几个例子来说明这种现象。

1. 自然现象

例 3.1 花的结构：虽然各种植物的花在大小、颜色以及形状等方面各不相同，但它们的基本结构却是相同的。这里，以桃花和小麦花为例来说明花的结构。

（1）桃花[1]

桃花的外形及结构如图 3.1 所示。可以看到，桃花的下面生有短小的花柄，花柄的上面生有杯状的花托。花托以上有 4 个部分：最外层是由 5 个萼片组成的花萼，花萼里面是由 5 个花瓣组成的花冠，花冠里面有雄蕊和雌蕊。

雄蕊顶端膨大的部分称为花药，花药下面细长的部分称为花丝；雌蕊顶部稍稍膨大的部分称为柱头，中间细长的部分称为花柱，下面粗大的部分称为子房。一朵桃花拥有多枚雄蕊和一枚雌蕊。雄蕊和雌蕊未成熟时，由花萼和花冠包被并保护着，可以免受外界的侵害。雄蕊的花药里生有花粉，雌蕊的子房里生有胚珠。当花药落在柱头上，再经过一些重要的变化后，子房才会发育成果实，胚珠才能发育成种子。因此，雄蕊和雌蕊是桃花的主要部分。如果把一朵桃花看作一个系统，雄蕊和雌蕊就是这个系统中非常重要的要素，故称雄蕊和雌蕊为桃花这个系统的核。

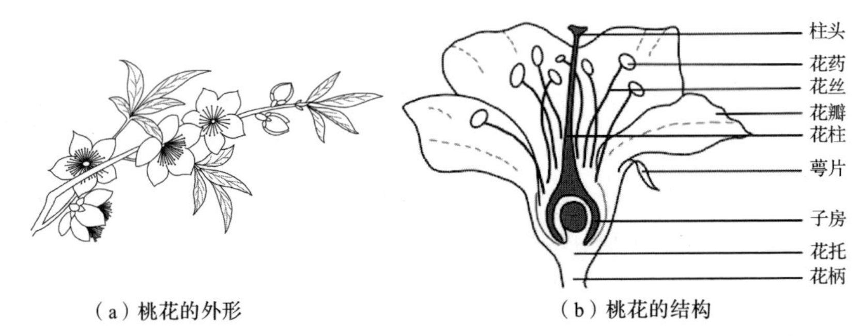

（a）桃花的外形　　（b）桃花的结构

图 3.1　桃花的外形及结构

（2）小麦花[1]

每棵小麦的穗都包含许多小穗，小麦花就生长在这些小穗上。小麦花的外形及结构如图 3.2 所示，它的外面有内外两个硬壳，外壳称为外稃，一般有芒；内壳称为内稃。外稃与内稃像肥皂盒似地扣合着，剥掉外稃，就露出三枚雄蕊和一枚雌蕊。雄蕊呈羽毛状，包含花丝和花药两部分，雌蕊的基部有两个浆片，柱头下面是膨大的子房，子房里面有一个胚珠。

小麦花没有开放时，其外稃和内稃保护着没有成熟的雄蕊和雌蕊。雄蕊和雌蕊成熟的时候，浆片吸水胀大，把扣合着的外稃和内稃推开，花就开放了。

如果视小麦花为一个系统，显然雄蕊和雌蕊占主要位置。如果雄蕊和雌蕊被破坏，小麦花等于被破坏，小麦将不可能结果实。于是，雄蕊和雌蕊即为小麦花这个系统的核。

例 3.2　视人体为一个系统，显然，人的大脑是这个系统的核，其他动物与人体类似。

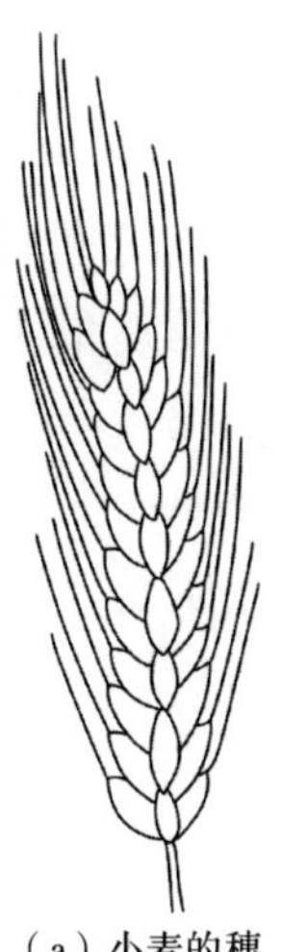
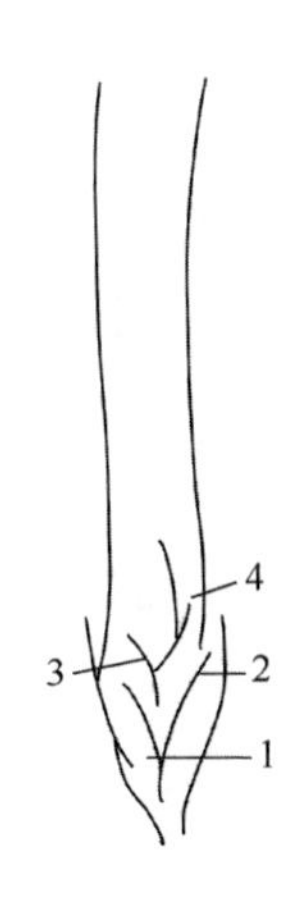

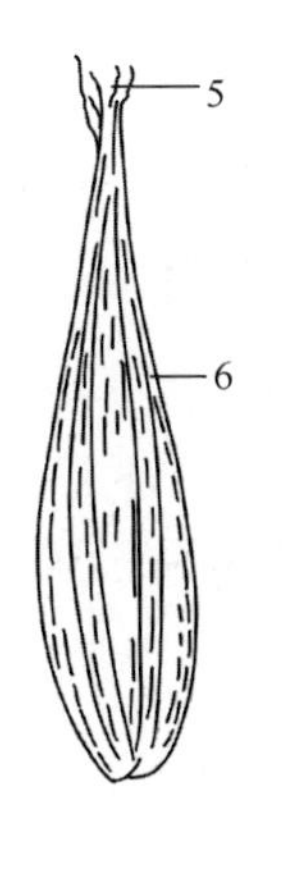

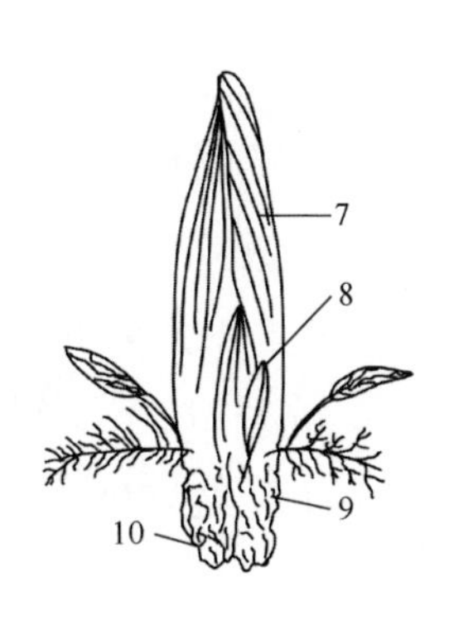

（a）小麦的穗　（b）一个小穗　（c）放大的外稃和芒的一部分　（d）放大的内穗和花的其他部分

图 3.2　小麦花的外形及结构

1. 颖片　2、3、4. 小麦花　5. 芒的一部分

6. 外稃　7. 内稃　8. 雄蕊　9. 雌蕊　10. 浆片

例 3.3　在蜜蜂养殖中，每一箱蜜蜂中必须有一个蜂王，如果蜂王死去，这箱蜜蜂将会乱飞而不再返回到箱内。若视某养殖箱内的全体蜜蜂为一个系统，则这个系统的要素中最重要的就是蜂王，称蜂王是这个系统的核。

2. 社会现象

若 $S=\{x_0,x_1,x_2,\cdots,x_n\}$ 表示某单位的电话网络系统，其中 x_0 表示电话总机，$x_1,x_2,\cdots,x_n$ 为 x_0 的分机，它们均与 x_0 相连，则 x_0 是 S 中最重要的要素，称 x_0 为 S 的核。

若 S 表示某大学的行政要员系统，其中 x_0 表示校长，$x_1,x_2,\cdots,x_p$ 表示校级领导，$y_1,y_2,\cdots,y_m$ 表示中层领导，则 $\{x_0,x_1,x_2,\cdots,x_p\}$ 可构成 $S=\{x_0,x_1,\cdots,x_p,y_1,y_2,\cdots,y_m\}$ 的核。

现实生活中，人们会不断地遇到各种各样的、大大小小的疑难问题，要解决这些问题，常采用的基本方法是“抓主要矛盾”，这也是哲学理论中的基本问题。如果视要解决的问题为一个系统，则主要矛盾就是这个系统的核。

从上面的例子可以看出，无论是自然现象、社会现象，还是抽象理论问题，只要这个现象或问题可视为一个系统，必存在其关键的主要素。如果破坏或者去掉这些主要素，这个系统就会受到很大的影响。为了对这种现象进行深入、细致的研究，下面将严格地引入系统的核与核度概念。这两个概念不但揭示了系统自身固有的性质，而且提出了一种研究系统的新方法和途径。

设 X 是一个系统，其主要素为 $x_1,x_2,\cdots,x_n$，如果在 X 中，x_i 与 x_j 之间有结构关系①，就用 x_ix_j 表示，由此可构造一个无向网络图 G，其顶点集为 $V(G)=\{x_1,x_2,\cdots,x_n\}$，边集为 $E(G)=\{x_ix_j \mid$ 其中 x_i 与 x_j 在 X 中有结构关系$\}$，则称 G 是**系统 X 的网络图**（或**系统 S 的图**）。

首先，给出图的核与核度的定义。设 G 是一个连通图，$|V(G)|=p\geqslant 4$，$C(G)$ 表示 G 的全体割集构成的集合，则称

$$h(G)=\max\{\omega(G-S)-|S|:S\in C(G)\} \tag{3.1}$$

为图 G 的**核度**，若 S^* 满足

$$h(G)=\omega(G-S^*)-|S^*| \tag{3.2}$$

则称 S^* 为图 G 的**核**。其中，$\omega(G)$ 表示图 G 的连通分支数。

设 X 是一个系统，G 是它的无向网络图，G 连通，则 G 的核称为 X 的核，G 的核度 $h(G)$ 称为系统 X 的核度，并记作 $h(X)$ [2]。

显然，一个系统给定，这个系统的核度是唯一的，但其核并不一定是唯一的。例如，图 3.3 给出了两个系统的网络图 G_1 和 G_2。容易知道，G_1 的核度 $h(G_1)=2$，其核是唯一的，$S^*=\{x_1\}$；G_2 的核度 $h(G_2)=1$，但核不唯一，可为 $S_1^*=\{x_2,x_3\}$、$S_2^*=\{x_2\}$、$S_3^*=\{x_3\}$，共计 3 个。那么，对于那些核不唯一的系统，究竟哪些核好？哪些核最能反映系统的本质？这要针对不同的系统而言。例如在信息交流网络系统中，若设计的核较小，则系统较稳定，但其余成员（非核主要素）联系不好；若设计的核较大，则系统传递信息速度较快，但稳定性差。详细分析参见本书第 10 章和文献[3]。

本书用 $S^*(G)$ 表示连通网络图 G 的全体核构成的集合，用 $S^*(X)$ 表示系统 X 的全体核构成的集合。关于核集的基本特性的介绍参见本章 3.8 节。

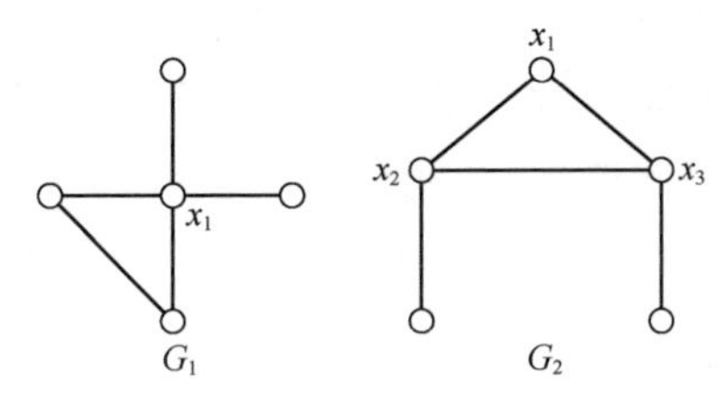

图 3.3　网络图 G_1 和 G_2

① 这里的结构关系是一个广义的概念，可以理解为正常的关系，还可以理解为相互接触、相识等。

3.2 几类特殊图的核度

星图[4]是一种特殊的完全 2-部图（记作 $K_{1,p-1}$），其中第一个独立集仅有一个顶点，第二个独立集有 $p-1(p\geqslant 2)$ 个顶点（见图 3.4，图中展示了 $K_{1,6}$）。与本书第 2 章相同，用 K_p 表示 p 阶完全图，C_p 表示 p 阶图，则有定理 3.1。

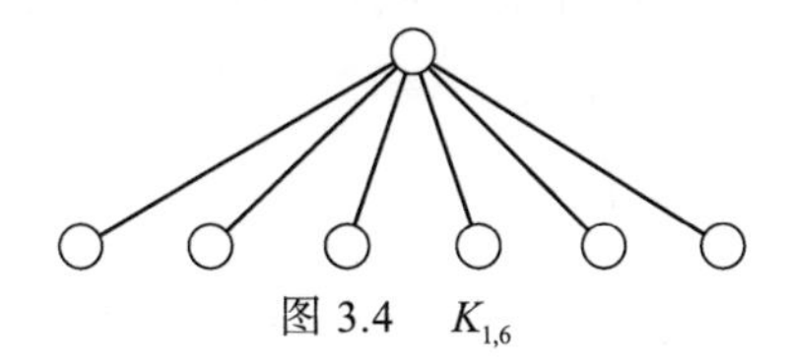

图 3.4　$K_{1,6}$

定理 3.1

$$h(C_p)=0 \quad (p\geqslant 4) \tag{3.3}$$

$$h(K_p)=-(p-2) \quad (p\geqslant 2) \tag{3.4}$$

$$h(K_{1,p-1})=(p-2) \quad (p\geqslant 2) \tag{3.5}$$

证明　对于式（3.3），注意到 $p\geqslant 4$，故对 C_p 中任一对不相邻的顶点 u、v 构成 C_p 的点割集 $S^*=\{u,v\}$，均有 $\omega(C_p-S^*)=2$。于是由式（3.1），有 $h(C_p)\geqslant \omega(C_p-S^*)-\left|S^*\right|=2-2=0$；又因为 C_p 是 2 连通的，故有 $\left|S^*\right|\geqslant 2(S^*\in C(C_p))$。当 $\left|S^*\right|\geqslant 3$ 时，任取 C_p 中 $\left|S^*\right|$ 个不相邻的顶点，必有 $\omega(C_p-S^*)\leqslant\left|S^*\right|$（当 p 为偶数且 $p\geqslant 2\left|S^*\right|$ 时等号成立）。由此可得，$\omega(C_p-S^*)-\left|S^*\right|\leqslant 0$，注意到 S^* 的任意性有 $h(C_p)\leqslant 0$，故有

$$h(C_p)=0$$

对于完全图 $K_p(p\geqslant 2)$，由于它的对称性，且只有去掉 $p-1$ 个顶点后所余部分才能得到一个平凡顶点（即 K_1），故有

$$h(K_p)=1-(p-1)=-(p-2)$$

式（3.4）得证。显然，式（3.5）也是成立的。

本书 2.7 节介绍了 k-部图的概念，下面介绍这类图中一类特殊且重要的图——完全 k-部图（记作 $K_{a_1,a_2,\cdots,a_k}$）。完全 k-部图的顶点集由 k 个两两互不相交的子集 $V_1,V_2,\cdots,V_k$（均非空，$k\geqslant 2$）构成，这里 $\left|V_i\right|=a_i\ (i=1,2,\cdots,k)$。每个 V_i

都是 $K_{a_1,a_2,\cdots,a_k}$ 的独立集，若对 $u,v\in V(K_{a_1,a_2,\cdots,a_k})$，如果 u、v 不同属于某一个 V_i，则必相邻。

定理 3.2[3] 设 $K_{a_1,a_2,\cdots,a_k}$ 是一个完全 k-部图，$k\geqslant 2$（$a_i\geqslant 1$），则有

$$h(K_{a_1,a_2,\cdots,a_k})=a_{i_0}-\sum_{\substack{i=1\\k\neq i_0}}^{k}a_i \tag{3.6}$$

其中，$a_{i_0}=\max(a_i\mid i=1,2,\cdots,k\}$。

证明 设 $V(K_{a_1,a_2,\cdots,a_k})=V_1\cup V_2\cup\cdots\cup V_k$，其中 $|V_i|=a_i$（$1\leqslant i\leqslant k$）。若 $S\in C(G)$，S 必由 $V_1,V_2,\cdots,V_k$ 中的 $k-1$ 个组成，欲使 $\omega(G-S)-|S|$ 达到最大值，则必使 $|S|$ 尽可能小、$\omega(G-S)$ 尽可能大，令 V_{i_0} 是 $V_1,V_2,\cdots,V_k$ 中顶点数量最多的子集，则只要取 $S^*=\bigcup_{\substack{i=0\\i\neq i_0}}^{k}V_i$，便有

$$h(K_{a_1,a_2,\cdots,a_k})=\omega(G-S^*)-\left|S^*\right|=a_{i_0}-\sum_{\substack{i=1\\k\neq i_0}}^{k}a_i$$

其中，$G=K_{a_1,a_2,\cdots,a_k}$。

特别地，$k=2$ 时的完全 k-部图通常被称为完全偶图，并记作 $K_{m,n}$。完全偶图有推论 3.1。

推论 3.1

$$h(K_{m,n})=|m-n| \tag{3.7}$$

3.3 联图的核度

设 G_1、G_2 是两个简单图，G_1 与 G_2 的联图（记作 G_1+G_2）的顶点集为 $V(G_1+G_2)=V(G_1)\cup V(G_2)$，边集 $E(G_1+G_2)=E(G_1)\cup E(G_2)\cup\{uv\mid u\in V(G_1), v\in V(G_2)\}$。

例 3.4 图 3.5 展示了 G_1、G_2 及 G_1 与 G_2 的联图 G_1+G_2。

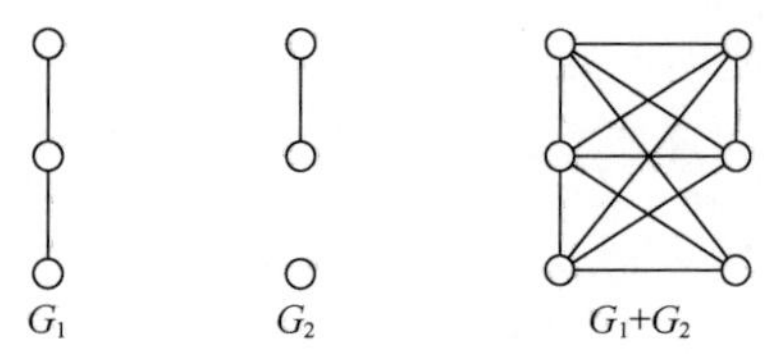

图 3.5 G_1、G_2 及 G_1 与 G_2 的联图 G_1+G_2

定理 3.3 给出了一大类图的核度递推算法。该定理是由欧阳克智等人[5]

得到的。

定理 3.3　设 G_1 和 G_2 分别表示 n_1 阶和 n_2 阶的非平凡的连通图，则其联图 G_1+G_2 的核度是

$$h(G_1+G_2)=\max\{h(G_1)-n_2,h(G_2)-n_1\}$$

证明　下面分 3 种情况讨论:

（1）当 G_1、G_2 都是完全图时，G_1+G_2 是阶为 n_1+n_2 的完全图，定理显然成立。

（2）当 G_1 和 G_2 都不是完全图时，设 S_1^* 是 G_1 的核，则有

$$\begin{aligned}h(G_1)&=\omega(G-S_1^*)-|S_1^*|\\&=\omega\left(G_1+G_2-\left(S_1^*\cup V(G_2)\right)\right)-|S_1^*\cup V(G_2)|+|V(G_2)|\\&\leqslant h(G_1+G_2)+n_2\end{aligned}$$

即 $h(G_1+G_2)\geqslant h(G_1)-n_2$。同理可得

$$h(G_1+G_2)\geqslant h(G_2)-n_1$$

故有

$$h(G_1+G_2)\geqslant\max\{h(G_1)-n_2,h(G_2)-n_1\} \tag{3.8}$$

若令 S^* 是 G_1+G_2 的核，则由 G_1+G_2 的定义易知，$S^*\supset V(G_1)$ 或 $S^*\supset V(G_2)$ 必有且仅有一个成立。不妨设 $S^*\supset V(G_2)$，则有

$$\begin{aligned}h(G_1+G_2)&=\omega(G_1+G_2-S^*)-|S^*|\\&=\omega\left(G_1+G_2-S^*\cap V(G_1)-V(G_2)\right)-|S^*|\\&=\omega(G_1-S^*\cap V(G_1))-|S^*\cap V(G_1)|-|V(G_2)|\\&\leqslant h(G_1)-n_2\\&\leqslant\max\{h(G_1)-n_2,h(G_2)-n_1\}\end{aligned} \tag{3.9}$$

综合式（3.8）和式（3.9）可知，当 G_1 与 G_2 均不是完全图时定理成立。

（3）G_1 与 G_2 中仅有一个是完全图。不妨设 G_2 是完全图、G_1 不是完全图。与情况（2）类似，可得 $h(G_1+G_2)\geqslant h(G_1)-n_2$。设 S^* 是 G_1+G_2 的任一核，则必有 $S^*\supset V(G_2)$，与情况（2）同理有 $h(G_1+G_2)\leqslant h(G_1)-n_2$。因此，有 $h(G_1)-n_2=h(G_1+G_2)$，但

$$\begin{aligned}h(G_1)-n_2&\geqslant-(n_1-2)-n_2\\&=-(n_2-2)-n_1\\&=h(G_2)-n_1\end{aligned}$$

故有

$$h(G_1+G_2)=h(G_1)-n_2$$
$$=\max\{h(G_1)-n_2,h(G_2)-n_1\}$$

注意，上面的不等式中用到了 $h(G_1)\geqslant-(n_1-2)$，其理论根据详见本书 3.4 节中的推论 3.3。综合上述 3 种情况，定理 3.3 获证。

上面介绍了两个图 G_1、G_2 的联图 G_1+G_2 的核度。下面将联图的核度推广到一般情况中。

设 $G_1,G_2,\cdots,G_n$ 皆为连通图，它们的联图记作 $G_1+G_2+\cdots+G_n$ 或 $\Sigma_{i=1}^{n}G_i$，按递归方法定义如下：$G_1+G_2+G_3\triangleq(G_1+G_2)+G_3$（其中“≜”表示“定义为”），$\Sigma_{i=1}^{n}G_i=\left(\Sigma_{i=1}^{n}G_i\right)+G_n$，于是有推论 3.2。

推论 3.2 若 $G_1,G_2,\cdots,G_n$ 是 n 个非平凡的连通图，$G_i\cap G_j=\varnothing$（$i\neq j$），$n\geqslant2$，则有

$$h(\sum_{i=1}^{n}G_i)=\max\{h(G_i)-\sum_{\substack{j=1\\ j\neq i}}^{n}n_j\quad i=1,2,\cdots,n\}$$

其中，$n_j=\left|V(G_j)\right|$（$j=1,2,\cdots,n$）。

推论 3.2 由归纳法及定理 3.3 易证，故略。

例 3.5 为本节结果的应用。

例 3.5 试计算图 3.6 中图 G 的核度。

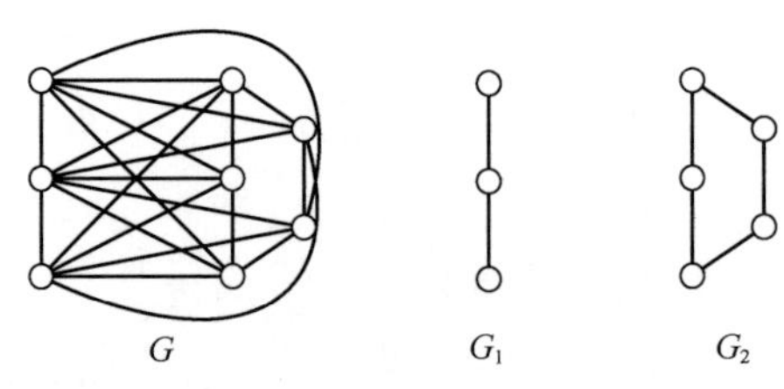

图 3.6 G_1、G_2 及 G_1 与 G_2 的联图 G

解 图 3.6 中，图 G 是 G_1 与 G_2 的联图，而 $h(G_1)=2-1=1$，由定理 3.1 中的式（3.3）可知，$h(G_2)=0$。$n_1=\left|V(G_1)\right|=3$，$n_2=\left|V(G_2)\right|=5$，故由定理 3.3 可知

$$h(G)=h(G_1+G_2)=\max\{h(G_1)-n_2,h(G_2)-n_1\}$$
$$\max\{1-5,0-3\}=-3$$

3.4　核度的取值范围

本节介绍核度的取值范围，它是进一步研究核与核度的理论基础[5]。

定理 3.4　设 G 是一个 p 阶非平凡的连通图，$\alpha(G)$ 是 G 的独立数，则有

$$2\alpha(G)-p\leqslant h(G)\leqslant \alpha(G)-\kappa(G) \tag{3.10}$$

其中，$\kappa(G)$ 表示图 G 的连通度。

证明　设 S 是 G 的一个点割集，则 $|S|\geqslant \kappa(G)$，若从 $G-S$ 中的每个连通分支上各选一个顶点，则所有这些顶点就构成 G 的一个独立集，从而有

$$\omega(G-S)\leqslant \alpha(G)$$

因而有 $\omega(G-S)-|S|\leqslant \alpha(G)-\kappa(G)$。

注意到上式中 S 的任意性及 $\alpha(G)$、$\kappa(G)$ 均为常量，于是有

$$\begin{aligned} h(G) &= \max\left\{\omega(G-S)-|S|: S\in C(G)\right\} \\ &\leqslant \alpha(G)-\kappa(G) \end{aligned}$$

另外，若 V_1 是图 G 的一个最大独立集，即 $|V_1|=\alpha(G)$，则 $\omega\big(G-\big(V(G)-V_1\big)\big)=\alpha(G)$，从而有

$$\begin{aligned} h(G) &= \max\left\{\omega(G-S)-|S|: S\in C(G)\right\} \\ &\geqslant \omega\big(G-\big(V(G)-(V_1)\big)\big)-|V(G)-V_1| \\ &= \alpha(G)-\big(p-\alpha(G)\big) \\ &= 2\alpha(G)-p \end{aligned}$$

于是，本定理获证。

注意，定理 3.4 的上、下两界均可达到。例如，当 $p=9$ 时，考察 5 阶完全空图 E_5（5 个孤立顶点）与 4 阶完全图 K_4 的联图 $G=E_5+K_4$，显然有 $\alpha(G)=5$、$\kappa(G)=4$、$h(G)=1$，故有 $1=2\alpha(G)-n=h(G)=\alpha(G)-\kappa(G)$。

推论 3.3　若 G 为 p 阶连通图，则有

$$-(p-2)\leqslant h(G)\leqslant p-2 \tag{3.11}$$

证明　因为 $1\leqslant \alpha(G)\leqslant p-1$[6]，显然有 $\kappa(G)\geqslant 1$[7]，于是由定理 3.4 容易证明。

注意，由定理 3.1 可知，星图 $K_{1,p-1}$ 和 K_p 分别达到式（3.11）的上、下两界。

由推论 3.3，自然会提出下列问题：“是否对介于 $-(p-2)$ 到 $(p-2)$ 之间

的每一个整数 t，都可找到一个 p 阶连通图 G，使得 $h(G)=t$？”为此，这里引入核度缺数的定义[5]：对于介于 $-(p-2)$ 到 $(p-2)$ 之间的某个整数 t，如果不存在任何 p 阶连通图 G，使得 $h(G)=t$，则称 t 为核度缺数。

定理 3.5[5] 若 p 是大于或等于 3 的正整数，则 $-(p-3)$ 是唯一的核度缺数。

证明 注意到 $h(K_p)=-(p-2)$，下面先证明对于满足 $-(p-4)\leqslant t\leqslant p-2$ 的任一整数 t，都可找到一个 p 阶连通图 G，使得 $h(G)=t$。为此，分两种情况讨论：

（1）t 与 p 有相同的奇偶性

令 $i=\frac{1}{2}(p-t)$、$j=\frac{1}{2}(p+t)$，则 i、j 均为正整数，构造 $G=K_i+E_j$，易知 G 是 p 阶连通图，并且有

$$h(G)=\omega\left(G-V(K_i)\right)-\left|V(K_i)\right|=j-i=t$$

（2）t 与 p 有不相同的奇偶性

令 $i=\frac{1}{2}(p-1-t)$、$j=\frac{1}{2}(p-1+t)$，则 i、j 均为正整数。注意到当 $t\geqslant -(p-4)$ 时，$j-1\geqslant 1$，故可构造 $G=K_i+(E_{j-1}\cup K_2)$，易知 G 是 p 阶连通的，且有

$$h(G)=\omega\left(G-V(K_i)\right)-\left|V(K_i)\right|=j-i=t$$

由于当 $t=-(p-3)$ 时，$j-1=0$，此时，上述构造方法行不通。下面来证明核度为 $-(p-3)$ 的 p 阶连通图不存在。

假设存在一个 p 阶连通图 G，满足 $h(G)=-(p-3)$。设 $v\in V(G)$，且 $d(v)=\delta(G)$（最小度），$\Gamma(v)$ 表示 v 的领域（即与 v 相邻的顶点集合），则 $\left|\Gamma(v)\right|=d(v)$（这里 G 是简单图），于是有

$$-(p-3)=h(G)\geqslant\omega\left(G-\Gamma(v)\right)-\left|\Gamma(v)\right|\geqslant 2-\delta(G)$$

由此推得 $\delta(G)\geqslant p-1$，但对简单无向图 G，必有 $\delta(G)\leqslant p-1$，所以，只有 $\delta(G)=p-1$，因此 $G\cong K_p$，然而 $h(K_p)=-(p-2)$，这与假设 $h(G)=-(p-3)$ 矛盾。证明完毕。

基于定理 3.5，现已清楚地知道：p 阶连通图的核度取值范围为

$$\left\{-(p-2),-(p-4),-(p-5),\cdots,p-3,p-2\right\}$$

推论 3.4 设 S 是一个系统，其主要素为 p 个，则这个系统核度的取值范围为

$$\left\{-(p-2),-(p-4),-(p-5),\cdots,0,1,\cdots,p-2\right\}$$

3.5 树的核度算法

树是连通网络图中最简单、边数最少的一类，具有许多非常好的性质。正因如此，人们在研究网络图的许多问题时，都是从树开始的。本节介绍树的核度的递推算法，该算法完全解决了树的核度的计算问题[5]。

设 T 是一棵 p 阶树（$p\geqslant 4$），$v\in V(T)$ 被称为 T 的一个外枝点。设 v 至少与两个悬挂顶点（度数为 1 的顶点）相邻，且至多与一个度数大于 1 的顶点相邻。记与 v 相邻的全体 1 度顶点所构成的集为 $\Gamma^{+}(v)$，又记

$$T_v = T - \left\{\Gamma^{+}(v)\cup\{v\}\right\} \tag{3.12}$$

设 T 是一棵 p 阶树（$p\geqslant 4$），$v\in V(T)$ 是 T 的一个悬挂顶点，如果 v 与一个 2 度顶点（即度数为 2 的顶点）相邻，则称 v 是 T 的一个树叶。

下面介绍 3 个简单而有用的引理。

引理 3.1　若 v 是树 T 的一个外枝点，则 T_v 是一棵树（注意，若 $V(T_v)=\varnothing$，则可以认为 T_v 是一棵 0 阶树，并规定其核度为 0）。

引理 3.2　设 T 是一棵 p 阶树（$p\geqslant 4$），u 是 T 的一个树叶，则有

$$h(T-u)=h(T) \tag{3.13}$$

引理 3.3　若 T 是一棵没有树叶的树，其阶数 $p\geqslant 4$，则 T 必有外枝点。

证明　设 X 是由 T 的全体悬挂顶点构成的集合，$Y=V(T)-X$，如果 $|Y|=1$，则 $T=K_{l,p-l}$，由于 $p\geqslant 4$，故 T 有外枝点。若 $|Y|\geqslant 2$，记 $T[Y]$ 为由 Y 在 T 中的导出子图，显然，$T[Y]$ 也是一棵树。设 y 是 $T[Y]$ 的一个悬挂顶点，由于 $d_T(y)\geqslant 2$，故 y 必与 X 中某些顶点相邻（在 T 中）。若 y 仅与 X 中一个顶点 x 相邻，则有 $d_T(y)=2$，则 x 是 T 的树叶，这与 T 无树叶矛盾，故 y 至少与 X 中两个顶点相邻，注意到 $d_{T[y]}(y)=1$，显然 y 就是 T 的一个外枝点。

下面基于引理 3.1～引理 3.3，给出本节的主要结论[5]。

定理 3.6　设 T 是一棵 p 阶树（$p\geqslant 4$），v 是 T 的一个外枝点，如果 $T_v\neq K_2$，则有

$$h(T)=h(T_v)+\left|\Gamma^{+}(v)\right|-1 \tag{3.14}$$

证明　因为外枝点 v 至少与 T 的两个悬挂顶点相邻，故总可选取 T 的一个核 S^*，使得 S^* 包含 v，则有

$$
\begin{aligned}
h(T) &= \omega(T - S^*) - |S^*| \\
&= \omega\big(T_v - (S^* - v)\big) + |\Gamma^+(v)| - |S^*| \\
&= \omega\big(T_v - (S^* - v)\big) + |\Gamma^+(v)| - |S^* - v| - 1 \\
&\leqslant h(T_v) + |\Gamma^+(v)| - 1
\end{aligned}
$$

另一方面，若设 S_v 是 T_v 的一个核，则有

$$
\begin{aligned}
h(T_v) &= \omega(T_v - S_v) - |S_v| \\
&= \omega\big(T - (S_v \cup v)\big) - |\Gamma^+(v)| - |S_v| \\
&= \omega\big(T - (S_v \cup v)\big) - |S_v \cup v| - |\Gamma^+(v)| + 1 \\
&\leqslant h(T) - |\Gamma^+(v)| + 1
\end{aligned}
$$

从而有 $h(T) = h(T_v) + |\Gamma^+(V)| - 1$。

由引理 3.1～引理 3.3 及定理 3.6，可以得出一棵树的核度的算法（因为 3 阶及 3 阶以下的树，其核度是显而易见的，故仅考虑阶数大于 3 的树），其算法程序如下。

程序 3.1　若 T 有树叶，去掉全部树叶得到树 T'（$T' \neq K_2$，若 $T' = K_2$，则 T 必是一条路，$h(T) = 1$）。对 T' 重复上述去掉树叶的过程，直至得到一棵无树叶且与 T 有相同核度的树，或者得到一棵阶数小于等于 3 的树。若得到前者，可转入程序 3.2；若得到后者，算法即可停止。

程序 3.2　将通过程序 3.1 得到的无树叶的树记为 T。由引理 3.3 知，T 中必有外枝点 v，从 T 中去掉 $\Gamma^+(v)$ 及 v，得树 T_v，如果 $|V(T_v')| \geqslant 4$，转入程序 3.1，否则算法停止。

重复上述程序，最后总可得到一个星图，再根据定理 3.1 算出结果。

例 3.6　求图 3.7 所示树 T 的核度。

由上述求树的核度算法，容易算出 $h(T) = 10$，核 $S^* = \{1,2,3,4\}$。但对于 T，这个核并不唯一，读者可自行思考。

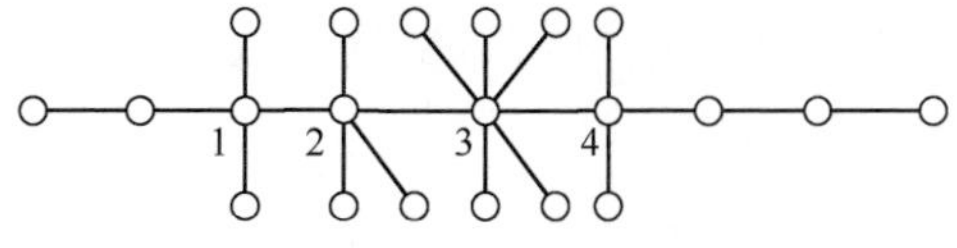

图 3.7　例 3.6 的树 T

3.6　核度与网络图的结构

本节介绍简单核度与一些简单类型图的结构关系。通过学习这些关系，不仅能够看到核度可以用来刻画网络图的基本结构，而且也能为进一步探讨核度与图的结构打下基础[5]。

定理 3.7　设 G 是连通的 p 阶网络图（$p\geqslant 2$），则 $h(G)=-(p-2)$ 当且仅当 $G\cong K_p$。

证明　由定理 3.4 知，$2\alpha(G)-p\leqslant -(p-2)$，从而有 $\alpha(G)\leqslant 1$。另外，对于任何连通图 G，均有 $\alpha(G)\geqslant 1$，故 $\alpha(G)=1$，从而有 $G\cong K_p$。至此，必要性获证。

充分性由定理 3.1 获证。

定理 3.8　设 G 是 p 阶连通网络图（$p\geqslant 3$），则 $h(G)=p-2$ 当且仅当 $G\cong K_{1,p-1}$。

证明　由定理 3.4，有

$$2\alpha(G)-p\leqslant p-2\leqslant \alpha(G)-\kappa(G)$$

由此解得 $\alpha(G)=p-1$，$\kappa(G)=1$。显然，满足这些条件的图 G 只有 $K_{1,p-1}$。至此，必要性获证。

充分性由定理 3.1 获证。

定理 3.9　设 G 是 p（$p\geqslant 4$）阶连通图，则 $h(G)=p-3$ 当且仅当 G 是由 $K_{1,p-1}$ 上添加一条边，或者剖分 $K_{1,p-2}$ 上一条边所得的图。

证明　设 S^* 是 G 的一个核，则有

$$\omega(G-S^*)-\left|S^*\right|=p-3$$
$$\omega(G-S^*)+\left|S^*\right|\leqslant p$$

由此解得 $\left|S^*\right|\leqslant\dfrac{3}{2}$，故有 $\left|S^*\right|=1$，于是得到 $\omega(G-S^*)=p-2$。注意到 G 的连通性，因此，G 必由 $K_{1,p-1}$ 上添加一条边，或者剖分 $K_{1,p-2}$ 中的一条边（图的剖分一条边 e 是指在 e 的中间添加一个新的顶点，即如果边 $e=uv$，在 e 上增加点 w 会使 e 变成两条边 uw、wv，见图 3.8）。容易看到，有且只有这两种情况。

该定理的充分性显而易见，证明省略。

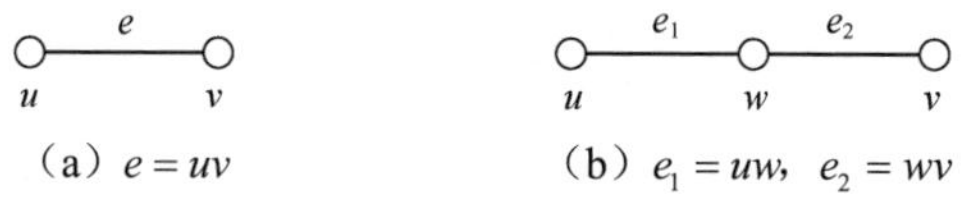

（a）$e=uv$　　　（b）$e_1=uw$，$e_2=wv$

图 3.8　剖分图的一条边

定理 3.10　设 G 是 p（$p\geqslant 4$）阶连通图，则 $h(G)=-(p-4)$ 当且仅当 $\delta(G)=p-2$。

证明

（1）充分性证明

设 $\delta(G)=p-2$，则 G 中任意两个不相邻的顶点必与其余顶点相邻。这样，任意 $p-3$ 个顶点都不可能构成 G 的点割集，于是有 $\kappa(G)\geqslant p-2$。设 S 是 G 的任一点割集，则有 $|S|\geqslant\kappa(G)\geqslant p-2$，于是有

$$\omega(G-S)-|S|\leqslant 2-(p-2)=-(p-4)$$

故有 $h(G)\leqslant-(p-4)$。

记 v 是 G 中度数最小的一个顶点，$\Gamma(v)$ 是它的邻域，则有

$$\omega\big(G-\Gamma(v)\big)-|\Gamma(v)|=2-\delta(G)=2-(p-2)$$

故有

$$\begin{aligned}h(G)&\geqslant\omega\big(G-\Gamma(v)\big)-|\Gamma(v)|\\&\geqslant-(p-4)\end{aligned}$$

综合上述两种情况，充分性获证。

（2）必要性证明

若 $h(G)=-(p-4)$，设 S 是 G 的一个点割集，且 $|S|=\kappa(G)$。若 $\kappa(G)<p-2$，则有

$$h(G)\geqslant\omega(G-S)-|S|\geqslant 2-\kappa(G)>-(p-4)$$

这与已知条件矛盾，故 $\kappa(G)\geqslant p-2$，从而有

$$\delta(G)\geqslant\kappa(G)\geqslant p-2$$

（参见定理 2.6）。但注意到 $\delta(G)=p-1$ 时，$G\cong K_p$，$h(G)=-(p-2)$，又与已知条件 $h(G)=-(p-4)$ 矛盾，故只有

$$\delta(G)=p-2$$

定理 3.11　设 G 是 p（$p\geqslant 5$）阶连通图，且 $h(G)=-(p-5)$，则 $\delta(G)=p-3$。

证明　与定理 3.10 的证明类似，容易得到 $\delta(G)\geqslant\kappa(G)\geqslant p-3$，但有

$$\delta(G)=p-1\qquad\text{当且仅当 } G\cong K_p$$

$$\delta(G)=p-2\qquad\text{当且仅当 } h(G)=-(p-4)$$

从而有

$$\delta(G) = p - 3$$

注意，当 $\delta(G) = p - 3$ 时，未必有 $h(G) = -(p-5)$。例如，图 3.9 所示的图 $G = K_1 + (K_2 \cup K_2)$ 中，$\delta(G) = 2 = 5 - 3 = p - 3$，但 $h(G) \neq -(p-5) = -(5-5) = 0$，$h(G) = 1$。

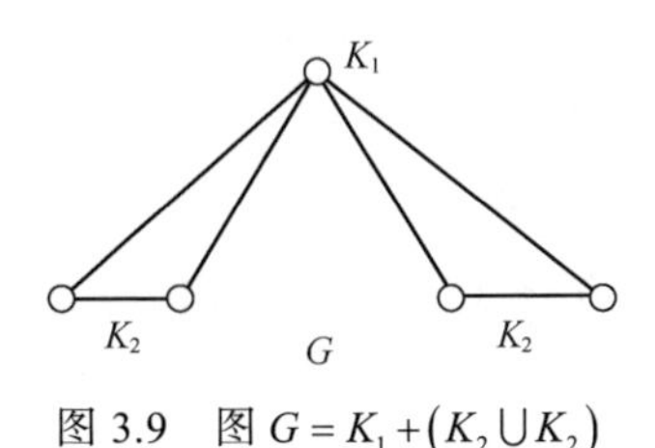

图 3.9　图 $G = K_1 + (K_2 \cup K_2)$

3.7　核度的独立性

如本书第 1 章所述，核度也是一个刻画图的连通性的不变量（详见第 8 章），那么，$h(G)$ 与图的连通度 $\kappa(G)$、边连通度 $\lambda(G)$ 独立吗？本节用两个例子回答了这个问题，结论是：相互独立。

注意图 3.10 所示的两个图 G、C_8，显然 $h(C_8) = 0$、$h(G) = \omega(G - S^*) - |S^*| = 6 - 3 = 3$，其中 $S^* = \{1,2,3\}$。因此，在核度的意义下，C_8 的连通性较 G 的连通性好。

又因为 $\kappa(G) = \lambda(G) = 3$、$\kappa(G) = \lambda(G) = 2$，故在连通度的意义下，$G$ 的连通性比 C_8 的连通性好。这说明，$h(G)$ 是刻画网络图的一个与 $\kappa(G)$、$\lambda(G)$ 独立的新不变量。

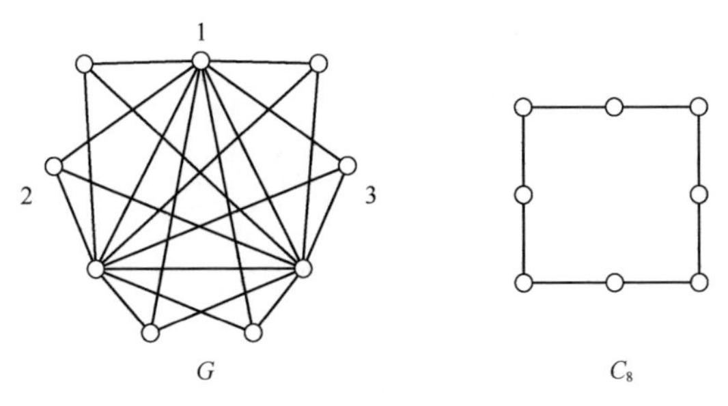

图 3.10　连通性示意图

3.8 核与核集的基本性质

由核度 $S^*(G)$ 与点断集 $C(G)$ 的定义，有

$$S^*(G)\subseteq C(G) \tag{3.15}$$

G 是一个连通度 $\kappa(G)=k$ 的 p 阶连通图，对 $\varnothing\neq S\in C(G)$，由连通度的定义（见本书2.6节）知，必有 $|S|\geqslant k$，且

$$\min\{|S|:S\in C(G)\}=k \tag{3.16}$$

基于式（3.15）与式（3.16），可得命题3.1及命题3.2。

命题 3.1 若 G 是连通度为 k 的连通图，则 $\varnothing\neq S^*\in S^*(G)$，必有

$$|S^*|\geqslant k \tag{3.17}$$

然而，对于 $S^*(G)$ 而言，未必有类似于式（3.16）的结果成立。即 $\min\{|S^*|:S^*\in S^*(G)\}$ 不一定等于 k。如图3.11所示的图 G，显然 $S^*(G)$ 中仅有一个核 $S^*=\{1,2,3\}$，所以 $\min\{|S^*|:S^*\in S^*(G)\}=3$，但 $\kappa(G)=1$，说明核值大于连通度。

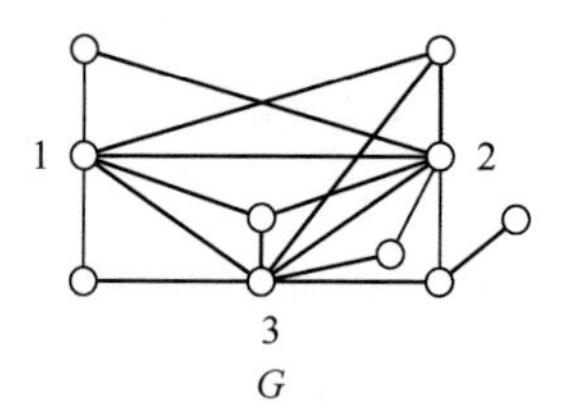

图3.11 核值与连通度关系分析

命题 3.2 对于 $S^*(G)$ 中的任一两个元素 S_1^*、S_2^*，$|S_1^*|$ 不一定等于 $|S_2^*|$。

该命题可由图3.3中的图 G_2 得到说明。$|S_1^*|=|S_2^*|$ 的示例如图3.12所示。

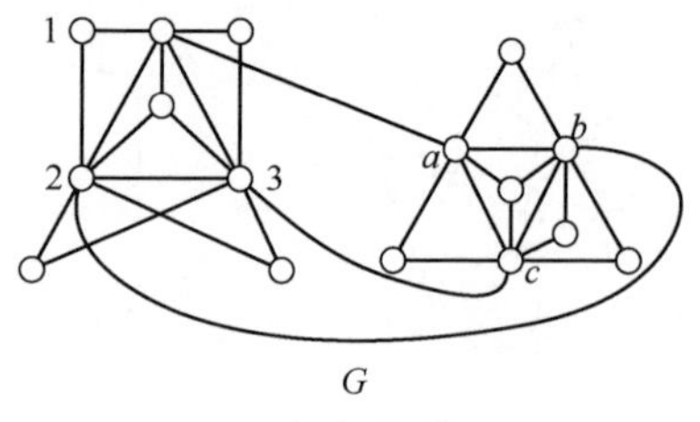

图3.12 $|S_1^*|=|S_2^*|$ 的示例

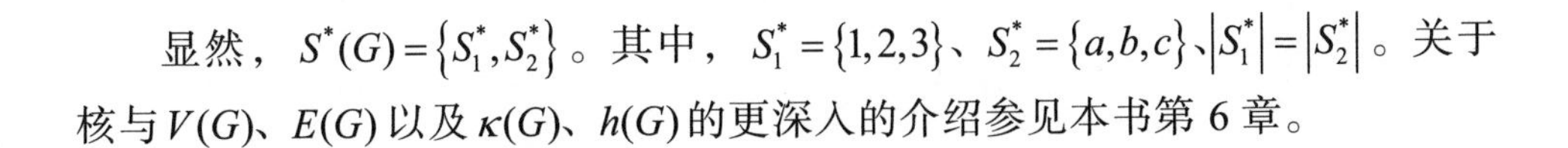

显然，$S^*(G)=\{S_1^*,S_2^*\}$。其中，$S_1^*=\{1,2,3\}$、$S_2^*=\{a,b,c\}$、$|S_1^*|=|S_2^*|$。关于核与 $V(G)$、$E(G)$ 以及 $\kappa(G)$、$h(G)$ 的更深入的介绍参见本书第 6 章。

3.9　本章小结

本章介绍了系统核与核度的基础理论，首先引入了系统核与核度的定义，然后具体研究了几类特殊图（星图、完全图、完全 k-部图等）的核度，给出了联图的核度计算公式，明确了核度的取值范围，给出了树的核度的计算方法，讨论了简单核度与一些简单类型图的结构关系，指出了核度与刻画网络图的连通度之间的相互独立性，研究了核与核集的若干基本性质，为进一步探讨核与核度打下理论基础。

参考文献

[1] 李沧，段芸芬，等. 植物学[M]. 北京：人民教育出版社, 1982.

[2] 许进，席酉民，汪应洛. 系统的核与核度(I)[J]. 系统科学与数学, 1993, 13(2): 102-110.

[3] 许进，费奇，汪应洛. 信息交流网络系统优化设计的核与核度法[J]. 系统工程学报, 2001, 16(4): 275-281.

[4] Bondy J A, Murty U S R. Graph Theory with Application[M]. New York: North Hollond, 1981.

[5] 欧阳克智，欧阳克毅. 图的相对断裂度[J]. 兰州大学学报：自然科学版, 1993, 29(3): 43-49.

[6] Chartrand G, Schuster S. On the Independence Numbers of Complementary Graphs[J]. Transactions of the New York Academy of Sciences, 1974, 36(3 Series II): 247-251.

[7] Alavi Y, Mitchem J. The Connectivity and Line-connectivity of Complementary Graphs[M]. Berlin, Heidelberg: Springer, 1971: 1-3.

第 4 章

核度与系统的最值网络结构

本章主要介绍核度基本性质的重要内容之一，即在系统要素数量及核度给定的条件下，系统可能具有的最大网络结构及最小网络结构，并建立了这些结构的构造方法。这些内容在人际关系[1]、组织行为的沟通网络以及人工神经网络等方面都将有较好的应用。这些应用将在本书第 10 章～第 12 章分别介绍。

4.1 核度与系统的最大网络

最大网络是指在网络的顶点数及满足某些属性的条件下，其边数最多的网络[2]。本节主要介绍在系统的核度及主要素数量给定的条件下，系统可能具有的最大网络结构。

定理 4.1[3] 设 G 是一个 p（$p\geqslant 4$）阶的连通网络图，其核度为 h，则 G 可能具有的最大边数有以下 3 种情况。

（1）当 $1\leqslant h\leqslant p-2$ 时，最大边数为

$$\max_{G\in G[p]}|E(G)|=\begin{cases}\dbinom{p-h}{2}+h & 2p-4h\geqslant 3a\\ \dfrac{1}{2}a(2p-a-1)+\dbinom{p-2a-h+1}{2} & 2p-4h<3a\end{cases}\tag{4.1}$$

其中，$a=[(p-h)/2]$，$[x]$ 表示小于或者等于实数 x 的最大整数，$G[p]$ 表示具有 p 个顶点的全体连通图之集合，$\dbinom{p}{2}$ 表示从 p 个元素中任取 2 个元素的组合数。

（2）当 $-(p-4)\leqslant h\leqslant 0$ 时，最大边数为

$$\max_{G\in G[p]}\left|E(G)\right|=\binom{p-1}{2}+2-h \tag{4.2}$$

（3）当 $h=-(p-2)$ 时，最大边数为

$$\max_{G\in G[p]}\left|E(G)\right|=\left|E(K_p)\right|=\binom{p}{2}$$

证明　设 S^* 表示 p（$p\geqslant 4$）阶连通网络图 G 的一个核，即

$$h(G)=\omega(G-S^*)-\left|S^*\right| \tag{4.3}$$

不妨设 $\omega(G-S^*)=n$，且 $G-S^*$ 的这 n 个连通分支分别为 $G_1,G_2,\cdots,G_n$，即

$$G-S^*=G_1\cup G_2\cup\cdots\cup G_n \tag{4.4}$$

现令 $\left|S^*\right|=x$，则由式（4.3）有

$$h=n-x \tag{4.5}$$

令 $\left|V(G_i)\right|=p_i$（$i=1,2,\cdots,n$），则有

$$\sum_{i=1}^{n}p_i=p-x \tag{4.6}$$

用 $f(p_1,p_2,\cdots,p_n,x)$ 表示这种网络图可能具有的最大边数，则必有

$$\begin{aligned}f(p_1,p_2,\cdots,p_n,x)&=\sum_{i=1}^{n}\binom{p_i}{2}+\binom{x}{2}+x\cdot\sum_{i=1}^{n}p_i\\&=\frac{1}{2}\sum_{i=1}^{n}p_i^2-\frac{1}{2}\sum_{i=1}^{n}p_i+\binom{x}{2}+x\cdot\sum_{i=1}^{n}p_i\\&=\frac{1}{2}\left(\sum_{i=1}^{n}p_i\right)^2+\left(x-\frac{1}{2}\right)\sum_{i=1}^{n}p_i+\binom{x}{2}-\sum_{1\leqslant i\leqslant j\leqslant n}p_ip_j\end{aligned} \tag{4.7}$$

再由式（4.6）得到

$$f(p_1,p_2,\cdots,p_n,x)=\frac{1}{2}(p-x)^2+\left(x-\frac{1}{2}\right)(p-x)+\binom{x}{2}-\sum_{1\leqslant i\leqslant j\leqslant n}p_ip_j$$

欲求 $f(p_1,p_2,\cdots,p_n,x)$ 的最大值，只要求 $\Sigma_{1\leqslant i\leqslant j\leqslant n}p_ip_j$ 的最小值就可以了。注意到

$$1\leqslant p_i\leqslant p-x-(n-1) \tag{4.8}$$

这样，便形成了一个二次规划问题（注意，这些 p_i（$i=1,2,\cdots,n$）均取整数）：

$$\min\sum_{1\leqslant i\leqslant j\leqslant n}p_ip_j \tag{4.9}$$

$$\text{s.t.}\begin{cases}1 \leqslant p_i \leqslant p-x-n+1 \\ i=1,2,\cdots,n\end{cases} \tag{4.10}$$

解此二次规划问题，当取 $p_1=p_2=\cdots=p_{n-1}=1$ 、 $p_n=p-x-n+1$ 时 $\Sigma_{1\leqslant i\leqslant j\leqslant n} p_i p_j$ 将达到最小值[4]。将此解代入式（4.7）得到（这里“≜”表示“定义为”）

$$f(1,1,1,\cdots,1,p-x-n+1,x) \triangleq f(x)$$
$$=\binom{p-x-n+1}{2}+\binom{x}{2}+x(p-x)$$

将式（4.5）代入 $f(x)$ 中以消除参数 n，得到

$$f(x)=\binom{p-2x-h+1}{2}+\binom{x}{2}+x(p-x) \tag{4.11}$$

基于定理 3.5，下面分 3 种情况展开详细介绍。

（1）$1\leqslant h\leqslant p-2$

首先注意：

$$p_n=p-2x-h+1\geqslant 1 \tag{4.12}$$

由此即得

$$x\leqslant[(p-h)/2] \tag{4.13}$$

又显然 $x\geqslant 1$，因此，这个问题变成

$$\max f(x)=\binom{p-2x-h+1}{2}+\binom{x}{2}+x(p-x) \tag{4.14}$$

$$\text{s.t.}\begin{cases}1\leqslant x\leqslant[(p-h)/2]\triangleq a \\ x\text{取整数}\end{cases}$$

现视 x 为实数变量，则可求关于 x 的导数，并且令

$$f'(x)=3x-p+2h-\frac{3}{2}=0$$

得

$$x=\frac{1}{6}(2p-4h+3) \tag{4.15}$$

又注意到 $f(x)$ 是一个开口向上的抛物线，对称轴由式（4.15）给出，故解式（4.14）可知，当

$$\frac{1}{6}(2p-4h+3)\geqslant\frac{1}{2}(a+1)$$

即 $2p-4h\geqslant 3a$ 时， $f(x)$ 的最大值点为 $x=1$，将此值代入式（4.14）得到

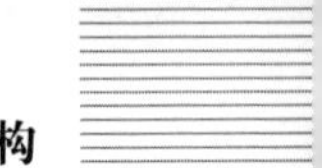

$$\max|E(G)| = f(1) = \binom{p-h-1}{2} + (p-1)$$
$$= \binom{p-h}{2} - (p-h-1) + (p-1)$$
$$= \binom{p-h}{2} + h$$

当 $\frac{1}{6}(2p-4h+3) < \frac{1}{2}(a+1)$，即 $2p-4h<3a$ 时，$f(x)$ 的最大值点为 $x=a$，将此值代入式（4.14）有

$$\max|E(G)| = f(a) = \binom{p-2a-h+1}{2} + \frac{1}{2}a(2p-a-1)$$

至此，情况（1）获证。

（2）$-(p-4) \leqslant h \leqslant 0$

在此情况下，必有 $n \geqslant 2$，并由此可证明 $x \geqslant 2-h$（依据式（4.5））。否则，假设 $x<2-h$，则由式（4.5）有

$$h = n - x > 2 - 2 + h = h$$

显然，该式是矛盾的。因此，这个问题变成

$$\max f(x) = \binom{p-2x-h+1}{2} + \binom{x}{2} + x(p-x) \tag{4.16}$$
$$\text{s.t.}\begin{cases} 2-h \leqslant x \leqslant a \\ x\text{是整数} \end{cases}$$

同理可解式（4.16），由于恒有

$$\frac{1}{6}(2p-4h+3) \geqslant \frac{1}{2}\left(\left[\frac{p-h}{2}\right] - 2 + h\right)$$

故当 $x = 2-h$ 时，式（4.16）取最大值

$$\max|E(G)| = f(2-h)$$
$$= \binom{p+h-3}{2} + \binom{2-h}{2} + (2-h)(p-2+h)$$
$$= \binom{p-1}{2} + 2 - h$$

所以，情况（2）获证。

（3）$h = -(p-2)$

由定理 3.7 可知，必有图 $G \cong K_p$，故有

$$\max\left|E(G)\right| = \left|E(K_p)\right| = \binom{p}{2}$$

由定理 4.1 的证明过程，可得到推论 4.2。

推论 4.1 设 G 是一个 p（$p\geqslant 4$）阶连通图，$h(G)=h$，且核值 $\left|S^*\right|=m$，则图 G 可能具有的最大边数为

$$\binom{p-2m-h+1}{2}+\binom{m}{2}+m(p-m)$$

4.2 最大网络的构造步骤

本节主要介绍在给出系统主要素数量和系统核度的条件下，构造最大网络的一般步骤。这里要说明的是，这种构造方法不一定是唯一的。

实际上，定理 4.1 的证明过程已经给出了核度为 h 的、p 阶的，且具有最大边数的连通网络图的一般构造方法。

（1）$1\leqslant h\leqslant p-2$ 且 $2p-4h\geqslant 3a$（这里 a 的定义见定理 4.1）时，构造步骤如下：

第一步，构造完全图 K_{p-h}；

第二步，选定 K_{p-h} 中的一个顶点 v，使 v 与 E_h 中的每一个顶点相连即可。其中，E_h 是 h 阶完全空图，且 $V(E_k)\cap V(K_{p-h})=\varnothing$（空集）。

（2）$1\leqslant h\leqslant p-2$ 且 $2p-4h<3a$ 时，构造步骤如下：

第一步，构造完全图 K_a；

第二步，构造 $n-1$ 阶完全空图 E_{n-1}，使 K_a 中的每一个顶点与 E_{n-1} 中的每个顶点相连边（这里 $V(K_a)\cap(E_{n-1})=\varnothing$，$a$、$n$ 的定义与定理 4.1 及其证明过程中出现的 n 的定义相同）；

第三步，令 K_a 中每个顶点与另一个阶数为 $p-a-n+1$ 的完全图 $K_{p-a-n+1}$ 中每个顶点相连边即可，这里的 a、n 定义同上，且满足

$$V(K_{p-a-n+1})\cap V(K_a)=\varnothing$$

$$V(K_{p-a-n+1})\cap V(N_{n-1})=\varnothing$$

（3）$-(p-4)\leqslant h\leqslant 0$ 时，构造步骤如下：

第一步，构造完全图 K_{p-1}；

第二步，增添一个顶点 v，$\{v\}\cap V(K_{p-1})=\varnothing$，使 v 与 $2-h$ 个顶点相连边即可（这里的 $2-h$ 个顶点是任意的）。

下面以例 4.1 进一步说明定理 4.1，该例中的有关详细步骤省略。

例 4.1　试构造出拥有 8 个顶点，核度分别为 3、1 和−3 的网络图，使其边数最大。

解　$p=8$、$h=3$ 时，$a=\left[\dfrac{8-3}{2}\right]=2$，故有 $2p-4h=2\times 8-4\times 3=4<6=3\times 2=3a$。由式（4.1）可知，这类图的最大边数为

$$\begin{aligned}&\frac{1}{2}a(2p-a-1)+\binom{p-2a-h+1}{2}\\&=\frac{1}{2}\times 2\times(2\times 8-2-1)+\binom{8-2\times 2-3+1}{2}\\&=14\end{aligned}$$

于是，按上述构造方法（2）构造的图如图 4.1（a）所示。

$p=8$、$h=1$ 时，$a=\left[\dfrac{8-1}{2}\right]=3$，故有 $2p-4h=2\times 8-4\times 1=12>3\times 3=3a$。由定理 4.1 中的式（4.1）知，这类图具有的最大边数为

$$\binom{p-h}{2}+h=\binom{8-1}{2}+1=22$$

于是按照上述构造方法（1）构造出的图如图 4.1（b）所示。

$p=8$、$h=-3$ 时，这类图的最大边数由式（4.2）给出，即

$$\binom{p-1}{2}+2-h=\binom{8-1}{2}+2-(-3)=26$$

按照上述构造方法（3），构造出的相应网络图如图 4.1（c）所示。

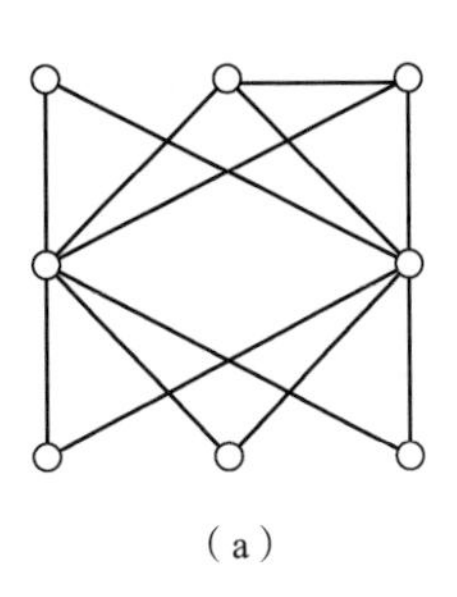
（a）

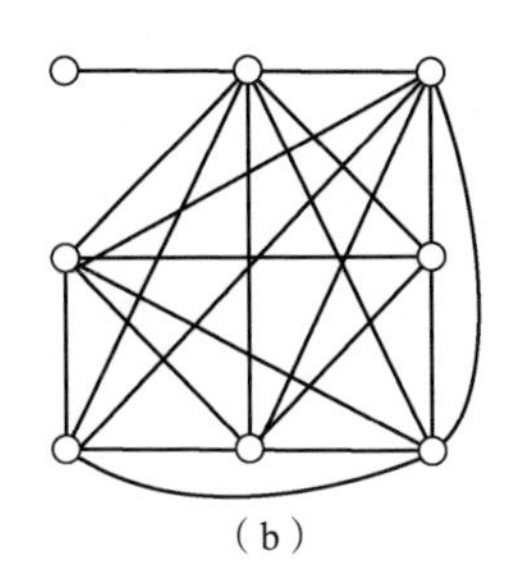
（b）

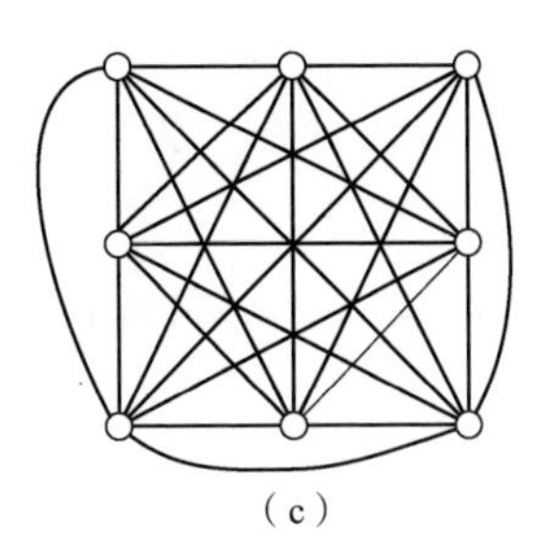
（c）

图 4.1　最大网络图

4.3 核度与系统

在一般的网络优化设计理论中，最常用的一种模型便是求在某些约束条件下网络边数最小的极值问题（与本书 4.1 节类似，**最小网络**是指在某些约束条件下使得边数最小的网络），这类模型的网络往往在现实中具有更广泛的应用。本节着重介绍在系统主要素数量及系统的核度给定的条件下，系统可能具有的最小网络结构及相应的构造问题。

为了证明本节的主要结论，先引入 $H_{h,p}$ 图的概念及几个必要的结果。

$H_{h,p}$ 是一个 p 阶连通图，h 满足以下条件：

$$-(p-4)\leqslant h\leqslant 0 \tag{4.17}$$

$V(H_{h,p})=\{v_1,v_2,\cdots,v_p\}$（$p\geqslant 4$），其边按下述方法构造：

（1）若 h 是偶数，$E(G)=\left\{v_iv_{i+j}:1\leqslant i\leqslant p,1\leqslant j\leqslant\frac{1}{2}(2-h),i+j\text{取模}p\text{加法}\right\}$；

（2）若 h 是奇数、p 是奇数，$E(G)=\left\{v_iv_{i+j}\cup v_tv_t+\frac{p}{2}:1\leqslant i\leqslant p,1\leqslant j\leqslant\frac{1-h}{2},\right.$ $\left.1\leqslant t\leqslant\frac{1}{2}p,i+j\text{取模}p\text{加法,下同}\right\}$；

（3）若 h 是奇数、p 是奇数，$E(G)=\left\{v_iv_{i+j}\cup v_tv_t+\frac{1}{2}(p-1):1\leqslant i\leqslant p,1\leqslant\right.$ $\left.j\leqslant\frac{1}{2}(1-h),1\leqslant t\leqslant\frac{1}{2}(p+1)\right\}$。这里，$G$ 表示 $H_{h,p}$。

注意：在方法（2）中，当 $p(p\geqslant 6)$ 为偶数且 $h=-1$ 时，取图 4.2（b）所示的图作为 $H_{-1,p}$；在方法（3）中，当 $p=4t+3(t=1,2,3,\cdots)$ 时，用图 4.2（a）中 $X_{-1,4t+3}$ 表示 $H_{-1,4t+3}$。

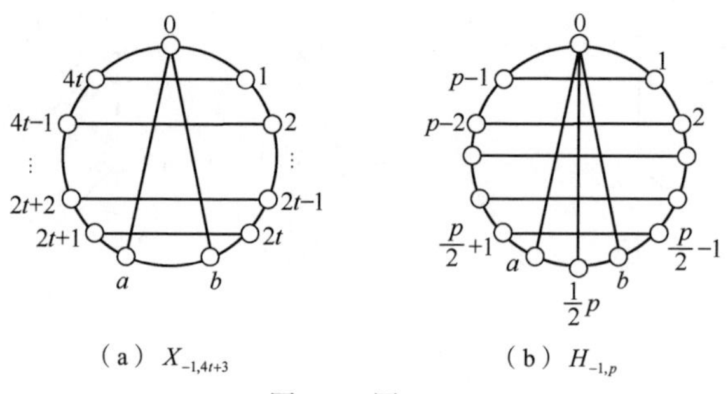

（a）$X_{-1,4t+3}$　　（b）$H_{-1,p}$

图 4.2　图 $H_{h,p}$

下面通过例 4.2 对图 $H_{h,p}$ 的构造加以说明。

例 4.2　按照上述关于 $H_{h,p}$ 的构造的定义，试分别构造出 $H_{-2,6}$、$H_{-3,8}$、$H_{-3,7}$、$H_{-1,6}$ 及 $H_{-1,7}$。

（1）构造 $H_{-2,6}$。为方便起见，令 $V(H_{-2,6})=\{1,2,\cdots,6\}$。按定义，$E(H_{-2,6})=\{i(i+j):i=1,2,\cdots,6,1\leqslant j\leqslant\frac{1}{2}(2-(-2))\}=\{12,13,23,24,34,35,45,46,56,51,61,62\}$，如图 4.3（a）所示。

（2）构造 $H_{-3,8}$。由定义知 $\frac{1}{2}(1-h)=\frac{1}{2}(1-(-3))=2$，故知 $1\leqslant j\leqslant 2$、$1\leqslant t\leqslant\frac{1}{2}\times 8=4$，若令 $V(H_{-3,8})=\{1,2,\cdots,8\}$。于是，可求得

$$E(H_{-3,8})=\{12,13,23,24,34,35,45,46,56,57,67,68,78,71,81,82,15,26,37,48\}$$

如图 4.3（b）所示。

（3）构造 $H_{-3,7}$。易知 $\frac{1}{2}(1-h)=\frac{1}{2}(1-(-3))=2$、$\frac{1}{2}(1+p)=\frac{1}{2}(1+7)=4$，若令 $V(H_{-3,7})=\{1,2,\cdots,7\}$，则有

$$E(H_{-3,7})=\left\{i(i+j)\cup t\left(t+\frac{1}{2}(7-1)\right):i=1,2,\cdots,7,j=1,2,t=1,2,3,4\right\}$$
$$=\{12,13,23,24,34,35,45,46,56,57,67,71,72,14,25,36,47\}$$

如图 4.3（c）所示。

（4）$H_{-1,6}$ 和 $H_{-1,7}$ 的构造。可由图 4.2 中的两种类型图中直接取 $p=6$ 得 $H_{-1,6}$，取 $t=1$ 得 $H_{-1,7}$，如图 4.3（d）（e）所示。

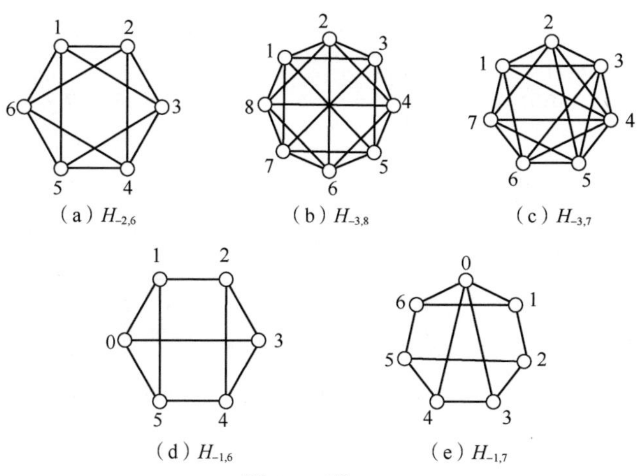

图 4.3　图 $H_{h,p}$

引理 4.1 设$\{x\}$表示大于等于x的最小整数，则有

$$\left|E(H_{h,p})\right| = \left\{\frac{p(2-h)}{2}\right\} \tag{4.18}$$

证明 由$H_{h,p}$的定义可知，当h为偶数时，图$H_{h,p}$中每个顶点的度数均为$2-h$，从而$H_{h,p}$的边数$\left|E(H_{h,p})\right| = \frac{1}{2}p(2-h) = \left\{\frac{p(2-h)}{2}\right\}$；当$h$为奇数、$p$为偶数时，$H_{h,p}$中每个顶点的度数都是$2-h$，故$\left|E(H_{h,p})\right| = \frac{1}{2}p(2-h) = \left\{\frac{p(2-h)}{2}\right\}$；当$h$为奇数、$p$亦为奇数时，易知$H_{h,p}$中有$p-1$个顶点的度数是$2-h$，一个顶点的度数是$2-h+1$，故有

$$\begin{aligned}\left|E(H_{h,p})\right| &= \frac{1}{2}\left[(p-1)(2-h)+3-h\right] \\ &= \frac{1}{2}\left[p(2-h)+1\right] \\ &= \left\{\frac{p(2-h)}{2}\right\}\end{aligned}$$

定理 4.2

$$h(H_{h,p}) = h \tag{4.19}$$

由$H_{h,p}$的定义，容易证明式（4.19）成立，在此略去证明。

定理 4.3[3] 顶点数为p（$p \geqslant 4$）的连通网络图G，已知其核度为h，则图G可能具有的最小边数由下式给出：

$$\min_{G\in G[p]}\left|E(G)\right| = \begin{cases} p-1 & 1 \leqslant h \leqslant p-2 \\ \left\{\dfrac{p(2-h)}{2}\right\} & -(p-4) \leqslant h \leqslant 0 \\ \dbinom{p}{2} & h = -(p-2) \end{cases} \tag{4.20}$$

其中，$G[p]$表示由具有p个顶点的全体连通网络图构成的集合。

证明 令T_i表示这样一棵p阶树：当$i=1$时，它是一个长度为$p-1$的路；当$i \geqslant 2$时，T_i只有一个顶点v（度数为$i+1$），且v与i个悬挂顶点（即度数为 1 的顶点）相邻，与一个长度为$p-i-1$的度相连（图 4.4 给出了 10 阶的树T_6）。

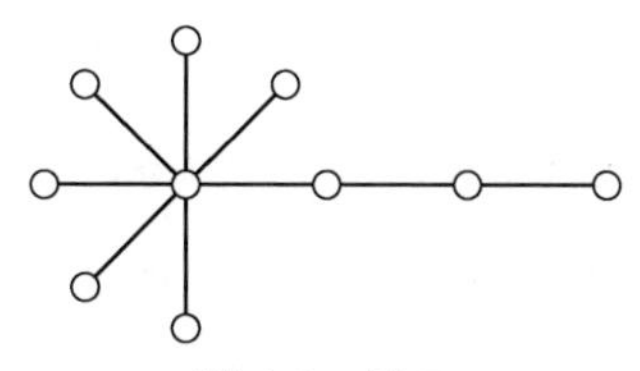

图 4.4　树 T_6

显然，v 是 T_i 的核，因此 T_i 的核度为

$$h(T_i)=i\,(1\leqslant i\leqslant p-2) \tag{4.21}$$

这就证明了当 $1\leqslant h\leqslant p-2$ 时，$\min|E(G)|=p-1$，其中 $G\in G[p]$。

令 $\delta=\delta(G)$ 表示网络图 G 的最小度，则容易得到（详细证明见本书第 5 章）：

$$h\geqslant 2-\delta$$

此即

$$\delta\geqslant 2-h \tag{4.22}$$

其中，h 满足 $-(p-4)\leqslant h\leqslant 0$，由此推出

$$|E(G)|\geqslant\left\{\frac{p\delta}{2}\right\}\geqslant\left\{\frac{p(2-h)}{2}\right\}$$

故对 $\varnothing\neq G\in G[p]$，有

$$\min|E(G)|\geqslant\left\{\frac{p(2-h)}{2}\right\} \tag{4.23}$$

对于图 $H_{h,p}$，由引理 4.1 及定理 4.2 知，当 h 满足 $-(p-4)\leqslant h\leqslant 0$ 时，有

$$\min_{G\in G[p]}|E(G)|=\left\{\frac{p(2-h)}{2}\right\}$$

从而 $-(p-4)\leqslant h\leqslant 0$ 的情况获证。

当 $h=-(p-2)$ 时，结论显而易见，证明过程略。

定理 4.3 的证明过程，实际上也给出了在网络图的顶点数 p 和核度 h 已知的条件下，构造具有最小边数的网络图的方法和步骤。

（1）$1\leqslant h\leqslant p-2$

第一步，构造星图 $K_{1,h}$，并设 v 是 $K_{1,h}$ 中度数为 h 的顶点。

第二步，构造一条顶点数为 $p-h$ 且长度为 $p-h-1$ 的路 P_{p-h}，并令 P_{p-h} 中的一个悬挂顶点亦为 v。

第三步，令 P_{p-h} 中的顶点 v 与 $K_{1,h}$ 中的顶点 v 重合即可。

（2）$-(p-4)\leqslant h\leqslant 0$

这种情况下的构造方法与网络图 $H_{h,n}$ 的构造方法相同，这里不再重述。

4.4 本章小结

本章主要介绍了核度意义下优化理论方面的内容之一，主要获得了以下 3 个结论。

（1）具有 $p(p\geqslant 4)$ 个顶点，核度为 h 的连通网络图可能具有的最大边数有以下 3 种情况。

当 $1\leqslant h\leqslant p-2$ 时，最大边数为

$$\max_{G\in G[p]}|E(G)|=\begin{cases}\dbinom{p-h}{2}+h & 2p-4h\geqslant 3a\\ \dfrac{a}{2}(2p-a-1)+\dbinom{p-2a-h+1}{2} & \text{其他}\end{cases}$$

当 $-(p-4)\leqslant h\leqslant 0$ 时，最大边数为

$$\max_{G\in G[p]}|E(G)|=\binom{p-1}{2}+2-h$$

$h=-(p-2)$ 当且仅当 $G\cong K_p$，故

$$\max|E(G)|=\binom{p}{2}$$

（2）具有 $p(p\geqslant 4)$ 个顶点，核度为 h 的连通网络图可能具有的最小边数为

$$\min_{G\in G[p]}|E(G)|=\begin{cases}p-1 & 1\leqslant h\leqslant p-2\\ \left\{\dfrac{p(2-h)}{2}\right\} & -(p-4)\leqslant h\leqslant 0\\ \dbinom{p}{2} & h=-(p-2)\end{cases}$$

（3）给出了在顶点数 p 和核度 h 已知的条件下，最大网络图和最小网络图的详细构造步骤。

本章的结论已应用于管理信息交流网络（又称沟通网络）的优化设计[5]及小群体人际关系的优化设计中[1]。它们在其他领域内的应用，有待进一步研究。

参考文献

[1] 许进, 席酉民, 汪应洛. 系统的核与核度理论(VI)——核与核度在研究小群体人际关系中的应用[J]. 西安交通大学学报, 1994, 28(3): 69-73.

[2] Bondy J A, Murty U S R. Graph Theory with Application[M]. New York: North Hollond, 1981.

[3] 许进, 席酉民, 汪应洛. 系统的核与核度(I)[J]. 系统科学与数学, 1993, 13(2): 102-110.

[4] Avriel M. Nonlinear Programming Analysis and Methods [M]. New York: Prentice-Hall, Computers & Mathematics with Applications, 1976.

[5] 许进, 费奇, 汪应洛. 信息交流网络系统优化设计的核与核度法[J]. 系统工程学报, 2001, 16(4): 275-281.

第5章

系统与补系统间的核度

本章介绍研究结构复杂系统的一种方法。具体地，本章提出了补系统的概念，介绍了在一个系统与它的补系统所对应的网络图均连通的条件下，系统与补系统核度之间的相互关系，如上下界问题、Nordhaus-Gaddum 问题及基本性质等，解决了 Nordhaus-Gaddum 问题中和的形式与积的形式。研究这些内容的目的是借助补系统的核度来刻画原系统的核度。

5.1 概述

对系统及其补系统进行研究可以发现，当系统的网络图 G 的结构比较复杂时，特别是当边数大于或者远远大于 $\frac{1}{2}\binom{|V(G)|}{2}$ 时，相对而言，它的补系统的网络图 $\bar{G}$ 却往往显得比较简单。在研究图的许多问题时，人们常常可以先研究补图 $\bar{G}$，然后通过 $\bar{G}$ 来刻画 G，这就需要进一步讨论网络图 G 与 $\bar{G}$ 之间的相互关系。1956 年，诺德豪斯（E. A. Nordhaus）和加杜姆（J. W. Gaddum）首先研究了图的色数 $\chi(G)$ 与它的补图的色数 $\chi(\bar{G})$ 之间的关系[1]，获得了以下结论：

$$\begin{aligned} 2\sqrt{p} \leqslant \chi(G)+\chi(\bar{G}) \leqslant p+1 \\ p \leqslant \chi(G)\cdot\chi(\bar{G}) \leqslant \left(\frac{p+1}{2}\right)^2 \end{aligned} \tag{5.1}$$

其中，$p=|V(G)|$。

从此，许多学者在研究图的参数时，总是考虑这个参数与它的补图的参数之间和与积的上下界，并称其为 Nordhaus-Gaddum 问题。例如，古普图（Guptu）[2]证明了

$$\psi(G)+\psi(\bar{G})\leqslant\left[\frac{4}{3}p\right] \tag{5.2}$$

阿拉维（Alavi）和贝扎德（Behzad）[3]与维津（Vizing）[4]分别独立地证明了

$$2\left[\frac{p+1}{2}\right]-1\leqslant\chi_1(G)+\chi_1(\bar{G})\leqslant p+2\left[\frac{p-2}{2}\right] \tag{5.3}$$

阿拉维和米琴（Mitchen）[5]证明了

$$1\leqslant\lambda(G)+\lambda(\bar{G})\leqslant p-1$$
$$0\leqslant\lambda(G)\cdot\lambda(\bar{G})\leqslant M$$

和

$$1\leqslant\kappa(G)+\kappa(\bar{G})\leqslant p-1$$
$$0\leqslant\kappa(G)\cdot\kappa(\bar{G})\leqslant M$$

其中

$$M=\begin{cases}\left\{\dfrac{p-1}{2}\right\}\left[\dfrac{p-1}{2}\right] & p\equiv 0,1,2(\text{mod } 4)\\ \left(\dfrac{p-3}{2}\right)\left(\dfrac{p+1}{2}\right) & p\equiv 3(\text{mod } 4)\end{cases}$$

耶格（Jaeger）和巴彦（Payan）[6]证明了

$$v(G)+v(\bar{G})\leqslant p+1$$
$$v(G)\cdot v(\bar{G})\leqslant p$$

耶格和舒斯特（Schuster）[7]证明了

$$\left[\frac{1}{2}p\right]\leqslant\alpha_1(G)+\alpha_1(\bar{G})\leqslant 2\left[\frac{1}{2}p\right]$$
$$0\leqslant\alpha_1(G)\cdot\alpha_1(\bar{G})\leqslant\left[\frac{1}{2}p\right]^2$$

且

$$s\leqslant\alpha(G)+\alpha(\bar{G})\leqslant p+1$$
$$t\leqslant\alpha(G)\cdot\alpha(\bar{G})\leqslant\left[\frac{p+1}{2}\right]\left\{\frac{p+1}{2}\right\}$$

其中

$$s=\min\left\{a+b\,\middle|\,r(a+1,b+1)>p\right\}$$

$$t=\min\{a\cdot b|r(a+1,b+1)>p\}$$

其中，$r(a+1,b+1)$ 是著名的 Ramsey 数。

Xu Shaoji 在文献[8]中证明了图的直径 $d(G)$、围长 $g(G)$ 和周长 $c(G)$，以及边覆盖数 $\beta_1(G)$ 和覆盖数 $\beta(G)$ 的 Nordhaus-Gaddum 问题，即

$$4\leqslant d+\bar{d}\leqslant p+1$$

$$4\leqslant d\cdot\bar{d}<2p-2$$

$$6\leqslant g+\bar{g}\leqslant p+3$$

$$9<g\cdot\bar{g}<3p$$

$$p+2\leqslant c+\bar{c}\leqslant 2p$$

$$3(p-1)\leqslant c\cdot\bar{c}\leqslant p^2$$

$$2\left\{\frac{1}{2}p\right\}\leqslant\beta_1+\overline{\beta_1}\leqslant 2p-2-\left[\frac{1}{2}p\right]$$

$$[p/2]^2\leqslant\beta_1\cdot\overline{\beta_1}\leqslant\frac{1}{2}p(p-1)$$

$$p-1\leqslant\beta+\bar{\beta}\leqslant 2p-s$$

$$0\leqslant\beta\cdot\bar{\beta}\leqslant\left\{p-\frac{1}{2}s\right\}\left[p-\frac{1}{2}s\right]$$

其中，$\{x\}$、$[x]$ 及 s 的含义同上文。

本章主要围绕核度 $h(G)$ 的 Nordhaus-Gaddum 问题展开讨论。

5.2 核度与补核度的基本性质

设 X 是一个系统，G 是 X 的网络图；并设 X 的主要素集 $\{x_1,x_2,\cdots,x_p\}=V(G)$，$E(G)=\{x_ix_j;x_i\text{与}x_j\text{在}X\text{中有结构关系}\}$。注意，$x_i$ 与 x_j 有结构关系是根据 X 的性质而定的。将 X 的补系统记作 $\bar{X}$，定义为：$\bar{X}$ 必须与 X 有相同的主要素，x_i 与 x_j 之间在 $\bar{X}$ 中有关系（当且仅当 x_i 与 x_j 在 X 中无关系）。显然，若 G 是 X 的网络图，则 $\bar{G}$ 是 $\bar{X}$ 的网络图（这里，$\bar{G}$ 表示 G 的补图）。注意，$\bar{X}$ 是针对 X 虚构的一个网络系统，虽然它不存在，但可借助它研究 X 的性质。特别在 X 的网络图 G 的边数大于 $\frac{1}{2}\binom{|V(G)|}{2}$ 时尤为方便。与 $h(G)$ 相对应，称 $h(\bar{G})$ 为**补核度**，有时为了方便，简记 $h(G)$ 为 h，$h(\bar{G})$ 为 $\bar{h}$。本章涉

及的系统相关概念详见文献[9]，图论相关概念详见文献[10]。

本节主要介绍在 G 与 $\bar{G}$ 均连通的条件下核度的界，以及在最大度数为 Δ 的条件下树的核度的界等。

引理 5.1　设 C_p 是完全图 K_p 中的一个长为 p 的生成圈，$p \geqslant 5$、$G = K_p - E(C_p)$，则有

$$h(G) = -(p-5) \tag{5.4}$$

注意到这里 G 的连通度 $\kappa(G) = p-3$，再由 G 的对称性可知，式（5.4）成立。

定理 5.1　设网络图 G 与它的补图 $\bar{G}$ 均连通，且 $|V(G)| = p \geqslant 5$，则有

$$-(p-5) \leqslant h(G) \leqslant p-3 \tag{5.5}$$

证明　由推论 3.3 及定理 3.5 可知，G 的核度介于 $-(p-2)$ 到 $p-2$ 之间且 $h(G) \neq -(p-3)$。由定理 3.7 可知，$h(G) = -(p-2)$（当且仅当 $G \cong K$），但完全图的补图是完全空图 E_p，不连通，故必有 $h(G) \geqslant -(p-4)$。若 $h(G) = -(p-4)$，由定理 3.10 可知 $\delta(G) = p-2$，从而有

$$|E(G)| \geqslant \frac{1}{2}p(p-2) \tag{5.6}$$

故有

$$\begin{aligned}|E(\bar{G})| &\leqslant \binom{p}{2} - \frac{1}{2}p(p-2)\\ &= \frac{1}{2}p(p-1) - \frac{1}{2}p(p-2)\\ &= \frac{1}{2}p < p-1\ (p \geqslant 5)\end{aligned}$$

所以 $\bar{G}$ 不连通，与题设矛盾。

欲使 G 与 $\bar{G}$ 均连通，必有 $h(G) \geqslant -(p-5)$。当 $h(G) = -(p-5)$ 时，取 $G = K_p - C_p$（C_p 是 K_p 的生成圈），由引理 5.1 可知，$h(G) = -(p-5)$，且 G 的补图 $\bar{G} = C_p$ 连通，这就证明了

$$-(p-5) \leqslant h(G) \tag{5.7}$$

另外，当且仅当 G 是星图 $K_{1,p-1}$ 时 $h(G) = p-2$，但星图的补图显然不连通，故必有 $h(G) \leqslant p-3$。记对 $K_{1,p-2}$ 细分一条边 e 后所得的图为 $K_{1,p-2} * e$，显然该图是 p 阶连通的，并且其补图亦连通。注意到 $h(K_{1,p-2} * e) = p-3$，从而证明了

$$h(G) \leqslant p-3 \tag{5.8}$$

综合式（5.7）及式（5.8），本定理获证。

定理 5.2 设T是一裸树，$\varDelta$是它的最大度数，则T可包含度数为$\varDelta$的顶点的最大数量为

$$|V'| = \left[\frac{p-2}{\varDelta-1}\right] \tag{5.9}$$

其中，$V' = \{v; d_T(v) = \varDelta\}$，$p = |V(T)|$。

证明 设$V' = \{v'; d_T(v) = \varDelta\}$，且$|V'| = x$，由于

$$\sum_{v \in T} d(v) = 2p-2 \tag{5.10}$$

欲使T中的度数为$\varDelta$的顶点数最多，不失一般性，可令$T[V]$是一条路，则有

$$(p-x) \times 1 - (\varDelta-2) \times x - 2 \geqslant 0$$

即$x(\varDelta-1) \leqslant p-2$。

注意到x是正整数，故有$x \leqslant \left[\frac{p-2}{\varDelta-1}\right]$。

例 5.1 试构造出p=12、$\varDelta$=3 的树，使度数为 3 的顶点数最多。

解 定理 5.2 的证明过程，实际上也给出了构造顶点数最多的最大度数为$\varDelta$的树的过程。由定理 5.2 可知，最大度数为 3 的顶点数量为$\left[\frac{12-2}{3-1}\right] = 5$，构造步骤如下：

（1）构造长度为 5 的路P_5；

（2）在P_5上两个端点各增加两个悬挂顶点，其余顶点各增加一个悬挂顶点，即可得到一棵度数为 3 的顶点数最多的一棵树（12 阶），如图 5.1 所示。

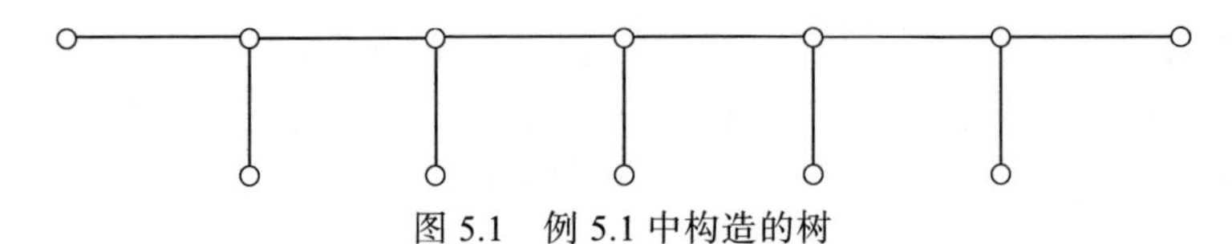

图 5.1　例 5.1 中构造的树

定理 5.3 具有p个顶点，且最大度数为$\varDelta$的树可能具有的最大核度为

$$\max_{T \in T[p,\varDelta]} h(T) \begin{cases} p-2\left[\frac{p-2}{\varDelta-1}\right] & d\left(\frac{p-2}{\varDelta-1}\right) < \left[\frac{p-2}{\varDelta-1}\right] \\ p-\left[\frac{p-2}{\varDelta-1}\right]-\left(\frac{p-2}{\varDelta-1}\right)-1 & \text{其他} \end{cases} \tag{5.11}$$

其中，$T[p,\Delta]=\{T;|V(T)|=p,\Delta(T)=\Delta\}$，$d\left(\dfrac{p-2}{\Delta-1}\right)$表示 $p-2$ 除以 $\Delta-1$ 后所得的余数。

证明　分两种情况讨论。

1. $d\left(\dfrac{p-2}{\Delta-1}\right)<\left[\dfrac{p-2}{\Delta-1}\right]$

为方便起见，先引入具有 n 个最大度数为 Δ 的顶点的饱和树的定义。设树 T 为具有 n 个最大度数为 Δ 的顶点的饱和树，即 T 有 n 个顶点的度数均为 Δ，且 T 中其余顶点皆为悬挂顶点。具有 5 个最大度数为 3 的顶点的饱和树如图 5.1 所示。

于是，对于这种情况，可构造出下列树：

（1）构造出拥有$\left[\dfrac{p-2}{\Delta-1}\right]$个最大度数为 Δ 的顶点的饱和树 T'，这是一个具有 $p-d\left(\dfrac{p-2}{\Delta-1}\right)$个顶点的饱和树，方法同例 5.1 相同；

（2）细分 T 中最大度数的同相关联边（即对此边中间增加一个新的顶点）中任意 $d\left(\dfrac{p-2}{\Delta-1}\right)$个，于是便构成一棵 p 阶树 T，它有$\left[\dfrac{p-2}{\Delta-1}\right]$个度数皆为 Δ 的顶点，且 $d\left(\dfrac{p-2}{\Delta-1}\right)<\left[\dfrac{p-2}{\Delta-1}\right]$。

由构造过程易知，T 的核 $S^*=V'=\{v;d(v)=\Delta\}$，且有

$$h(T)=p-2\left[\frac{p-2}{\Delta-1}\right]$$

至于最大性，结论比较明显，不再证明。

2. $d\left(\dfrac{p-2}{\Delta-1}\right)\geqslant\left[\dfrac{p-2}{\Delta-1}\right]$

对于这种情况，仍可按上述方法构造出 p 阶树 T，它具有$\left[\dfrac{p-2}{\Delta-1}\right]$个最大度数为 Δ 的顶点，核 $S^*=V'=\{v;d(v)=\Delta\}$，但 $T-S^*$ 的连通分支不全为孤立顶点，连通分支数应为

$$\omega(T-S^*)=\left[\frac{p-2}{\Delta-1}\right](\Delta-2)+2+\left[\frac{p-2}{\Delta-1}\right]-1$$

故有

$$h(T)=\omega(T-S^*)-\left|S^*\right|$$
$$=\left[\frac{p-2}{\Delta-1}\right](\Delta-2)+2+\left[\frac{p-2}{\Delta-1}\right]-1-\left[\frac{p-2}{\Delta-1}\right]$$
$$=\left[\frac{p-2}{\Delta-1}\right](\Delta-2)+1$$

注意到

$$p-2=\left[\frac{p-2}{\Delta-1}\right](\Delta-1)+d\left(\frac{p-2}{\Delta-1}\right) \tag{5.12}$$

故有

$$h(T)=p-2-d\left(\frac{p-2}{\Delta-1}\right)-\left[\frac{p-2}{\Delta-1}\right]+1$$
$$=p-\left[\frac{p-2}{\Delta-1}\right]-d\left(\frac{p-2}{\Delta-1}\right)-1$$

例 5.2　试构造以下两棵树：

（1）试构造一棵 15 阶树 T，使 $\Delta(T)=4$，且 T 在 $T[15,4]$ 中核度最大；

（2）试构造一棵树 T，使 $\Delta(T)=6$ 时满足该树在 $T[15,6]$ 中核度最大。

解

（1）当 p=15、Δ=4 时，$\left[\frac{15-2}{4-1}\right]=4$，且 $d\left(\frac{p-2}{\Delta-1}\right)=d\left(\frac{13}{3}\right)=1<4=\left[\frac{p-2}{\Delta-1}\right]$，构造出的树如图 5.2（a）所示。

（2）当 Δ=6、p=15 时，$\left[\frac{15-2}{6-1}\right]=2<3=d\left(\frac{15-2}{6-1}\right)$，故由式（5.8）知 $h(T)=15-2-3-1=9$，核 S^* 的元素个数为 2，于是，按照定理 5.3 所述方法构造出的树如图 5.2（b）所示。

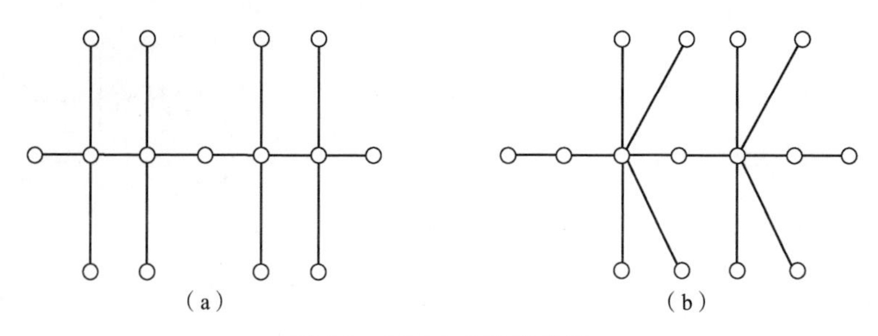

图 5.2　例 5.2 中构造的树

定理 5.4　具有 p 个顶点且最大度数为 Δ 的树可能具有的最小核度为

$$\min_{T\in T[p,\Delta]} h(T)=\Delta-1$$

证明　容易证明

$$\min_{T\in T[p,\Delta]} h(T)\geqslant \Delta-1$$

现构造星图 $K_{1,\Delta}$，使 $K_{1,\Delta}$ 中的一个悬挂顶点连接一个长度为 $p-\Delta-1$ 的路，即得一棵 p 阶树 T。显然，$h(T)=\Delta-1$，本定理获证。

定理 5.5　设 T 是一棵树，$\Delta(T)=\Delta$、$T\neq K_{1,p-1}$、$|V(T)|=p\geqslant 4$，则 T 的补图 $\overline{T}$ 连通，并且它的核度为

$$h(\overline{T})=3+\Delta-p \tag{5.13}$$

证明　注意在 $\overline{T}$ 中，$|E(\overline{T})|=\binom{p}{2}-p-1$，故易知

$$\begin{aligned}h(\overline{T})&=2-\delta(\overline{T})=2-(p-\Delta-1)\\&=3+\Delta-p\end{aligned}$$

推论 5.1　设 T 是一棵 p（$p\geqslant 4$）阶树，$T\neq K_{1,p-1}$、$\Delta(T)=\Delta$，则有

$$\begin{aligned}2(\Delta+1)-p&\leqslant h(T)+h(\overline{T})\\&\leqslant\begin{cases}3+\Delta-2\left[\dfrac{p-2}{\Delta-1}\right] & d\left(\dfrac{p-2}{\Delta-1}\right)<\left[\dfrac{p-2}{\Delta-1}\right]\\ \Delta+2-\left[\dfrac{p-2}{\Delta-1}\right]-d\left(\dfrac{p-2}{\Delta-1}\right) & \text{其他}\end{cases}\end{aligned} \tag{5.14}$$

$$\begin{aligned}(\Delta-1)(3+\Delta-p)&\geqslant h(T)\cdot h(\overline{T})\\&\geqslant\begin{cases}(3+\Delta-p)\left(p-2\left[\dfrac{p-2}{\Delta-1}\right]\right) & d\left(\dfrac{p-2}{\Delta-1}\right)<\left[\dfrac{p-2}{\Delta-1}\right]\\ (3+\Delta-p)\left(p-\left[\dfrac{p-2}{\Delta-1}\right]-d\left(\dfrac{p-2}{\Delta-1}\right)-1\right) & \text{其他}\end{cases}\end{aligned}$$

5.3　核度与补核度的和

本节主要介绍系统核度的Nordhaus-Gaddum 问题[4]的第一个结论——核度与补核度的和的取值范围，即如果一个网络图 G 与它的补图 $\overline{G}$ 都连通，则有

$$-(p-5)\leqslant h(G)+h(\overline{G})\leqslant p-3$$

同时，本节还介绍几个与其相关的重要结论。

定理 5.6[3] 如果一个图 G 与它的补图 $\bar{G}$ 均连通，则

$$h(G) \geqslant 2-\kappa(G) \geqslant 2-\delta(G) \tag{5.15}$$

证明 由于图 G 与它的补图 $\bar{G}$ 均连通，故对任意的 $S \in C(G)$，均有 $\omega(G-S) \geqslant 2$，从而有

$$\begin{aligned} h(G) &= \max\{\omega(G-S)-|S|; S \in C(G)\} \\ &\geqslant \omega(G-S)-|S| \\ &\geqslant 2-|S| \end{aligned}$$

即 $|S| \geqslant 2-h(G)$。

注意到 S 的任意性，有

$$\min|S| \geqslant 2-h(G) \qquad S \in C(G)$$

即

$$\kappa(G) \geqslant 2-h(G)$$

或者

$$h(G) \geqslant 2-\kappa(G)$$

又由于 $\delta(G) \geqslant \kappa(G)$[2]，式（5.15）获证。

定理 5.7 设网络图 G 与它的补图 $\bar{G}$ 均连通，且 $|V(G)| = p \geqslant 5$，则有

$$-(p-5) \leqslant h(G)+h(\bar{G}) \leqslant p-2 \tag{5.16}$$

证明 由定理 5.6 可知，对于任意的 $v \in V(G)$，有

$$\begin{aligned} p-1 &= dG(v)+d\bar{G}(v) \geqslant \delta(G)+\delta(\bar{G}) \\ &\geqslant 2-h(G)+2-h(\bar{G}) = 4-h(G)-h(\bar{G}) \end{aligned}$$

从而有

$$h(G)+h(\bar{G}) \geqslant -(p-5)$$

由定理 5.1 及 $\kappa(G)+\kappa(\bar{G}) \geqslant 2$[5]，有

$$\begin{aligned} h(G)+h(\bar{G}) &\leqslant \alpha(G)+\alpha(\bar{G})-\kappa(G)-\kappa(\bar{G}) \\ &\leqslant p+1-2 = p-1 \end{aligned}$$

下面证明 $h(G)+h(\bar{G}) \neq p-1$。假设存在一个 p 阶连通图 G，其补图 $\bar{G}$ 亦是连通的，并且满足

$$h(G)+h(\bar{G}) = p-1 \tag{5.17}$$

于是有

$$p-1 = h(G)+h(\bar{G}) \leqslant \alpha(G)+\alpha(\bar{G})-\kappa(G)-\kappa(\bar{G})$$

又知 $\kappa(G)+\kappa(\bar{G})\geqslant 2$，可得

$$\begin{aligned}\alpha(G)+\alpha(\bar{G}) &\geqslant p-1+\kappa(G)-\kappa(\bar{G})\\ &\geqslant p-1+2=p+1\end{aligned}$$

又由 $\alpha(G)+\alpha(\bar{G})\leqslant p+1$（见文献[7]），有

$$\alpha(G)+\alpha(\bar{G})=p+1 \tag{5.18}$$

现分以下两种情况进行讨论。

（1）G 与 $\bar{G}$ 中至少有一个核的元素个数不少于 2。不妨设 S^* 是 G 的核，且 $\left|S^*\right|\geqslant 2$，于是有

$$\begin{aligned}p-1&=h(G)+h(\bar{G})\\ &=\omega(G-S^*)-\left|S^*\right|+\omega(\bar{G}-\bar{S}^*)-\left|\bar{S}^*\right|\\ &\leqslant\alpha(G)-2+\alpha(\bar{G})-1\\ &=p+1-3=p-2\end{aligned}$$

其中，$\bar{S}^*$ 表示图 $\bar{G}$ 的核。显然，该式是矛盾的。

（2）G 与 $\bar{G}$ 中两个核 S^* 与 $\bar{S}^*$ 均有

$$\left|S^*\right|=\left|\bar{S}^*\right|=1$$

不妨设 $S^*=\{u\}$，且 $G-u$ 共有 a 个连通分支 $G_1,G_2,\cdots,G_a$。显然，有

$$2\leqslant a\leqslant p-1 \tag{5.19}$$

若 $a=p-1$，则 $G\cong K_{1,p-1}$，而星图 $K_{1,p-1}$ 的补图不连通，故有

$$2\leqslant a\leqslant p-2 \tag{5.20}$$

由式（5.20）及假设可知

$$h(G)=a-1 \tag{5.21}$$

下面证明 $h(\bar{G})=1$。令 $\bar{S}^*=\{v\}$，显然 $u\in C(\bar{G})$，故 $u\neq v$，所以必存在 $i_0\in\{1,2,\cdots,a\}$，使 $v\in V(G_{i_0})$。不失一般性，可令 $v\in V(G_1)$，则在 $\bar{G}-v$ 中有：

（1）在顶点子集 $V(G_1-v),V(G_2),\cdots,V(G_a)$ 中，每对顶点间均有通路；

（2）由于 $d_G(u)\leqq p-2$（否则 $\bar{G}$ 不连通），故 u 在 $\bar{G}$ 中至少与 $V(G)-u-v$ 中的一个顶点相邻。

由（1）（2）可知，$\bar{G}-v$ 相通，这与 v 是割点矛盾。因此，可令 v 与 u 不相邻。若 u 在 G 中除 v 外还与别的顶点不相邻，易知 $\bar{G}-v$ 仍是连通的。因此，可令 u 在 G 中仅与 v 不相邻，由此可知 $\omega(\bar{G}-v)=2$，故

$$h(\bar{G})=1 \tag{5.22}$$

将式（5.22）与式（5.21）相加，可得

$$h(G)+h(\overline{G})=a\leqslant p-2$$

这与 $h(G)+h(\overline{G})=p-1$ 矛盾，说明式（5.17）不成立，从而可知

$$h(G)+h(\overline{G})\leqslant p-2$$

上述证明思想参见文献[11]。又由定理 5.1 的证明过程可知

$$h(K_{1,p-2}*e)=p-3 \tag{5.23}$$

其中 $e\in E(K_{1,p-2}*e)$，且有

$$h(\overline{K_{1,p-2}*e})=1 \tag{5.24}$$

将式（5.23）与式（5.24）相加，可得

$$h(K_{1,p-2}*e)+h(\overline{K_{1,p-2}*e})=p-2$$

这就证明了式（5.16）中右端的不等式。

注意，式（5.16）中左端不等式的等号也是可达的，只要取 C_p 是 K_p 的一个生成圈，即有

$$G=K_p-E(C_p)$$

显然，$\overline{G}$ 是 C_p。由引理 5.1 可知 $h(G)=-(p-5)$，且 $h(C_p)=0$，因此有

$$h(G)+h(\overline{G})=-(p-5)$$

5.4 本章小结

本章介绍了系统核度的一种方法，即当原系统 X 的结构比较复杂时，先讨论它的补系统 $\overline{X}$，然后用所得的结果再去刻画原系统 X 的有关性质等[12]。关于网络图，本章主要获得下列结论。

（1）若 G 与它的补图 $\overline{G}$ 均连通，则有

$$-(p-5)\leqq h(G)\leqslant p-3$$

（2）若 G 与它的补图 $\overline{G}$ 均连通，则有

$$-(p-5)\leqq h(G)+h(\overline{G})\leqslant p-2$$

（3）若 T 是一棵树，$\varDelta(T)=\varDelta$，且 $T\neq K_{1,p-1}$、$|V(T)|=p\geqslant 4$，则有

$$\max_{T\in T[p,\varDelta]} h(T)\begin{cases} p-2\left[\dfrac{p-2}{\varDelta-1}\right] & d\left(\dfrac{p-2}{\varDelta-1}\right)<\left[\dfrac{p-2}{\varDelta-1}\right] \\ p-\left[\dfrac{p-2}{\varDelta-1}\right]-\left(\dfrac{p-2}{\varDelta-1}\right)-1 & \text{其他} \end{cases}$$

$$h(\overline{T}) = 3 + \Delta - p$$

关于系统核度的Nordaus-Gaddum 问题，本章只介绍了核度与补核度和的情况（即定理 5.9）。截至本书成稿之日，积的问题尚未得到解决，现提出下列猜想。

猜想 5.1　若 G 与 $\overline{G}$ 均连通，则

$$h(G)h(\overline{G}) \geqslant \begin{cases} \min\limits_{\Delta}(3+\Delta-p)\left(p-2\left[\dfrac{p-2}{\Delta-1}\right]\right) & d\left(\dfrac{p-2}{\Delta-1}\right) < \left[\dfrac{p-2}{\Delta-1}\right] \\ \min\limits_{\Delta}(3+\Delta-p)\left(p-\left[\dfrac{p-2}{\Delta-1}\right]-d\left(\dfrac{p-2}{\Delta-1}\right)-1\right) & \text{其他} \end{cases}$$

$$h(G)\cdot h(\overline{G}) \leqslant \max_{\Delta}(\Delta-1)(3+\Delta-p)$$

上述猜想中，Δ 的最佳取值为多少？这个问题有待进一步探索。

参考文献

[1] Nordhaus E A, Gaddum J W. On Complementary Graphs[J]. The American Mathematical Monthly, 1956, 63(3): 175-177.

[2] Gupta R P. Bounds on the Chromatic and Achromatic Numbers of Complimentary Graphs[R]. NC: North Carolina State University, 1968.

[3] Alavi Y, Behzad M. Complementary Graphs and Edge Chromatic Numbers[J]. SIAM Journal on Applied Mathematics, 1971, 20(2): 161-163.

[4] Vizing V G. The Chromatic Class of a Multigraph[J]. Cybernetics, 1965, 1(3): 32-41.

[5] Alavi Y, Mitchem J. The Connectivity and Line-connectivity of Complementary Graphs[M]. Berlin: Springer, 1971.

[6] Jaeger F, Payan C. Relations du Type Nordhaus-Gaddum Pour le Nombre Dabsorption Dun Graph Simple[J]. Comptes Rendus de l'Académie des Sciences Série I-Mathematics, 1972, 274: 728-730.

[7] Chartrand G, Schuster S. On the Independence Numbers of Complementary Graphs[J]. Transactions of the New York Academy of Sciences, 1974, 36(3): 247-251.

[8] Xu S. Some Parameters of Graph and Its Complement[J]. Discrete mathematics, 1987, 65(2): 197-207.
[9] 汪应洛. 系统工程导论[M]. 北京: 机械工业出版社, 1982.
[10] 田丰, 马仲蕃. 图与网络流理论[M]. 北京: 科学出版社, 1987.
[11] Wang Y, Xu J, Xi Y. The Core and Coritivity of a System(IV)——Relations between a System and its Complement [J]. Systems Engineering and Electronics, 1993, 4(2): 28-34.
[12] 许进, 席西民, 汪应洛. 系统的核与核度理论(V)——系统和补系统的关系[J]. 系统工程学报, 1993(2): 33-39.

第 6 章

核与核度的优化设计理论

本章主要介绍：在系统核中元素个数及系统主要素数量给定的条件下，系统可具有的最大核度、最小核度及相应网络的构造方法与步骤；在系统网络图中顶点数及边数给定的条件下，系统可具有的最大核度、最小核度及相应网络图的构造方法与步骤。

6.1 核值、最值核度和最值网络

本节主要介绍在核值及系统网络顶点数给定的条件下，系统可能具有的最值核度与最值网络结果，并给出相应的构造。

设 G 是一个连通图，S^* 是 G 的核，把 S^* 中元素的个数称为 G 的核值，即 $\left|S^*\right|$ 是 G 的核值。若 G 是系统 X 的网络图，G 连通，S^* 是 G 的核，则称 $\left|S^*\right|$ 是 X 的核值。

定理 6.1 具有 $p(p\geqslant 5)$ 个顶点，且核值为 $n(1\leqslant n\leqslant p-1)$ 的连通网络图可能具有的最大核度为 $p-2n$。

证明 设 S^* 是 p 阶连通图 G 的核，$\left|S^*\right|=n$，即 $h(G)=\omega(G-S^*)-n$，而 $\omega(G-S^*)\leqslant p-n$ 是显然的，故 $h(G)\leqslant p-n-n=p-2n$。又存在 K_n 与 E_{p-n} 的联图 $G=K_n+E_{p-n}$（E_{p-n} 是 $p-n$ 阶完全空图），$h(G)=p-n-n=p-2n$，故 $\max h(G)=p-2n$。

定理 6.2 具有 $p(p\geqslant 4)$ 个顶点，且核值为 $n(1\leqslant n\leqslant p-2)$ 的连通网络图可能具有的最小核度为 $2-n$。

证明 设 S^* 是 p 阶连通图 G 的核，则有

$$h(G)=\omega(G-S^*)-\left|S^*\right|$$

由于 $n \leqslant p-2$，故 $G \neq K_p$，所以 $\omega(G-S^*) \geqslant 2$，从而有 $h(G) \geqslant 2-S^* = 2-n$。

现构造这样一个图 G，使它的核度为 $2-n$，步骤如下：

第一步，构造完全图 K_n；

第二步，构造 E_1+K_n；

第三步，构造 G，即在 E_1+K_n 上增加一个新的完全子图 K_{p-n-1}，使 K_{p-n-1} 与 K_n 中每对顶点相连边。

显然，$h(G)=2-n$，本定理获证。

上述两个定理的证明过程，实际上给出了在核值及顶点数 p 给定条件下拥有最大核度、最小核度的网络图的构造，但这两种构造均不唯一。在实际应用中，要根据实际情况进行构造，这一部分的应用见文献[1]，或本书第 11 章。

例 6.1 图 6.1 中的图 G_1 给出了顶点数 $p=8$、核值 $n=2$ 的最大核度网络，G_2 给出了顶点数 $p=8$、核值 $n=2$ 的最小核度网络。

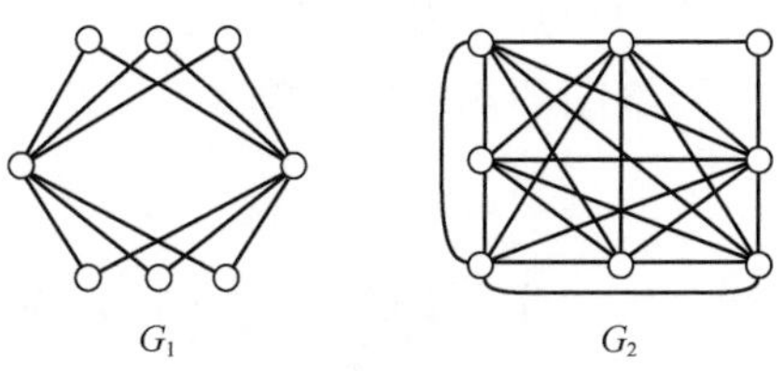

图 6.1 例 6.1 图

6.2 最大核度函数

用 $G(p,q)$ 表示具有 p 个顶点、q 条边的所有连通图的集合，当然，q 必须满足[2]

$$p-1 \leqslant q \leqslant \frac{1}{2}p(p-1) \tag{6.1}$$

本节主要介绍在图的顶点数为 p、边数为 q 的条件下，系统网络图可能具有的最大核度函数。

引理 6.1 用 q 条边构成的图的最小阶数等于

$$\left\{\frac{1+\sqrt{1+8q}}{2}\right\} \tag{6.2}$$

其中，$\{x\}$ 表示大于或等于 x 的最小整数。

证明　令 x 表示图 G 的顶点数，且 $\binom{x}{2} \geqslant q$（即 $x^2 - x - 2q \geqslant 0$），或者 $\left(x - \frac{1+\sqrt{1+8q}}{2}\right)\left(x + \frac{1+\sqrt{1+8q}-1}{2}\right) \geqslant 0$。注意到 $x + \frac{1+\sqrt{1+8q}-1}{2} \geqslant 0$，故有 $x - \frac{\sqrt{1+8q}}{2} \geqslant 0$（即 $x \geqslant \frac{\sqrt{1+8q}}{2}$），欲使 x 取最小整数，只有 $x = \left\{\frac{1+\sqrt{1+8q}}{2}\right\}$。

例 6.2　$q = 7$ 时，由式（6.2）有

$$\left\{\frac{1+\sqrt{1+8\times 7}}{2}\right\} = 5$$

相应的图只有一个，如图 6.2 所示。

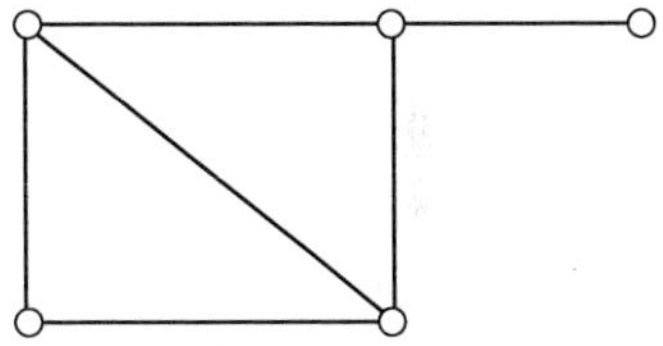

图 6.2　例 6.2 图

设 G 是一个 p 阶连通图，有 q 条边，且令 S^* 是 G 之核，即

$$h(G) = \omega(G - S^*) - |S^*| \tag{6.3}$$

为方便起见，设 $|S^*| = x$。欲使 $h(G)$ 最大，则可令：

（1）$G[S^*]$ 形成 G 的完全子图，占用边数为 $\binom{x}{2}$；

（2）令 S^* 中每个顶点与 G 中余下的 $p-x$ 个顶点中的每个顶点相连边，占用边数为 $x(p-x)$；

（3）在 q 中余下的数量为

$$q - \binom{x}{2} - x(p-x) \tag{6.4}$$

由引理 6.1，式（6.4）构成的图的最小顶点数为

$$\left\{\frac{1+\sqrt{1+8\left[q - \binom{x}{2} - x(p-x)\right]}}{2}\right\}$$

$$= \left\{\frac{1+\sqrt{1+8q-4(2p-1)x+4x^2}}{2}\right\}$$

接上述 3 点构造的图 G 的核度应为

$$f(x)=p-x-\left\{\frac{1+\sqrt{1+8q+4x^2-4(2p-1)x}}{2}\right\}-x+1$$

$$f(x)=p-2x+1-\left\{\frac{1+\sqrt{1+8q+4x^2-4(2p-1)x}}{2}\right\} \tag{6.5}$$

式（6.5）为最大核度函数，这个函数揭示了在网络图的顶点数、边数及核值已知时可能具有的最大核度，于是得到定理 6.3。

定理 6.3 具有 $p(p\geqslant 4)$ 个顶点、q 条边 $\left[(p-1)\leqslant q\leqslant \binom{p}{2}\right]$ 且核值为 x 的网络图的最大核度是

$$f(x)=p-2x+1-\left\{\frac{1+\sqrt{1+8q+4x^2-4(2p-1)x}}{2}\right\} \tag{6.6}$$

其中，$1\leqslant x\leqslant p-1$。

那么，对于定理6.3，在 x 为何值时 $f(x)$ 最大？解决了这个问题，就相当于得到了（在 p 、q 给定的条件下）：

$$\max_{G\in G(p,q)} f(x) \tag{6.7}$$

之值。

定理 6.4 对于具有 q 条边的 p 阶连通图，其可能的最大核度可由下列整数规划问题得到：

$$\max_{G\in G(p,q)} f(x)=p-2x+1-\left\{\frac{1+\sqrt{1+8q+4x^2-4(2p-1)x}}{2}\right\}$$

$$\text{s.t.}\begin{cases}1\leqslant x\leqslant A+1\\ x\text{是正整数}\end{cases} \tag{6.8}$$

其中，$A=\left[P-\frac{1}{2}-\sqrt{\bar{d}}\right]$，$\bar{d}$ 表示 G 的补图 $\bar{G}$ 的全体顶点度数之和，即

$$\bar{d}=2\left[\binom{p}{2}-q\right] \tag{6.9}$$

且当 $x=A$ 时，若

$$5\geqslant\left[\frac{1+\sqrt{1+8q+4A^2-4(2p-1)A}}{2}\right]\geqslant 3 \tag{6.10}$$

则规定 $x=A+1$，且取

$$\left[\frac{1+\sqrt{1+8q+4(A+1)^2-4(2p-1)(A+1)}}{2}\right]=1 \tag{6.11}$$

证明　由式（6.7），只需要求出式（6.8）即可，自然，首先要求

$$1+8q+4x^2-4(2p-1)x\geqslant 0$$

或者

$$4\left[x^2-(2p-1)x+\frac{(2p-1)^2}{4}\right]-(2p-1)^2+8q+1\geqslant 0$$

即

$$4\left(x-p+\frac{1}{2}\right)^2-4p^2+4p+8q\geqslant 0$$

$$\left(x-p+\frac{1}{2}\right)^2-(p^2-p-2q)\geqslant 0$$

$$\left(x-p+\frac{1}{2}\right)^2-2\left[\binom{p}{2}-q\right]=\left(x-p+\frac{1}{2}\right)^2-\bar{d}\geqslant 0$$

$$\left(x-p+\frac{1}{2}-\sqrt{\bar{d}}\right)\left(x-p+\frac{1}{2}+\sqrt{\bar{d}}\right)\geqslant 0$$

注意到

$$x-p+\frac{1}{2}+\sqrt{\bar{d}}\leqslant 0$$

故有

$$x\leqslant p-\frac{1}{2}-\sqrt{\bar{d}}$$

注意 x 是自然数，故有

$$x\leqslant\left[p-\frac{1}{2}-\sqrt{\bar{d}}\right]=A$$

（1）情况Ⅰ：

$$\left\{\frac{1+\sqrt{1+8q+4A^2-4(2p-1)A}}{2}\right\}\geqslant 6$$

则有

$$\sqrt{1+8q+4A^2-4(2p-1)A}>9$$

$$8q+4A^2-4(2p-1)A-80>0$$

$$2q+A^2-(2p-1)A-20>0$$

或者

$$\left(A-\frac{(2p-1)+\sqrt{(2p-1)^2-8(q-10)}}{2}\right)\times\left(A-\frac{(2p-1)-\sqrt{(2p-1)^2-8(q-10)}}{2}\right)>0$$

又由 A 的定义易得

$$\left(A-\frac{(2p-1)+\sqrt{(2p-1)^2-8(q-10)}}{2}\right)<0$$

$$\left(A-\frac{(2p-1)-\sqrt{(2p-1)^2-8(q-10)}}{2}\right)>0$$

显然，两式是矛盾的。

（2）情况Ⅱ，式（6.10）成立。这时，取 $x=A+1$ 且式（6.11）成立时

$$f(A+1)=p-2(A+1)+1-1=p-2(A+1)$$

又因为 $f(A)=p-2A+1-3=p-2(A+1)$。故当式（6.10）、式（6.11）成立时，$f(x)$ 可达最大值。由于 x 显然满足 $x\geqslant 1$，本定理获证。

定理 6.5 将 p 个顶点、q 条边的连通图可能具有的最大核度记作 $f(q)$，由下式给出：

$$f(q)=\begin{cases} p-2k-1 & q=\binom{k}{2}+(p-k)k+1 \\ & 1\leqslant k\leqslant\left[\dfrac{p-1}{2}\right]-1 \\ p-2k-2 & \binom{k}{2}+(p-k)k+2\leqslant q\leqslant\binom{k+1}{2}+(p-k+1)(k+1) \\ & 1\leqslant k\leqslant\left[\dfrac{p-1}{2}\right]-1 \\ 1 & 1+\left[\dfrac{p-1}{2}\right]\left(p-\left[\dfrac{p-1}{2}\right]+1\right)\leqslant q\leqslant 1+\binom{p-1}{2} \\ 2-i & q=\binom{p-1}{2}+i \\ & 2\leqslant i\leqslant p-2 \\ -(p-2) & q=\binom{p}{2} \end{cases}$$

应用定理 6.4，容易推得定理 6.5，这里略去证明，详见文献[3]。

下面，给出构造在 q、p 给定条件下具有最大核度的网络图的方法和步骤。

1. 分析 q 的取值情况，以确定其最大核度

例 6.3　$p=10$、$q=25$ 时，q 可变成

$$q=25=\binom{3}{2}+(10-3)\times 3+1 \qquad k=3$$

且 $k=3\left[\dfrac{10-1}{2}\right]-1$。由此可知，具有 10 个顶点、25 条边的图可能具有的最大核度 $f(25)=10-2\times 3-1=3$。

2. 对不同的 $f(q)$，构造出相应的网络图

（1）$f(q)=p-2k-1$，构造步骤如下。

步骤 1：构造完全图 K_k。

步骤 2：对图 K_k 增加 $p-k$ 个顶点 $\{v_{k+1},v_{k+2},\cdots,v_p\}$，然后让每个 $v_i(k+1\leqslant i\leqslant p)$ 与 $V(K_k)$ 中每个顶点相连边。

步骤 3：令 v_{k+1} 与 v_{k+2} 相连边。

（2）$f(q)=p-2k-2$，其构造步骤如下。

步骤 1：构造完全图 K_{k+1}。

步骤 2：由于 $q\leqslant\binom{k+1}{2}+(p-k-1)(k+1)$，故可给 K_{k+1} 增加 $p-k-1$ 个顶点，$V_{k+2},\cdots,V_p$，然后让这 $p-k-1$ 个顶点中的每一个与 $V(K_{k+1})$ 中的顶点中的若干个相连边，使相连边的数量与 $\binom{k+1}{2}$ 之和为 q。

（3）$f(q)=1$，其构造步骤如下。

步骤 1：取 $p-1$ 个顶点，并使其有 $q-1$ 条边[因 $q\leqslant 1+\binom{p-1}{2}$ 相连，得图 G]。

步骤 2：在 G 上增加一个新的顶点，并令与其中某一个顶点相邻。

（4）$f(q)=2-i$，其构造步骤如下。

步骤 1：构造完全图 K_{p-1}。

步骤 2：在 K_{p-1} 上增添一个新的顶点 v，并令 v 与 $V(K_{p-1})$ 中任 i 个顶点相邻。

（5）$f(q)=-(p-2)$，构造一个完全图 K_p 即可。

例 6.4　试构造 $p=10$ 且 q 分别为 30、36、19、43 时可能具有的 p 个顶

点、q条边的核度最大的网络图。

解　$q=30$ 时，由于 $q=\binom{4}{2}+(10-4)\times 4$，故 $k=3$，$f(30)=10-2\times 3-2=2$，由定理 6.5 情况（2）中的步骤构造出的图如图 6.3（a）所示。

$q=36$ 时，由于 $q=\binom{4}{2}+(10-5)\times 5+1$，故 $k=5>3=\left[\frac{10-1}{2}\right]-1$，故由定理 6.5，其构造属于情况（3），按相应步骤构造的图如图 6.3（b）所示。

$q=19$ 时，由于 $q=\binom{4}{2}+(10-2)\times 2+2$，且 $k=2>3=\left[\frac{10-1}{2}\right]-1$，故由定理 6.5 情况（2）中的步骤构造出的图如图 6.3（c）所示。

$q=43$ 时，则 $q=\binom{\frac{10-1}{2}}{}+7$，故由定理 6.5 情况（4）中的步骤构造出的图如图 6.3（d）所示。

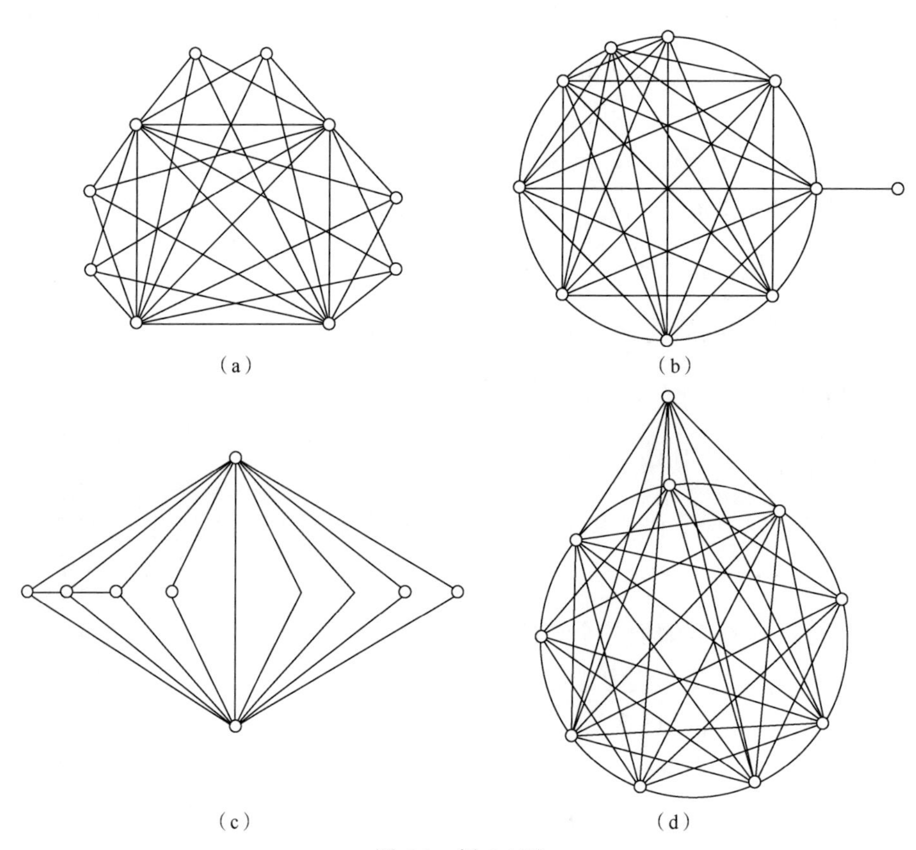

图 6.3　例 6.4 图

6.3　最小核度网络结构

6.3.1　概述

现实生活中的许多问题都可以归结为图论中的优化设计问题，即在给定图 G 的顶点数 p 及边数 $q\left[p-1\leqslant q\leqslant\frac{1}{2}p(p-1)\right]$ 的情况下，怎样构造图 G，可使 G 的连通性最好。换句话说，怎样构造图 G，可使无论去掉 G 中哪些顶点，其所余之图的连通性都尽可能好。

关于这方面的实例很多，例如，本书第 11 章介绍的可靠通信网络的优化设计问题、分布式系统互连拓扑结构的设计问题，第 9 章介绍的神经网络模型设计问题等。本书第 8 章指出了连通性最好的图应是核度最小的图等。而本节主要介绍在给定图的顶点数 p 和边数 q 的情况下，具有最小核度的网络图的构造理论与方法。

6.3.2　最小核度图的基本理论

定理 6.6　具有 $p(p\geqslant 3)$ 顶点、q 条边的连通网络可具有的最小核度为

$$\min_{G\in G(p,q)} h(G)=2-\left[\frac{2q}{p}\right] \tag{6.12}$$

其中，q 满足

$$p-1\leqslant q\leqslant\binom{p}{2}$$

证明　由定理 6.6，有 $h(G)\geqslant 2-\delta(G)$，欲使 $h(G)$ 最小（$G\in G(p,q)$），应使 $\delta(G)$ 最大，显然在 q、p 给定条件下，$\delta(G)$ 的最大值为 $\left[\frac{2q}{p}\right]$（这里，$[x]$ 表示小于等于 x 的最大整数），故有

$$\min_{G\in G(p,q)} h(G)=2-\left[\frac{2q}{p}\right]$$

本定理获证。

如果图 G 中每个顶点的度数都等于 k，则称这个图 G 为 k - 正则的。如果图 G 中只有一个项点的度数为k+1，其余顶点的度数均为 k，则称这个图 G 为

拟 k - 正则的。

推论 6.1 若非平凡的连通图 G 是 k - 正则的，或者是拟 k - 正则的，则 G 可能具有的最小核度为 $h(G)=2-k$ 。

定理 6.7 设 δ 是偶数，$H_{\delta,p}$ 是以顶点集 $V=\{0,1,2,\cdots,p-1\}$，边集

$$E=\left\{ij: i=-\frac{1}{2}\delta\leqslant j\leqslant i+\frac{1}{2}\delta\right\} \tag{6.13}$$

构成的 p 阶连通图，其中式（6.13）中的运算是在 $\bmod(p)$ 意义下进行的，且 $H_{\delta,p}\neq K_p$，则有

$$K(H_{\delta,p})=\delta \tag{6.14}$$

$$h(H_{\delta,p})=2-\delta \tag{6.15}$$

证明 式（6.14）是哈拉里[4]获得的，现在来证明式（6.15）。

由于 $H_{\delta,p}\neq K_p$，令 $u\in V$、$F(u)$ 表示 u 邻域(即 $F(u)=\{uv: uv\in E, v\in V\}$)，且 $d(u)=|F(u)|=\delta$，则有

$$h(H_{\delta,p})\geqslant\omega\big(H_{\delta,p}-\Gamma(u)\big)-|\Gamma(u)|\geqslant 2-\delta \tag{6.16}$$

另外，对于$\varnothing\neq S\in C(H_{\delta,p})$，设$H_{\delta,p}-S$的连通分支为$G_1,G_2,\cdots,G_r$（$r\geqslant 2$），假定将顶点集 V 依 $0,1,\cdots,p-1$顺序按逆时针方向安排在某圆周上，于是，根据式（6.13），对于$u\in V$，u总与它最邻近的顺时针方向$\dfrac{\delta}{2}$个顶点和逆时针方向$\dfrac{\delta}{2}$个顶点相邻。因为有

$$|S|\geqslant\frac{\delta}{2}\cdot r \tag{6.17}$$

因此 $\omega(G-S)-|S|=r-|S|\leqslant r-\dfrac{\delta}{2}\cdot r$，即

$$\omega(G-S)-|S|\leqslant\frac{r}{2}(2-\delta) \tag{6.18}$$

注意式（6.18）中 $\dfrac{r}{2}\geqslant 1$、$2-\delta\leqslant 0$，故有

$$\omega(G-S)-|S|\leqslant 2-\delta \tag{6.19}$$

注意式（6.19）中 S 的任意性，故有

$$h(G)=\max\{\omega(G-S)-|S|, S\in C(G)\}\leqslant 2-\delta \tag{6.20}$$

综合式（6.16）与式（6.20），本引理获证（其中 G 代表 $H_{\delta,p}$ ）。

定理 6.8 当最小度 $\delta=3$、$p=2n$ 时，图 6.4（a）所示的图 $X_{3,p}$，与

$p=2n+1$时图 6.4（b）所示的图（仍记作 $X_{3,p}$），均满足：

$$\kappa(X_{3,p})=3 \tag{6.21}$$

$$h(X_{3,p})=2-\delta=-1 \tag{6.22}$$

这个定理的证明较简单，故略。

定理 6.9　设 δ 是奇数，$\delta=2r+1\geqslant 5$，p 是偶数，先按定理 6.8 构造图 $H_{2\delta,p}$，然后在 i 与 $i+\frac{1}{2}p$ 之间加上一条边，得 $H_{\delta,p}$ $\left(1\leqslant i\leqslant \frac{p}{2}\right)$，则有

$$\kappa(H_{\delta,p})=\delta \tag{6.23}$$

$$h(H_{\delta,p})=2-\delta \tag{6.24}$$

定理 6.10　设 δ 是奇数，$\delta=2r+1\geqslant 5$，p 也是奇数。先构造 $H_{2\delta,p}$，然后在顶点 0 与 $\frac{1}{2}(p-1)$、0 与 $\frac{1}{2}(p+1)$ 之间各加上一条边，在顶点 i 与顶点 $i+\frac{1}{2}(p+1)$ 之间加上一条边，其中 $1\leqslant i\leqslant \frac{1}{2}(p-1)$，得图 $H_{\delta,p}$，则有

$$\kappa(H_{\delta,p})=\delta \tag{6.25}$$

$$h(H_{\delta,p})=2-\delta \tag{6.26}$$

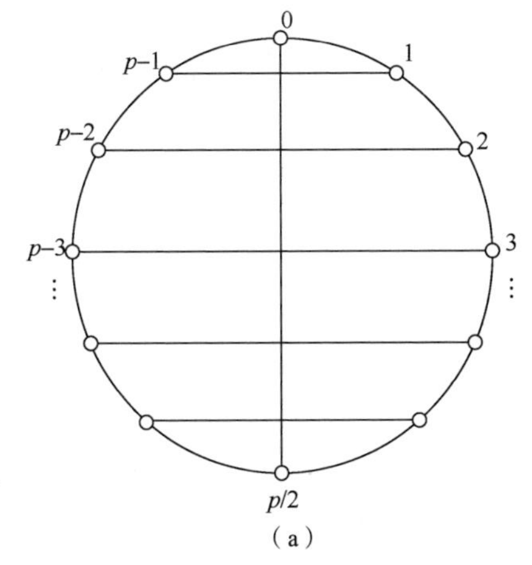

（a）

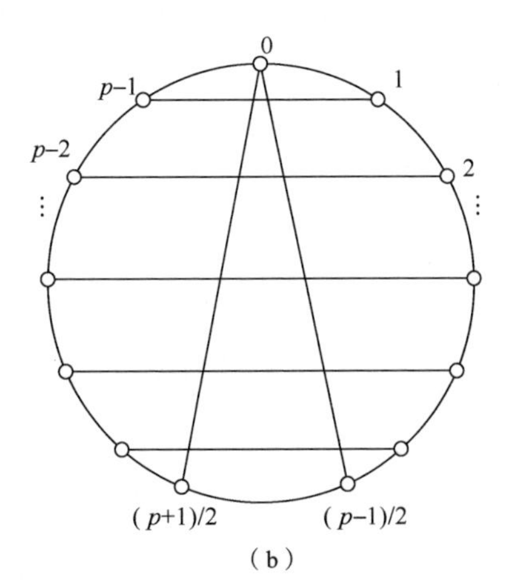

（b）

图 6.4　$X_{3,p}$

仿照定理 6.8 的证明方法，容易证明定理 6.9 和定理 6.10，故在此略去证明过程。

定理 6.11　设图 G 是 p（$p\geqslant 3$）阶连通的，$|E(G)|=q$，且已知 $h(G)=$

$2-\left[\dfrac{2q}{p}\right]$，则当$\left[\dfrac{2q}{p}\right]=\delta\geqslant 2$时，有

$$\left\{\frac{p\delta}{2}\right\}\leqslant q\leqslant\left\{\frac{(\delta+1)p}{2}\right\}-1 \tag{6.27}$$

其中，$\{x\}$表示大于或者等于实数x的最小整数。

证明 由$\left[\dfrac{2q}{p}\right]=\delta$得

$$\delta\leqslant\left[\frac{2q}{p}\right]<\delta+1$$

即

$$p\delta\leqslant 2q<p(\delta+1)$$

$$\frac{p\delta}{2}\leqslant q<\frac{1}{2}p(\delta+1)$$

由于q取正整数，从而有

$$\left\{\frac{p\delta}{2}\right\}\leqslant q\leqslant\left\{\frac{(\delta+1)p}{2}\right\}-1$$

由定理 6.11 可知，当$|V(G)|=p$时，共有边数分别为$\left\{\dfrac{p\delta}{2}\right\}$，$\dfrac{p\delta}{2}+1,\cdots,\left\{\dfrac{(\delta+1)p}{2}\right\}-1$的图$G$满足

$$h(G)=2-\delta$$

例 6.5 $p=5$、$\delta=2$时，满足$h(G)=2-\delta=2-2=0$的图G的边数分别可取$\left\{\dfrac{5\times 2}{2}\right\}=5$、$\left\{\dfrac{5\times 2}{2}\right\}+1=6$、$\left\{\dfrac{5\times(2+1)}{2}\right\}-1=7$。对应的图如图 6.5 所示。

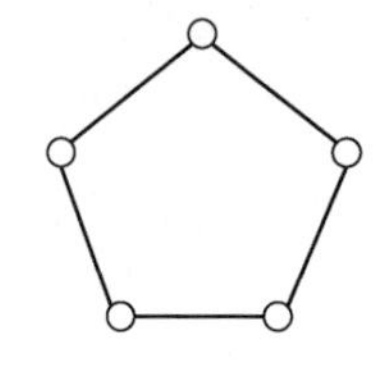
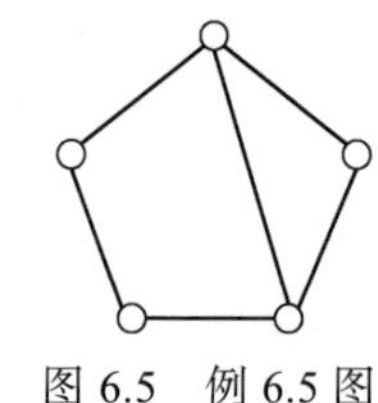

图 6.5 例 6.5 图

6.3.3 最小核度图的构造

本书 6.3.2 节已经给出构造最小核度图的基本理论，本小节介绍构造的具体方法和步骤，其基本思想是先构造正则（或最拟正则）图，然后在此基础

上构造有 q 条边的最小核度图。

1. 关于正则（或最拟正则）核度最小图的构造

构造正则（或最拟正则）核度最小图的基本方法如图 6.6 所示。

构造正则(或最拟正则)的核度最小图的方法实际上在定理 6.7～定理 6.10 中已经给出，这里不再重述，仅举例给予说明。

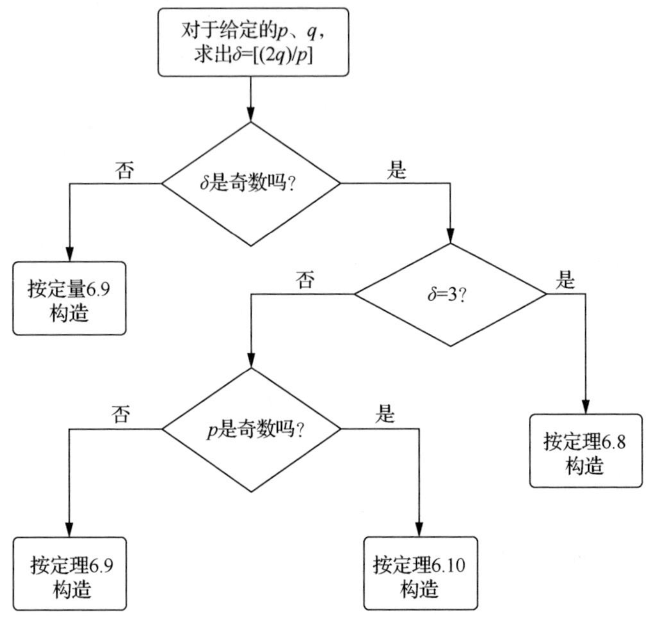

图 6.6　构造正则（或最拟正则）核度最小图的基本方法

例 6.6　试分别构造出满足下列条件的核度最小的图：

（1）$p=9$，$q=27$；

（2）$p=12$，$q=30$；

（3）$p=9$，$q=23$。

解

（1）$\delta=\left[\dfrac{2q}{p}\right]=\left[\dfrac{2\times 27}{9}\right]=6$（偶数），故由定理 6.7 中的方法构造出的图如图 6.7（a）所示。

（2）$\delta=\left[\dfrac{2q}{p}\right]=\left[\dfrac{2\times 30}{12}\right]=5$（奇数），$p=12$（偶数），故由定理 6.9 中的方法构造出的图如图 6.7（b）所示。

（3）$\delta=\left[\frac{2\times 23}{9}\right]=5$（奇数），为最拟正则，$p=9$（奇数），故由定理 6.10 中的方法构造出的图如图 6.7（c）所示。

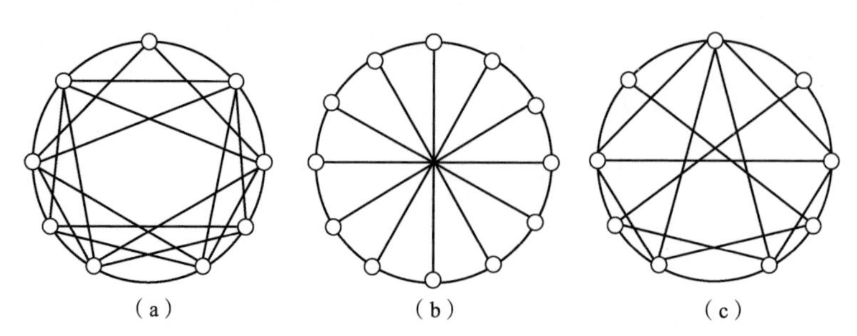
（a）　（b）　（c）

图 6.7　例 6.6 中核度最小的两个正则图和一个最拟正则图

2. 一般 (p,q)-图的构造

(p,q)-图是指具有 p 个顶点、q 条边的图。自然，这里要求图是连通的，因此必有

$$p-1\leqslant q\leqslant\binom{p}{2} \tag{6.28}$$

对于满足式（6.28）的 (p,q)-图 G，欲使核度最小，其构造步骤如下。

第一步：求 $\delta=\left[\frac{2q}{p}\right]$。

第二步：按照上文正则或最拟正则核度最小图的构造方法，构造 $H_{\delta,p}$ 图，若 $\delta=\frac{2q}{p}$，或者当 δ、p 均为奇数，且 $\frac{1}{2}(2q-\delta p)=1$ 时，则所构造的图满足要求，可停止构造，否则进入下一步。

第三步：计算 $\frac{1}{2}(2q-p\delta)\equiv m$（当 δ 或者 p 为偶数时），或者计算 $\frac{1}{2}(2q-p\delta-1)\equiv m$（当 δ 或者 p 为奇数时），则有

$$1\leqslant m\leqslant\left[\frac{p}{2}\right] \tag{6.29}$$

（1）若 p 或者 δ 为偶数，令 i 与 $\left(\frac{p}{2}+i\right)$（$i=1,2,3,\cdots,m$）相连边；

（2）若 p 且 δ 均为奇数，且 $\delta\geqslant 5$，令 i 与 $\left(\frac{p-1}{2}+i\right)$（$i=1,2,\cdots,m$）相连边。

例 6.7　按照上述一般 (p,q)-图的构造步骤，试分别构造出核度最小的(8,19)-连通图和(9,26)-连通图。

解

（1）核度最小的(8,19)-图（即 p=8、q=19）的构造步骤

第一步：求 δ。

$$\delta = \left[\frac{2q}{p}\right] = \left[\frac{2\times 19}{8}\right] = 4$$

第二步：构造图 $H_{4,\delta}$，如图 6.8（a）所示。

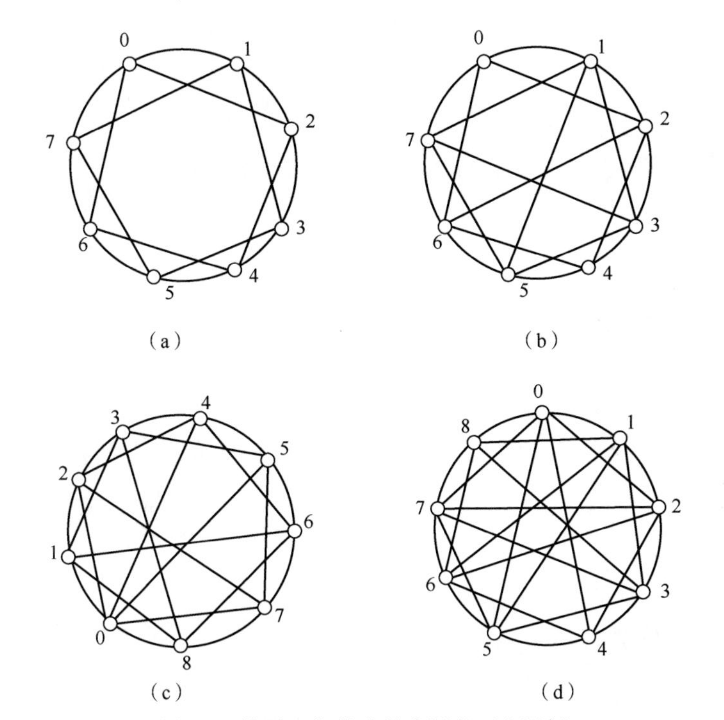

图 6.8　构造一般核度最小图的两个图例

第三步：求 m。

$$m = \frac{1}{2}(2q - p\delta)$$
$$= \frac{1}{2}(2\times 19 - 8\times 4) = 3$$

故令顶点 i 与顶点 $\left(\frac{p}{2}+i\right)$（$i=1,2,3$）相连边，即令顶点 1 与顶点 5、顶点 2 与顶点 6、顶点 3 与顶点 7 分别相连边即可，如图 6.8（b）所示。

（2）核度最小的（9,26）-图（即 p=9、q=26）的构造步骤

第一步：求 δ。

$$\delta=\left[\frac{2q}{p}\right]=\left[\frac{2\times 26}{9}\right]=5$$

第二步：构造图 $H_{5,9}$，如图 6.8（c）所示。

第三步：求 m。

$$\begin{aligned}m&=\frac{1}{2}(2q-p\delta-1)\\&=\frac{1}{2}(2\times 26-9\times 5-1)=3\end{aligned}$$

故令顶点 i 与顶点 $\left(\frac{p-1}{2}+1\right)$ 相连边，即令顶点 1 与顶点 5、顶点 2 与顶点 6、顶点 3 与顶点 7 分别相连边即可，如图 6.8（d）所示。

6.4 本章小结

本章主要介绍了以下 4 个方面的内容：

（1）顶点数 p 及系统核值给定条件下，系统可能具有的最大核度网络结构及相应的构造方法；

（2）顶点数 p 及系统核值给定条件下，系统可能具有的最小核度网络结构及相应的构造方法；

（3）顶点数 p 及边数 q 给定条件下，网络图可具有的最大核度结构及构造方法；

（4）顶点数 p 及边数 q 给定条件下，网络图可具有的最小核度结构及构造方法。

这些内容即为核与核度的优化设计理论，是系统核与核度理论中的主要内容之一。它们具有很强的应用潜力，有些内容可直接应用于实际的生产生活当中。特别是最小核度网络理论，在许多领域具有很高的应用价值，例如应用于可靠通信网络的优化设计（见本书第 11 章）、图的连通性研究（见本书第 8 章）、神经网络模型的设计（见本书第 9 章）等。另外，其他结论在信息交流网络系统（见本书第 10 章）、社会心理学及组织管理方面均有较好

的应用（见本书第 12 章）。

参考文献

[1] 许进，席西民，汪应洛. 系统的核与核度理论(VI)——核与核度在研究小群体人际关系中的应用[J]. 西安交通大学学报，1994，28(3): 69-73.
[2] 汪应洛. 系统工程导论[M]. 北京：机械工业出版社, 1982.
[3] 许进，席西民，汪应洛. 系统的核与核度理论(II)——优化设计与可靠通讯网络[J]. 系统工程学报, 1994(1): 1-11.
[4] Harary F. The Maximum Connectivity of a Graph[J]. Proceedings of the National Academy of Sciences of the United States of America, 1962, 48(7): 1142-1146.

第7章

子核与核度的计算

系统的核度是用来刻画系统核的“工具”。自然，求一个给定网络系统核度的问题（即核度的计算问题）是系统核与核度理论中最基本的问题，这个问题的解决将会对系统核与核度理论的深入研究产生很大的影响。本书第3章介绍了几类特殊网络图的核度计算公式或递推公式，例如完全图、完全k-部图、星图、圈、树等，并介绍了求若干个连通图的联图的核度递推算法。本章主要围绕求连通图的核度的一般计算方法展开介绍。为此在7.1节引入**子核**的概念，并进行了较为深入的讨论，然后在7.2节给出了一般递推算法。

7.1 系统的子核

对于一个给定的、非平凡的连通图G，S^*是G的核，把S^*的任一非空子集S（即$S\neq\varnothing$，$S\subseteq S^*$）称为G的**关于核S^*的一个子核**，简称为G的一个**子核**[1]。若S是G关于S^*的一个**真子核**（即$S\subseteq S^*$，但$S\neq S^*$），则S^*-S也是G的一个关于S^*的子核，通常简称S^*-S为S的**补核**，记为$\overline{S}$。

记G是一个$p(p\geqslant 3)$阶连通图，$S\subseteq V(G)$、$v\in V(G)-S$，若顶点v的领域$\Gamma(v)\subseteq S$，则称v是G的一个关于S的**广义悬挂顶点**，一般简称为S的**广悬点**。例如，由完全空图E_m与完全子图$K_n(m,n\geqslant 1)$构成的联图$G=K_m+K_n$中，E_m中的任一个顶点v均是顶点子集$V(K_m)$的广悬点。当$d_G(v)=1$时，广悬点就是通常所言的悬挂顶点，显然有

$$d_G(v)=|\Gamma(v)|\leqslant|S| \tag{7.1}$$

记一个图 G 的顶点子集 S 的全体广悬点集为 $\Gamma^+(S)$，即

$$\Gamma^+(S)=\{v',v\notin S,\Gamma(v)\subseteq S\} \tag{7.2}$$

于是，有定理 7.1。

定理 7.1　若 G 是 p（$p\geqslant 3$）阶连通图，S 是 G 的一个顶点子集，如果 $|\Gamma^+(S)|\geqslant 1$，则 $S\in C(G)$。

注意到 $G-S$ 至少有两个连通分支，本定理易证。

研究一个网络图的子核显然对进一步探索**核与核度**有重要意义。对子核的研究，下列问题是应当考虑的基本问题。

（1）如何判断一个图 G 的顶点子集 S 是 G 的子核？进一步地，S 是 G 的关于哪一个核的子核？

（2）若 S 是连通图 G 的子核，它与它所对应的核 S^*，以及核度 $h(G)$ 有何联系？

问题（1）的结论见定理 7.2。

定理 7.2　若 G 是一个 p 阶连通网络图，$S\in C(G)$，如果

$$|\Gamma^+(S)|\geqslant|S|+1 \tag{7.3}$$

且 S 是满足式（7.3）中元素个数最小的点割集[即不存在 $S'\in C(G)$，S' 满足式（7.3）且 $|S'|<|S|$]，则一定存在 $S^*\in C^*(G)$，使得

$$S\in S^* \tag{7.4}$$

证明　为方便起见，定义

$$G_S=G-S-\Gamma^+(S) \tag{7.5}$$

考察子图 G_S，若 $G_S=\varnothing$（空集），则由 S 的最小性知，S 就是 G 的核，这时取 $S^*=S$，从而知式（7.4）成立，若 $G_S\neq\varnothing$，设 $S^*\in C^*(G)$，并且假设 $S=S_1\cup S_2$、$S_1\cap S_2=\varnothing$、$S_1\neq\varnothing$、$S_2\neq\varnothing$、$S_1\notin S^*$、$S_2\in S^*$，则易证 $S_1\cup\Gamma^+(S_1)\cup\Gamma^+(S_1,S_2)$ 在 $G-S^*$ 的某一个连通分支上（这里 $\Gamma^+(S_1,S_2)$ 表示在 G 中既与 S_1 中某些顶点相邻，又与 S_2 中某些顶点相邻的顶点构成的集合），且易证实在 G 中，仅同 S_i 相邻的顶点集 $\Gamma^+(S_i)$ 满足

$$|\Gamma^+(S_i)|\leqslant|S_i|\ (i=1,2) \tag{7.6}$$

否则，与 S 的最小性矛盾。又由于

$$|\Gamma^+(S_1)|+|\Gamma^+(S_2)|+|\Gamma^+(S_1,S_2)|=|\Gamma^+(S)| \tag{7.7}$$

于是由式（7.3）得

$$\left|\Gamma^+(S_1)\right|+\left|\Gamma^+(S_2)\right|+\left|\Gamma^+(S_1,S_2)\right|\geqslant\left|S_1\right|+\left|S_2\right|+1$$

即

$$\left|\Gamma^+(S_1)\right|+\left|\Gamma^+(S_2)\right|+\left|\Gamma^+(S_1,S_2)\right|\geqslant\left|S_1\right|+\left|\Gamma^+(S_2)\right|+1$$

即

$$\left|\Gamma^+(S_1)\right|+\left|\Gamma^+(S_1,S_2)\right|\geqslant\left|S_1\right|+1 \tag{7.8}$$

基于式（7.8），注意到 $S^*\cup S_1\in C(G)$，有

$$\begin{aligned}&\omega(G-S_1\cup S^*)-\left|S_1\cup S^*\right|\\&=\left|\Gamma^+(S_1)\right|+\left|\Gamma^+(S_1,S_2)\right|+\omega(G-S^*)-1-\left|S_1\right|-\left|S^*\right|\\&\geqslant\left|S_1\right|+1+\omega(G-S^*)-1-\left|S_1\right|-\left|S^*\right|=h(G)\end{aligned}$$

这与 $S^*\in C^*(G)$ 矛盾，从而说明 $S\subseteq S^*$。

为方便起见，把满足定理 7.2 的 S 称为 G 的**正子核**，即若 G 是 $p(p\geqslant3)$ 阶连通图，$S\in C(G)$，且 S 是满足式（7.3）中元素个数最小的点割集，则称 S 是 G 的**正子核**。

定理 7.3 设 G 是 $p(p\geqslant3)$ 阶连通图，S 是 G 的正子核，如果 $\omega(G_S)=1$，且 $h(G_S)\geqslant1$，则对于 $C^*(G_S)$ 中的任一元素（即 G_S 的核），均可作为 S 的补核 $\overline{S}$，若 $h(G_S)\leqslant0$，则 $S\in C^*(G)$。

基于定理 7.2，定理 7.3 易证，故略。

定理 7.3 也表明这样一个事实：若 S 是 G 的正子核，若它存在补核 $\overline{S}$，则 $h(G_S)$ 必为正。

7.2 核度的计算

定理 7.4 设 G 是一个非平凡的连通图，S 是 G 的正子核，G_S 连通，则当 $h(G_S)\geqslant1$ 时有

$$h(G_S)=h(G_S)+\left|\Gamma^+(S)\right|-\left|S\right| \tag{7.9}$$

当 $h(G_S)\leqslant0$ 时，有

$$h(G)=\left|\Gamma^+(S)\right|-\left|S\right|+1 \tag{7.10}$$

证明 对于$h(G_S)\geqslant 1$，设$\overline{S}$是G_S的一个核，则有

$$\begin{aligned}h(G_S)&=\omega(G_S-\overline{S})-\left|\overline{S}\right|\\&=\omega\left(G-S\cup\overline{S}\cup\Gamma^+(S)\right)-\left|\overline{S}\right|\\&=\omega\left(G-S\cup\overline{S}\right)-\left|\Gamma^+(S)\right|-\left|\overline{S}\right|\\&=\omega\left(G-S\cup\overline{S}\right)-\left|\Gamma^+(S)\right|-\left|S\cup\overline{S}\right|+\left|S\right|\end{aligned}$$

注意到$S\cup\overline{S}\in C(G)$，故有

$$h(G_S)\leqslant h(G)-\left|\Gamma^+(S)\right|+\left|S\right|$$

即

$$h(G)\geqslant h(G_S)+\left|\Gamma^+(S)\right|-\left|S\right| \tag{7.11}$$

另外，设$S^*\in C^*(G)$，则由定理 7.2 的证明及结果知$S\subseteq S^*$，并且令$\overline{S}=S^*-S$，故有

$$\begin{aligned}h(G)&=\omega(G-S^*)-\left|S^*\right|\\&=\omega\left(G-S\cup\overline{S}\right)-\left|S\right|-\left|\overline{S}\right|\\&=\left|\Gamma^+(S)\right|+\omega(G-S)-\left|S\right|-\left|\overline{S}\right|\\&\leqslant h(G_S)+\left|\Gamma^+(S)\right|-\left|S\right|\end{aligned} \tag{7.12}$$

结合式（7.11）和式（7.12），式（7.9）获证。

当$h(G_S)\leqslant 0$时，由核度的定义，式（7.10）显然成立，本定理获证。

定理 7.4 给出了在S是G的正子核且G_S连通的情况下，求核度的一般递推公式。那么，当G_S不连通（即$\omega(G_S)=r\geqslant 2$）时，如何求G的核度呢？结论见定理 7.5。

定理 7.5 若G是$p(p\geqslant 3)$阶连通网络图，S是G的一个正子核，如果$\omega(G_S)=r\geqslant 2$，设G_S的r个连通分支分别为$G_1,G_2,\cdots,G_r$，则有以下 3 种情况。

（1）当$h(G_r)\leqslant 0(i=1,2,\cdots,r)$时，有

$$h(G)=\left|\Gamma^+(S)\right|-\left|S\right|+r \tag{7.13}$$

（2）当$h(G_r)\geqslant 1(i=1,2,\cdots,r)$时，有

$$h(G)=\left|\Gamma^+(S)\right|-\left|S\right|+\sum_{i=1}^{r}G_i \tag{7.14}$$

（3）当这r个连通分支中有$t(1\leqslant t\leqslant r)$个核度大于（或者等于）1，其余

的核度小于等于 0 时，为不失一般性，可令 $h(G_1),h(G_2),\cdots,h(G_t)\geqslant 1$、$h(G_{t+1}),h(G_{t+2}),\cdots,h(G_r)\leqslant 0$，则有

$$h(G)=\left|\Gamma^{+}(S)\right|-\left|S\right|+\sum_{i=1}^{t}h(G_i)+(r-t) \quad (7.15)$$

定理 7.5 中的情况（1）是显然的，对于情况（2）和情况（3），结合定理 7.4，再应用数学归纳法很容易得到证明，故略。下面，通过举例来说明定理 7.4 和定理 7.5。

例 7.1 求出图 7.1 所示图 G 的核度。

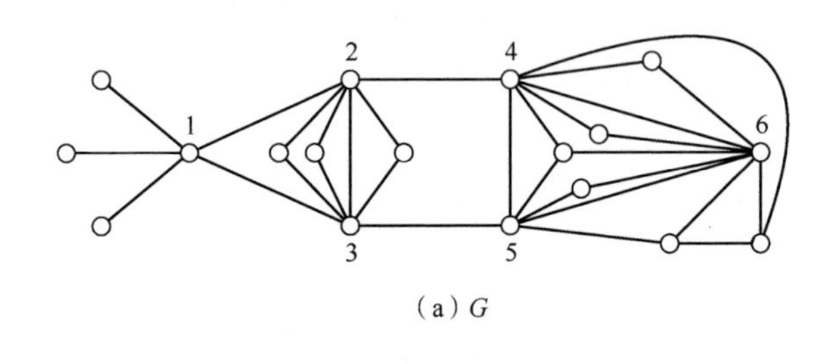

（a）G

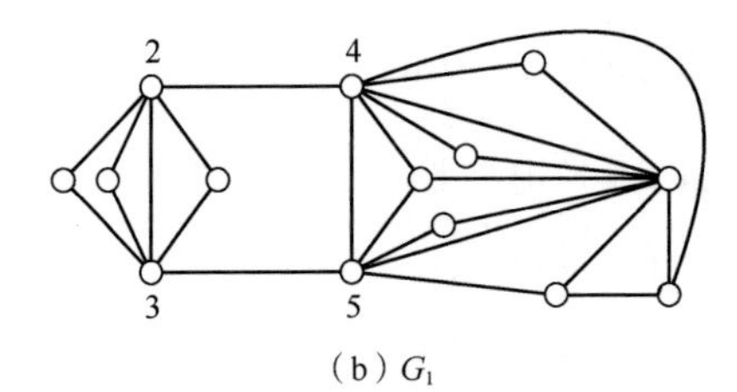

（b）G_1

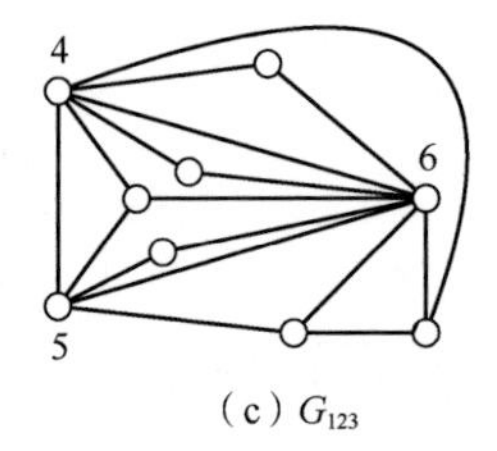

（c）G_{123}

图 7.1 例 7.1 图

解 由定理 7.4，有

$$\begin{aligned}h(G)&=h(G_1)+\left|\Gamma^{+}(1)\right|-1\\&=h(G_{123})+3-1+\left|\Gamma^{+}\{2,3\}\right|-2\\&=h(G_{123})+2+3-2\\&=5-3+3\\&=5\end{aligned}$$

且图 G 有唯一的核 $S^{*}=\{1,2,3,4,5,6\}$。

定理 7.4 对树显然同本书第 3 章的结果一致，但对一个非平凡的、连通的且核度小于或者等于 0 的网络图 G，定理 7.4 和定理 7.5 是无效的，目前尚无一般的递推算法或者普遍的计算公式，但有一个基本思想，即定理 7.6。

定理 7.6 若 G 是一个非平凡的连通图，$G\neq K_p$ 且 $h(G)\leqslant 0$，则有

$$h(G) \geqslant 2-\kappa(G) \geqslant 2-\delta(G) \tag{7.16}$$

对此，读者也许会猜想，在 $h(G) \leqslant 0$ 时有

$$h(G)=2-\delta(G)=2-\kappa(G) \tag{7.17}$$

这个猜想是不正确的，且很容易证明：如图 7.2 所示，$\delta(G)=\kappa(G)=3$，但 $S^{*}=\{1,2,3,4,5\}$。

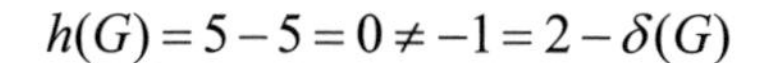

$$h(G)=5-5=0 \neq -1=2-\delta(G)$$

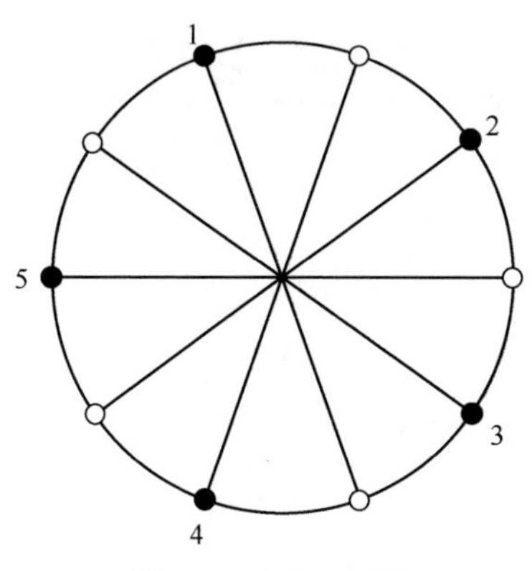

图 7.2　定理 7.6 图

7.3　本章小结

本章主要围绕求连通图的核度的一般计算方法展开讨论。首先，引入了子核的概念，并深入讨论了如何判断一个图 G 的顶点子集 S 是 G 的子核，以及 S 是 G 的哪一个核的子核，并讨论了若 S 是连通图 G 的子核，它与它所对应的核 S^{*} 以及核度 $h(G)$ 的联系。然后，给出了核度的一般递推算法，分别讨论了在 S 是 G 的正子核且 G_S 连通的情况下和 G_S 不连通的情况下核度的求解算法。

参考文献

[1] 许进. 系统的核与核度理论(VII)——子核与核度的计算[J]. 系统工程学报, 1999, 14(3): 243-246.

第 8 章

核、核度与图的连通性

在刻画图的连通性方面，目前所用的主要工具是图的**连通度**（包括点连通度、边连通度）。然而，图的连通度在衡量图的连通性方面存在明显不足。连通程度不同、连通度都相等的图有很多，这就迫使图论学者们去创造新的方法和工具来刻画图的连通性。核与核度理论正是对这种需求的一种令人鼓舞的“补偿”，它是从整体上描述图的连通性的一种新思想、新方法和新工具。

为了使读者对图的连通性形成较全面的了解，本章介绍核与核度意义下图的连通性的判断方法(见 8.1 节)，然后介绍连通度的发展状况(见 8.2 节)。8.3 节介绍形状与核度非常相似，同时也可作为描述图的连通性工具的点坚韧度（Toughness）和边坚韧度（Edge-toughness）的基本内容与进展状况。8.4 节介绍在 $h(G)$ 及 $\kappa(G)$ 已知条件下的 p 阶连通图 G 可能具有的最大边数和最小边数，并讨论了相应图的构造问题。

8.1 核与核度意义下图的连通性

图的连通性是图论学科中描述图的最基本的属性之一，正因如此，目前图的连通性方面已有许多成熟的结论[1-3]，但这些结论主要是围绕刻画图的连通性的不变量——连通度（包括点连通度与边连通度）展开的。随着图论的深入发展，人们越来越觉得仅用连通度刻画图的连通性是不足的。例如，对于如图 8.1 所示的 3 个图 G_1、G_2 和 G_3，显然有

$$\kappa(G_1)=\kappa(G_2)=\kappa(G_3)=1$$

$$\lambda(G_1)=\lambda(G_2)=\lambda(G_3)=1$$

但可以明显看到 G_2 的连通性较 G_3 差，但比 G_1 好。

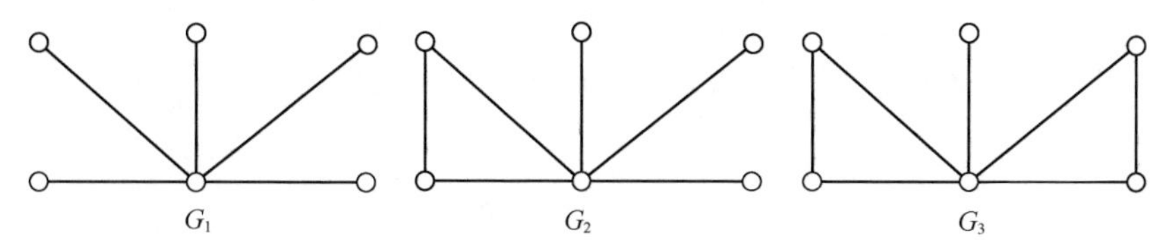

图 8.1　连通程度不同的 3 个图

图的核与核度概念的引入，为刻画图的连通性提供了一个新的不变量。用图的核度来衡量图 8.1 中 3 个图的连通性，则有

$$h(G_1)=4>3=h(G_2)>2=h(G_3)$$

这说明在核度意义下，G_1 的连通性比 G_2 的连通性差，G_2 的连通性比 G_3 的连通性差。

通过上例及图的核度的定义，不难得出，**在核度意义下，核度越小，图的连通性越好；核度越大，图的连通性越差**。然而，与 $\kappa(G)$ 一样，利用核度 $h(G)$ 判断连通性并不是对所有图都有效。例如，对圈 C_p（$p\geqslant 4$），均有 $h(C_p)=0$（见定理 3.1），但实际上人们总认为 C_{10} 的连通性比 C_{100} 的连通性好。一般地，认为 C_p 的连通性比 C_{p+1} 的连通性好。为此，对于核度相等的两个图 G_1 与 G_2，本节进一步来判别它们的连通性。

首先，引入**核能量与核冠**的概念。设 $S\in V(G)$，这里把连通图 G 中所有与 S 相关联的边集记作 $E(S)$。若 $S^*\in S^*(G)$，则称

$$\left|E(S^*)\right|-\left|E(V-S^*)\right| \tag{8.1}$$

为**核 S^* 的能量**，记作 $e(S^*)$，并且将 $S^*(G)$ 中的最大能量记作 $e(G)$，即

$$e(G)=\max\{e(S^*);S^*\in S^*(G)\} \tag{8.2}$$

称为 G 的**核能量**。若 $S^*\in S^*(G)$，且满足

$$e(G)=e(S^*) \tag{8.3}$$

则称 S^* 是图 G 的**核冠**。

容易证明，对于一个给定的连通图 G，它的核能量是唯一的，但核冠并不唯一。

显然，对于一个连通图 G，从 G 中去掉一个核冠对 G 的连通性破坏最大。由此想到，对两个连通图 G_1 与 G_2（满足 $h(G_1)=h(G_2)$），如果有

$$e(G_1)<e(G_2) \tag{8.4}$$

则认为 G_1 的连通性较 G_2 好。换句话说，**在核度相等的情况下，图的核能量越大，它的连通性越差；能量越小，连通性越好**。

命题 8.1 设 P_p 和 C_p 分别表示 p 阶路和圈，则有

$$e(P_p)=\begin{cases}p-1 & p\text{为奇数}\\ p-3 & p\text{为偶数}\end{cases}$$
$$e(C_p)=\begin{cases}p-2 & p\text{为奇数}\\ p & p\text{为偶数}\end{cases} \tag{8.5}$$

这个命题很容易证明。由此可知，p 越大，P_p、C_p 的连通性越差，p 越小，它们的连通性越好。

基于上面的准备，可以给出在核与核度意义下判别图连通性的准则，即准则 8.1。

准则 8.1 设 G_1 与 G_2 是两个非平凡的连通图，若 $h(G_1)>h(G_2)$，则 G_2 的连通性较 G_1 的连通性好；若 $h(G_1)=h(G_2)$，则进一步通过核能量来判别。若 $e(G_1)>e(G_2)$，则 G_2 的连通性较 G_1 的连通性好，若 $h(G_1)=h(G_2)$ 且 $e(G_1)=e(G_2)$，则认为 G_1 与 G_2 的连通性相同。

8.2 连通度的研究现状

图的连通度分为两种，即点连通度 $\kappa(G)$ 和边连通度 $\lambda(G)$。本书 2.6 节已经给出了 $\kappa(G)$ 和 $\lambda(G)$ 的定义及它们之间最基本的关系，如著名的 Whitney 定理和 Meager 定理。本节主要对连通度（包括 $\kappa(G)$ 和 $\lambda(G)$）的研究现状进行简单介绍，并给出该领域中一些较重要的结论及尚未解决的问题。

从图的连通度的定义不难看出，图的连通度仅仅是刻画图的局部连通性的不变量。当然，由此研究**图的连通性的理论**的主要目的是建立 k-连通图和 k-边连通图的各种性质定理，明确 k-连通图和 k-边连通图的基本结构。

8.2.1 k-（边）连通图的构造

粗略地讲，图论就是把各种各样的图都构造出来的一门学科。为了把各种图构造出来，首要任务是弄清这些图的基本性质与基本特征，如存在性问题、计数问题、结构问题、度序列问题、直径、周长等，然后以此为基础把

它们想办法构造出来。

本书 2.6 节已经介绍了 k-（边）连通图最基本的性质，本节主要介绍 k-（边）连通图的构造问题。

解决 k-（边）连通图的构造问题，就是要求给出一个构造全部 k-（边）连通图的方法。1961 年，Tutte[4]通过对轮图（Wheel）① 施加两种图的运算，给出了构造全部 3-连通图的方法。这是关于 k-连通图的构造问题的第一个结论，也是截至本书成稿之日，这方面最"漂亮"的结论。

定理 8.1　一个图是 3-连通的当且仅当它是一个轮，或者能从一个轮图经过下述两种运算的反复应用而得到：

（1）添加一条线；

（2）用两个相邻的顶点 x、y 代替度数不小于 4 的一个顶点 v，原来与 v 相邻的顶点要恰与 x、y 之一相连，且使 x、y 的度数不小于 3（这种运算被称为**分裂点 x 的运算**，如图 8.2 所示）。

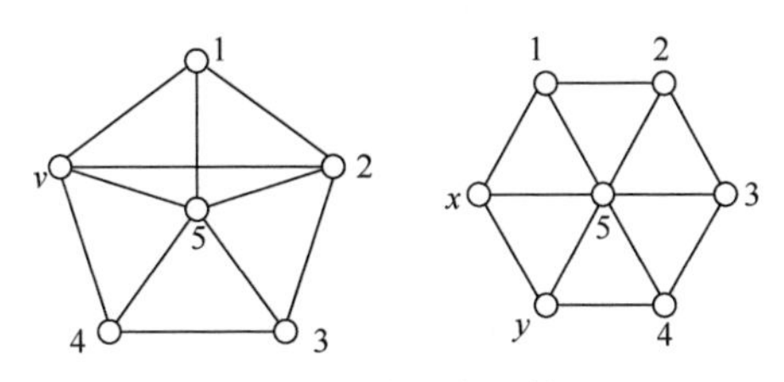

图 8.2　分裂点运算

2-连通图的构造问题分别由 Dirac[5]、Plummer 和 Slater 独力解决。解决的办法是构造出全部**极小 2-连通图**(Minimally 2-connected Graph)。如果图 G 的 $\kappa(G)=k$，但移去任一条边 e 后 $\kappa(G-e)=k-1$，则称图 G 为极小 k-连通的。添加一条边到图中，并不会降低图的连通性，因而要构造所有 k-连通图，只需构造所有极小 k-连通图就足够了。实际上，极小 k-连通图的构造问题并不一定比 k-连通图的构造容易解决，但当 $k=2$ 时却容易解决。下面，主要给出构造极小 2-连通图时所用的主要结论，关于极小 k-连通图（ $k\geqslant 2$ ）的较深入的讨论见 8.2.2 节。

定理 8.2　极小 2-连通图中的每一个 2-连通子图都是极小 2-连通图。

若连接两个顶点的任一条道路上的任两点的连接线一定属于此道路，则称这两个顶点为**和谐的**。显然，圈 C_p（$p\geqslant 4$）上任一对不相邻的顶点都是

① 一个 p 阶轮图记作 W_p，它由圈 C_p 与 K_1 的联图构成，即 $W_p^a=C_p-K_1$。

和谐的。

定理 8.3 对于$0 \leqslant i \leqslant k$（$k \geqslant 1$），令 G_i 是一条线 $x_i x_{i+1}$，或者是一个含有和谐顶点 x_i、x_{i+1} 的极小 2-连通图。设 G 是从 $\bigcup_{i=1}^{k} G_i$ 出发，将 x_1 与 x_i 叠合（$1 \leqslant i \leqslant k$），并连接 x_0 和 x_{i+1} 所得的图，则 G 是极小 2-连通图。每个极小 2-连通图亦可通过定理 8.3 得到。

定理 8.4 设 G 是一个极小 2-连通图，但不是圈。令 $D \subset V(G)$ 是度数为 2 的顶点集合，则 $G-D$ 是至少含有两个分支的森林，而 $G(D)$ 的每个分支 P 是道路，且每条道路 P 连接森林中不同的树。

定理 8.5 阶数为 $p[p \equiv -1, 0 (\bmod 3)]$ 的一个极小 2-连通图至少有 $\dfrac{p+4}{3}$ 个 2 度顶点，这是最好可能的。

定理 8.6 阶数 $p \geqslant 4$ 的极小 2-连通图至多有 $2p-4$ 条线，当 $p \geqslant 4$ 时完全 2 分图 $K_{2,p-2}$ 是唯一的阶数为 p 且有 $2p-4$ 条线的极小 2-连通图。

4-连通图的构造问题由 Slater[6]于 1974 年解决。Slater 的方法是从完全图 K_5 出发，采用 5 种运算得到 4-连通图。除了使用 Tutte 用过的两种运算外，该方法还用到另外 3 种运算。

截至本书成稿之日，$k \geqslant 5$ 时的 k-连通图构造问题均尚未解决。在 k-边连通图的构造方面，对于允许有重边与自环的重图来说，$k \geqslant 1$ 时的构造问题已由 Mader[7]统一解决。但对简单图来说，情况远非如此。朱必文给出了 $k=2$、3 时构造极小 k-边连通简单图的方法[8,9]，所以 2-连通简单图和 3-连通简单图的构造问题已得到解决；但 $k \geqslant 4$ 时的 k-边连通简单图构造问题尚未解决。

定理 8.7 设 G 是 k-边连通图，若对于任一边 e，$G-e$ 不是 k-边连通图，则称 G 是极小 k-边连通图。若 G 是 p 阶极小 2-边连通图，则 G 中度数为 2 的点数至少为 $\left[\dfrac{p+7}{4}\right]$。

8.2.2 极小 k-连通图

极小 k-连通图的概念及 $k=2$ 时的有关结论已在 8.2.1 节进行了介绍。截至本书成稿之日，对 $k \geqslant 2$ 时极小 k-连通图的研究已有丰富的成果，限于篇幅，本小节仅介绍其中几个最“漂亮”的结论。

定理 8.8[10]　若 G 是极小 k-连通图，则有

$$\delta(G)=k \tag{8.6}$$

Mader 在定理 8.8 的基础上，对最小度的顶点集合 $Z=\{v \mid v\in V, d(v)=k\}$ 进行了研究，总结出定理 8.9。

定理 8.9[11]　若 G 是极小 k-连通图，则 $G-Z$ 是森林或者空图。

由定理 8.9，很容易得到定理 8.10 和定理 8.11。

定理 8.10　若 G 是极小 k-连通图，则有

$$|Z|\geqslant\frac{1}{2k-1}[(k-1)p+2] \tag{8.7}$$

定理 8.11[12]　若 G 是极小 k-连通图，则有

$$|E(G)|\leqslant\begin{cases}\left\{\frac{1}{8}(p+k)^2\right\} & k+1\leqslant p\leqslant 3k-2\\ k(p-k) & p\geqslant 3k-1\end{cases} \tag{8.8}$$

式中的上界是最好可能的。

极小 k-边连通图的有关结果可参见文献[3]，这里不再介绍。

关于极小 k-连通图的构造问题，虽然当 $k=2$ 时该问题已得到解决（见 8.2.1 节），但 $k\geqslant 3$ 的情况尚无解决方法。

8.2.3　临界 k-连通图

如果一个图 G 的 $\kappa(G)=k$，但对任一 $v\in V(G)$，$\kappa(G-v)=k-1$，则称该图 G 为**临界 k-连通图**（Critically k-connected Graph）。类似地，可以定义**临界 k-边连通图**。显然，每个 k-连通图均包含一个临界 k-连通子图。截至本书成稿之日，人们对临界 k-（边）连通图结构的了解，比极小 k-（边）连通图还要少，因而近几年人们比较热衷于该领域的研究。本小节介绍该领域的主要研究成果及有关问题的进展。

Kaugars 首先对临界 2-连通图的最小度进行了研究，总结出定理 8.12。

定理 8.12　若 G 是临界 2-连通图，则 $\delta(G)=2$。

对于 $\delta(G)$ 的下界，Chartrand、Kaugars 和 Lick[13]总结出了定理 8.13。

定理 8.13　若 G 是临界 k-连通图，则有

$$\delta(G)\leqslant\frac{1}{2}(3k-1) \tag{8.9}$$

由定理 8.13 易推出，当 $k=2,3$ 时，$\delta(G)=k$。

Nebeský[14]在1977年获得比定理8.12更优的结论，即定理8.14。

定理8.14 若G是临界2-连通图，且$|V(G)|\geqslant 4$，则G中至少有4个度数为2的顶点。

Entringer和Slater[15]对$k=3$的情况进行了研究，总结出定理8.15。

定理8.15 若G是临界3-连通图，则G中至少有2个度数为3的顶点。

对于一般的k，Hamidoune[16]在1980年证明了G中度数不超过$\frac{3k}{2}-1$的顶点至少有2个，这一下界对k来说是最好的，但对$\delta(G)$来说则不然。余景礼、马煜[17]对Hamidoune的结果进行了改进，给出了依赖于$\delta(G)$的下界。苏健基[18]改进了余景礼与马煜的结果，得到了对$\delta(G)$来说也最好的下界。

临界k-边连通图已被人们获得，参见文献[19]～文献[21]。

定理8.16 若G是临界k-边连通图，则有

（1）$\delta(G)=k$；

（2）若$k=2$，令$Z=\{v\mid v\in V(G),d(v)=2\}$，则$|Z|\geqslant 4$；

（3）若$k\geqslant 3$，则G中至少有2个度数为2的顶点。

1982年，田本和张存铨总结出了定理8.17。

定理8.17[22] p阶临界2-边连通图的最大边数是

$$f(p)=\begin{cases}7 & p=6\\ \frac{1}{8}(p^2+4p) & p\equiv 0(\mathrm{mod}\ 4)\\ \frac{1}{8}(p^2+4p+13) & p\equiv 1(\mathrm{mod}\ 4)\\ \frac{1}{8}(p^2+28) & p\equiv 2(\mathrm{mod}\ 4)\\ \frac{1}{8}(p^2+2p+q) & p\equiv 3(\mathrm{mod}\ 4)\end{cases} \tag{8.10}$$

关于最大临界k-边连通图与最小临界k-边连通图的结构、边数相等的研究，本书不再叙述，可参见文献[23]和文献[24]。

8.2.4 t-临界k-连通图

为了对临界k-连通图类进行深入的研究，人们引进了t-临界k-连通图的概念。如果对每一个满足$0\leqslant|S|\leqslant t$的S，有$\kappa(G-S)=k-|S|$，则称G是t-临界k-连通图（t-critical k-connected Graph），简称(k,t)-图。

对于 $(k,3)$ -图，W. Mader[25]证明了其阶小于 $6k^2$，当 $t>\frac{k+1}{2}$ 时，Yahya Ould Hamidoune[26]证明了 (k,t) -图的阶小于 $k+t-2$。当 $t\geqslant\frac{k-1}{2}$ 时，R. C. Entringer 与 P. J. Slater[27]曾猜想 (k,t) -图至少有 2 个度数为 k 的顶点，这一猜想已由 Hamidaune[28]证明。

对于 (k,t) -图，Stephen Maurer 和 W. Mader 曾提出两个重要猜想：

（1）（Stephen Maurer[29]），当 $t>\frac{k}{2}$ 时，完全图 K_{k+1} 是唯一的 (k,t) -图。

（2）（M. Mader[30]），当 $t>\frac{k}{2}$ 时，(k,t) -图至少有一个度数为 k 的顶点。

猜想（1）中 $k\leqslant 6$ 的情况已由 Stephen Maurer、Peter J. Slater[29]证明，$k\leqslant 10$ 的情况由 W. Mader[30]证明，并且 Mader 在文献[30]中证明了猜想（2）比猜想（1）更优。在一般情况下，这些猜想均未被证明。

8.2.5　临界(k,k)-连通图

如果一个图 G 的 $\kappa(G)=\kappa(\bar{G})=k$，且对于 G 中每个顶点 v，$\kappa(G-v)=k-1$，或者 $\kappa(\bar{G}-v)=k-1$，则称图 G 为临界 (k,k) -连通的。这里，$\bar{G}$ 是 G 的补图。这个概念是由 Kiyoshi Ando 和 Yoko Usami 于 1987 年引入[31]。他们还总结出定理 8.18。

定理 8.18　如果 G 是一个临界 (k,k) -连通图，$k\geqslant 2$、$\delta(G)\geqslant\frac{1}{2}(3k-1)$，且 $\delta(\bar{G})\geqslant\frac{1}{2}(3k-1)$，则有

$$3k\leqslant|V(G)|\leqslant 4k \tag{8.11}$$

设 a_G 表示图 G 的原子，则有比定理 8.18 更深刻的结论，即定理 8.19。

定理 8.19　如果 G 是一个临界 (k,k) -连通图，$k\geqslant 2$、$a_G>\frac{1}{2}k$ 且 $a_{\bar{G}}>\frac{1}{2}$，则有

$$|V(G)|\leqslant 4k \tag{8.12}$$

8.2.6　凝聚度

Jin Akiyoma、Frank Boesch、Hiroshi Era、Frank Harary 和 Ralph Tindell

在文献[32]中提出了**顶点凝聚度**（the Cohesiveness of a Vertex）的概念：设 $x \in V(G)$，则称

$$C(x)=\kappa(G)-\kappa(G-x) \tag{8.13}$$

为图 G 中顶点 x 的凝聚度。显然，$C(x)>0$ 时，必有 $C(x)=1$。

1985 年，朱必文、刘峙山和陈子歧[33]仿照点凝聚度，提出了顶点的**边凝聚度** $C(x)$ 的概念：设 $x \in V(G)$，称

$$C(x)=\lambda(G)-\lambda(G-x) \tag{8.14}$$

为图 G 中**顶点 x 的边凝聚度**。显然，当 x 是割点时，$C(x)=\lambda(G)$。由于每一个连通图至少有两个顶点不是图的割点，因此有

$$\min_{x\in V(G)} C'(x)\leqslant \lambda-1 \tag{8.15}$$

但是，这个上界几乎可以肯定不是精确的。因此，$\min\limits_{x\in V(G)} C'(x)$ 的精确上界就成为关于顶点的边凝聚度的一个问题。

本节主要围绕图的点连通度 $\kappa(G)$、边连通度 $\lambda(G)$ 这两个参数展开介绍，并着重介绍了这两个参数的勾画。希望本节内容能够帮助读者对这个领域的研究形成初步的了解。在对图的连通性展开更进一步研究的过程中，将这两种图的不变量有效地结合起来，可使这项研究工作更深刻、更有实际意义。

8.3 图的坚韧度

8.3.1 概述

如果对于某连通图 G 的任一 $S\in C(G)$，均有

$$\omega(G-S)\leqslant\frac{|S|}{t} \tag{8.16}$$

则称图 G 为 t-**坚韧的**。设 G 不是完全图，G 是 p 阶连通的，则 G 的**坚韧度**（Toughness）记作 $t(G)$，定义为

$$t(G)=\min\left\{\frac{|S|}{\omega(G-S)};S\in C(G)\right\} \tag{8.17}$$

由式（8.16），有

$$t\leqslant\frac{|S|}{\omega(G-S)} \tag{8.18}$$

这就是说，对于任一 $S \in C(G)$，式（8.18）均成立，从而有

$$t(G) \geqslant t \tag{8.19}$$

换句话说，若一个图 G 的坚韧度大于或者等于 t，则 G 是 t-坚韧图。图的坚韧度的概念是 Chvotal 于 1973 年提出来的[34]。Chvotal 提出这个概念的目的是研究图的哈密尔顿（Hamilton）性。作者猜测，Chvotal 提出这个概念可能是受到定理 8.20 的启发。

定理8.20　设 G 是一个哈密尔顿图，则对 $V(G)$ 中的每个非空真子集 S，均有

$$\omega(G-S) \leqslant |S| \tag{8.20}$$

有了坚韧度的概念，定理 8.20 可以叙述成：如果 G 是哈密尔顿图，则 G 是 1-坚韧的。

截至本书成稿之日，关于坚韧度的研究仍然是在图的哈密尔顿性范围内展开的，对坚韧度 $t(G)$ 自身的研究以及坚韧度在哈密尔顿性范围以外的用途几乎没有涉及。本节主要介绍作者近年来对坚韧度 $t(G)$ 自身特性以及 $t(G)$ 在图的连通度方面的研究成果，并对前人在 $t(G)$ 方面的成果进行介绍。

Y. H. Peng、Chuan Chong Chen 和 Koh Khee Meng 仿照图的（点）坚韧度 $t(G)$，提出了图 G 的边-坚韧度（the Edge-toughness）的概念[35-37]：设 G 是一个非平凡的连通图，$CE(G)$ 表示图 G 的全体边割集构成的集合，则图 G 的边-坚韧度记作 $t_1(G)$，定义为

$$t_1(G) = \min\left\{\frac{|X|}{\omega(G-X)-1}; X \in CE(G)\right\} \tag{8.21}$$

Y. H. Peng 和 T. S. Tay 在文献[36]中指出，$t_1(G)$ 的提出是受到 William Thomas Tutte[38]和 C. ST. J. A. Nash-Williams[39]独力发现定理 8.21 的启迪。

定理 8.21　一个连通图 G 有 r 个边-不交性成树当且仅当对 $E(G)$ 的任一子集 X，有

$$|X| \geqslant r[\omega(G-X)-1] \tag{8.22}$$

虽然图的边-坚韧度与（点）坚韧度在定义上很相似，但 Y. H. Peng 等人对 $t_1(G)$ 的研究动机主要为**测量图边连通的脆弱性**（Graph Vulnerability），而不是研究图的哈密尔顿性。目前，对边-坚韧度的研究主要侧重于其自身的基本特性上，如上下界问题、计算问题等，详见本书 8.3.3 节。

本节着重介绍图的（点）坚韧度 $t(G)$、边-坚韧度 $t_1(G)$ 的主要目的有两个：

（1）不管是图的（点）坚韧度 $t(G)$，还是图的边-坚韧度 $t(G)$，它们均可

作为衡量图的连通度的工具[40]，对于有些图类来讲，用 $t(G)$［或 $t_1(G)$］刻画其连通性比用 $\kappa(G)$［或 $\lambda(G)$］好；

（2）核度 $h(G)$ 与坚韧度 $t(G)$ 的基本结构都是由 $\omega(G-S)$ 与 $|S|$ 组合而成，不过 $h(G)$ 是两者相减，而 $t(G)$ 是两者的比，这就表明这两个不变量具有天然的联系，但它们却有质的不同。

本书前几章已对 $h(G)$ 进行了详细介绍，所以若要揭示 $h(G)$ 与 $t(G)$ 之间的异同，首先要深入了解坚韧度。

8.3.2 （点）坚韧度

1. $t(G)$的界与取值范围

设 G 是一个非平凡的连通图，则对任一 $S \in C(G)$，均有

$$|S| \geqslant \kappa(G) \tag{8.23}$$

对图 G 的独立数 $\alpha(G)$，显然有

$$\omega(G-S) \leqslant \alpha(G) \tag{8.24}$$

于是，根据式（8.23）和式（8.24）可得

$$\frac{|S|}{\omega(G-S)} \geqslant \frac{\kappa(G)}{\alpha(G)} = \text{常数} \tag{8.25}$$

注意到式（8.25）中 S 的任意性，可得到定理 8.22。

定理 8.22 若 G 是连通图，则有

$$t(G) \geqslant \frac{\kappa(G)}{\alpha(G)} \tag{8.26}$$

显然，此界是最好可能的。

在坚韧度的定义中[见式（8.17）]，完全图 K_p 是个例外。为了完整地刻画连通图，对于完全图 K_p（$p \geqslant 2$），我们认为任意 $p-1$ 个顶点均可构成 K_p 的一个点割集，于是有

$$t(K_p) = p-1 \tag{8.27}$$

在这个合理假设下，式（8.27）与式（8.17）是一致的。因此，本书后文提及的连通图均包括完全图。

坚韧度的下界已经明确，参见文献[40]。

定理 8.23 若 G 是 p（$p \geqslant 2$）阶连通图，则有

$$t(G) \leqslant \frac{p-\alpha(G)}{\alpha(G)} \tag{8.28}$$

其中，$\alpha(G)$表示图G的独立数。

证明　不失一般性，可令V_1表示图G的一个最大独立集，即$|V_1|=\alpha(G)$，则有$\omega\left[G-\left(V(G)-V_1\right)\right]=\alpha(G)$，从而有

$$
\begin{aligned}
t(G)&=\min\left\{\frac{|S|}{\omega\left(G-S\right)};\ S\in C(G)\right\}\\
&\leqslant\frac{|V-V_1|}{\omega\left[G-(V-V_1)\right]}\\
&=\frac{p-\alpha(G)}{\alpha(G)}
\end{aligned}
$$

综合定理 8.22 和定理 8.23，可得推论 8.1。

推论 8.1　若G是p（$p\geqslant 2$）阶连通图，则有

$$\frac{\kappa(G)}{\alpha(G)}\leqslant t(G)\leqslant\frac{p-\alpha(G)}{\alpha(G)} \tag{8.29}$$

容易证明，对于任一p阶连通图，恒有

$$1\leqslant\alpha(G)\leqslant p-1 \tag{8.30}$$

又显然，若G连通，则$\kappa(G)\geqslant 1$，于是有

$$t(G)\geqslant\frac{\kappa(G)}{\alpha(G)}\geqslant\frac{1}{p-1}$$

$$t(G)\leqslant\frac{p-\alpha(G)}{\alpha(G)}=\frac{p}{\alpha(G)}-1\leqslant\frac{p}{1}-1=p-1$$

因此，可得到推论 8.2。

推论 8.2　若G是p（$p\geqslant 2$）阶连通图，则有

$$\frac{1}{p-1}\leqslant t(G)\leqslant p-1 \tag{8.31}$$

注意，在式(8.31)中，星图$K_{1,p-1}$或完全图K_p分别达到它的上、下两界。

由推论 8.2，下列问题会被提出：是否对介于$\frac{1}{p-1}$与$p-1$的任一形如$\frac{m}{n}$的既约分数（m与n必须满足$m+n\leqslant p$），都可找到一个p阶连通图G，使得$t(G)=\frac{m}{n}$？这个问题在文献[40]中得到了解决。

定理 8.24　对于介于$\frac{1}{p-1}$与$p-1$的任一满足$m+n\leqslant p$（$1\leqslant m\leqslant p-1$、$2\leqslant n\leqslant p-1$）的既约分数$\frac{m}{n}$，均存在一个$p$（$p\geqslant 3$）阶连通图$G$，使得

$$t(G)=\frac{m}{n} \tag{8.32}$$

当$n=1$时，仅有完全图K_p使得$t(G)=p-1$。

证明 考虑不完全的p阶连通图的情况，对完全图K_m以及$n-1$阶空图E_{n-1}与完全图$K_{p-m-n+1}$之并构成的图做联图[①]，有

$$K_m+(E_{n-1}\cup K_{p-m-n+1})$$

容易证明，此图的坚韧图是$\frac{m}{n}$。

定理 8.24 指出了具有p个顶点的坚韧度$t(G)$的取值范围。那么，$t(G)$值域中一共有多少个元素呢？若采用$t_p(G)$表示这个值域，则该问题变成

$$|t_p(G)|=? \tag{8.33}$$

这是一个有趣且纯粹的组合计数问题。下面以$p=11$为例介绍一种求解方法。

例 8.1 试求$t_{11}(G)$及$|t_{11}(G)|$。

解 当$n,m=1,2,\cdots,p-1$（$p-1=11-1=10$）时，求解$t_{11}(G)$，见表 8.1。

表 8.1 例 8.1 的求解

	m=1	**m=2**	**m=3**	**m=4**	**m=5**	**m=6**	**m=7**	**m=8**	**m=9**	**m=10**	**$t_{11}(G)$值域对应数量**
n=1	1										1
n=2	$\frac{1}{2}$		$\frac{3}{2}$		$\frac{5}{2}$		$\frac{7}{2}$		$\frac{9}{2}$		5
n=3	$\frac{1}{3}$	$\frac{2}{3}$		$\frac{4}{3}$	$\frac{5}{3}$		$\frac{7}{3}$	$\frac{8}{3}$			6
n=4	$\frac{1}{4}$		$\frac{3}{4}$		$\frac{5}{4}$		$\frac{7}{4}$				4
n=5	$\frac{1}{5}$	$\frac{2}{5}$	$\frac{3}{5}$	$\frac{4}{5}$		$\frac{6}{5}$					5
n=6	$\frac{1}{6}$				$\frac{5}{6}$						2
n=7	$\frac{1}{7}$	$\frac{2}{7}$	$\frac{3}{7}$	$\frac{4}{7}$							4
n=8	$\frac{1}{8}$		$\frac{3}{8}$								2

① 联图的定义见本书 3.3 节。

续表

	m=1	m=2	m=3	m=4	m=5	m=6	m=7	m=8	m=9	m=10	$t_{11}(G)$ 值域对应数量
n=9	$\frac{1}{9}$	$\frac{2}{9}$									2
n=10	$\frac{1}{10}$										1

由表可知，$\left|t_{11}(G)\right| = 1+5+6+4+5+2+4+2+2+1 = 32$。

但对一般的 p，$\left|t_p(G)\right|$ 还没有统一的计算公式。本书将其总结为问题 8.1，感兴趣的读者可自行尝试解决。

问题 8.1　当 $p \geqslant 2$ 时，试给出求 $\left|t_p(G)\right|$ 的计算公式。

2. 关于 $t(G)$ 的计算问题

设 G 是一个非平凡的 p 阶连通图，若存在 $S^* \in C(G)$，S^* 满足

$$t(G) = \frac{\left|S^*\right|}{\omega(G - S^*)} \tag{8.34}$$

则称 S^* 为 G 的**坚韧度顶点集**，简称**坚韧集**。显然，给定一个连通图 G，$t(G)$ 便唯一确定，但**坚韧集**却不一定唯一。例如，图 8.3 所示的图 G 中 $t(G) = \frac{1}{4}$，但坚韧集共有 4 个，即 $S^* = \{x_1\}$、$S^* = \{x_2\}$、$S^* = \{x_3\}$、$S^* = \{x_2, x_3\}$。

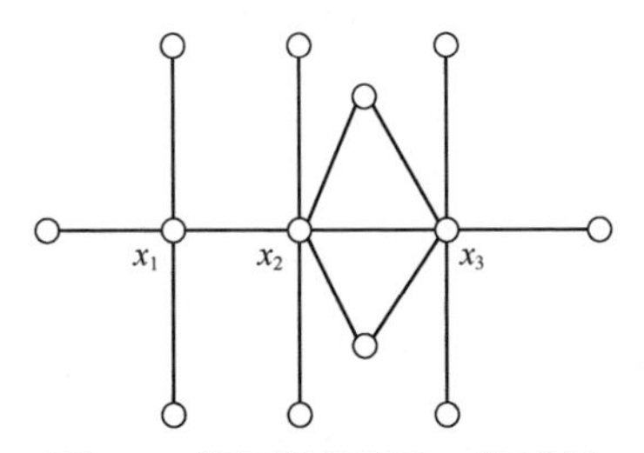

图 8.3　坚韧集的不唯一性示例

坚韧集概念的建立，可以勾画出求解 $t(G)$ 的基本思想：求解 $t(G)$ **的关键是求坚韧集** S^*。那么，如何求坚韧集 S^* 呢？最原始的方法就是将 $C(G)$ 中的每一个 S 代入

$$\frac{|S|}{\omega(G - S)} \tag{8.35}$$

之中一一进行计算，然后在所得值中取最小者，即为 $t(G)$。这种方法显然是

不可取的，但目前尚无较好的方法。对于一些特殊的图类，人们研究出了 $t(G)$ 的计算公式[40]。

定理 8.25 设 T 是一棵 $p(p \geqslant 2)$ 阶树，Δ 表示 T 的最大度数，则有

$$t(T)=\frac{1}{\Delta} \tag{8.36}$$

证明 为不失一般性，假设 T 有 2 个度数为 Δ 的顶点 v_1 和 v_2，则 v_1 与 v_2 有相邻和不相邻两种情况。对于相邻的情况，若取 $S=\{v_1, v_2\}$、$S^*=\{v_1\}(\text{或}\{v_2\})$，则 $\omega(G-S_1)=2\Delta-1$、$\omega(G-S_1^*)=\Delta$，故有

$$\frac{|S_1|}{\omega(G-S_1)}=\frac{2}{2\Delta-1}>\frac{1}{\Delta}=\frac{|S_1^*|}{\omega(G-S_1^*)}$$

若 v_1 与 v_2 不相邻，则 $\omega(G-S_1)=2\Delta$，故有

$$\frac{|S_1|}{\omega(G-S_1)}=\frac{2}{2\Delta}=\frac{1}{\Delta}=\frac{|S_1^*|}{\omega(G-S_1^*)}$$

若 v_1 是最大度顶点，而 $d(v_2)=d<\Delta$，则对 v_1 与 v_2 不相邻的情况取 $S=\{v_1, v_2\}$，有

$$\frac{|S_1|}{\omega(G-S_1)}=\frac{2}{\Delta+d}>\frac{2}{2\Delta}=\frac{1}{\Delta}$$

本定理获证。

根据定理 8.25，容易得到推论 8.3。

推论 8.3 对 p 阶路 $P_p(p \geqslant 3)$ 和 p 阶星图 $K_{1,p-1}$，有

$$t(P_p)=\frac{1}{2} \tag{8.37}$$

$$t(K_{1,p-1})=\frac{1}{p-1} \tag{8.38}$$

定理 8.26 设 C_p 表示 $p(p \geqslant 4)$ 阶圈，K_p 是 p 阶完全图，$K_{p_1,p_2,\cdots,p_n}$ 表示独立集，分别为 $p_1,p_2,\cdots,p_n$ 的完全 n-部图（$n \geqslant 2$），则有

$$t(C_p)=1 \tag{8.39}$$

$$t(K_p)=p-1 \tag{8.40}$$

$$t(K_{p_1,p_2,\cdots,p_n})=\sum_{i \to i_0}\frac{p_i}{p_{i_0}} \tag{8.41}$$

其中，$p_{i_0}=\max\{p_i; i=1,2,\cdots,n\}$。

这个定理很容易证明，故略。

定理 8.27 若 G_1、G_2 表示两个非平凡的连通图，则 G_1 与 G_2 的联图

G_1+G_2 的坚韧度为

$$t(G_2+G_1)=\min_{S_i\in C(G_i)}\left\{\frac{|S_i|+p_2}{\omega(G_1-S_1)},\frac{|S_1|+p_1}{\omega(G_2-S_2)}\right\} \tag{8.42}$$

其中，$p_i=|V(G_i)|(i=1,2)$。

证明　设 S^* 是 G_1+G_2 的坚韧集，则 $S^*\supset V_1$ 或 $S^*\supset V_2$ 必有且仅有一个成立。若 $S^*\supset V_2$，则 $S^*-V_2\in C(G_1)$［G_1 不是完全图，否则 G_1 与 G_2 都是完全图，式（8.42）显然成立］。令 $S_t=S^*-V_2$，则有

$$t(G_2+G_1)=\frac{|S^*|}{\omega(G_1+G_2-S^*)}$$

$$t(G_1+G_2)=\frac{|S_1|+p_2}{\omega(G_1-S_1)} \tag{8.43}$$

同理，若 $S^*\supset V_1$，则有

$$t(G_1+G_2)=\frac{|S_2|+p_1}{\omega(G_2-S_2)}\quad S_2\in C(G_2) \tag{8.44}$$

综合式（8.43）与式（8.44），本定理获证。

推论 8.4　若 G_i（$i=1,2,\cdots,n,\ n\geqslant 2$）是非平凡的连通图，则有

$$t(G_1+G_2+\cdots+G_n)=\min_{S_i\in C(G_i)}\left\{\frac{|S_i|+\sum_{j\neq i}p_j}{\omega(G_i-S_i)}\right\} \tag{8.45}$$

其中，$p_j=|V(G_j)|(j=1,2,\cdots,n)$。

文献[40]中还给出了其他一些类型图的坚韧度计算公式，如极大平面、外平面图等，本书不再赘述，有兴趣的读者可参阅文献。

3. 坚韧度意义下的极值理论

文献[41]主要研究了坚韧度意义下的极值问题。文献[42]给出了 $t(G)=t$ 及 $|V(G)|=p$ 条件下连通图可能具有的最大边数、最小边数及相应的构造问题。文献[43]解决了在顶点数 p 及边数 q 给定条件下，图可能具有的最大坚韧度、最小坚韧度及相应图的构造问题。

定理 8.28 的证明思想与定理 4.1 有相同之处，为了使证明具有完整性，这里仍给出较详细的证明过程。

定理 8.28　具有 p 个顶点，且坚韧度为 $t=\dfrac{n}{m}$ 的连通图 G 可能具有的最大边数为

$$\max|E(G)|=\begin{cases}\binom{p-m+1}{2}+n(m-1) & 2b-a\geqslant 1\\ \binom{p-am+1}{2}+an(am-1) & 2b-a<1\end{cases} \qquad (8.46)$$

其中，

$$a=\left[\frac{p}{m+n}\right],\ \ b=\frac{1}{2m}+\frac{p}{m+2n} \qquad (8.47)$$

证明 设 S^* 是 p 阶连通图 G 的坚韧集，即有

$$t=\frac{|S^*|}{\omega(G-S^*)}$$

令 $G-S^*$ 的连通分支为 $G_1,G_2,\cdots,G_l$，$|G_i|=p_i\geqslant 1$（$i=1,2,\cdots,l$），$|S^*|=x\geqslant 1$，则有

$$p_1+p_2+\cdots+p_l+x=p \qquad (8.48)$$

$$t=\frac{x}{l} \qquad (8.49)$$

欲使 $|E(G)|$ 最大，则应使：

（1）$G[S^*]$ 为完全图；

（2）G_i 为完全图（$i=1,2,\cdots,l$）；

（3）S^* 为每个顶点与 G_i 中的每个顶点相连边。

令 $f(p_1,p_2,\cdots,p_l,x)$ 表示满足上述 3 个条件的图的边数，则有

$$\begin{aligned}f(p_1,p_2,\cdots,p_l,x)&=\sum_{i=1}^{l}\binom{p_i}{2}+\binom{x}{2}+x\cdot\sum_{i=1}^{l}p_i\\&=\frac{1}{2}\sum_{i=1}^{l}p_i^2-\frac{1}{2}\sum_{i=1}^{l}p_i+\binom{x}{2}+x\cdot\sum_{i=1}^{l}p_i\\&=\frac{1}{2}\left(\sum_{i=1}^{l}p_i\right)^2+\left(x-\frac{1}{2}\right)\sum_{i=1}^{l}p_i+\binom{x}{2}-\sum_{1\leqslant i\leqslant j\leqslant l}p_ip_j\end{aligned}$$

再由式（8.48）可得

$$f(p_1,p_2,\cdots,p_l,x)=\frac{1}{2}(p-x)^2+\left(x-\frac{1}{2}\right)(p-x)+\binom{x}{2}-\sum_{1\leqslant i\leqslant j\leqslant l}p_ip_j \qquad (8.50)$$

欲使 f 最大，只要求 $\Sigma_{1\leqslant i\leqslant j\leqslant l}p_ip_j$ 最小就可以了。注意到 $l\leqslant p_i\leqslant p-x-(l-1)$，这样便形成一个二次规划问题：

$$\min\sum_{1\leqslant i\leqslant j\leqslant l}p_ip_j \qquad (8.51)$$

$$\text{s.t.}\begin{cases}1\leqslant p_i\leqslant p-x-l+1\\ i=1,2,\cdots,l\\ p_i\text{是正整数}\end{cases} \tag{8.52}$$

接下来，解决此二次规划问题。当 $p_1=p_2=\cdots=p_{l=1}=1$、$p_i=p-x-l+1$ 时，$\Sigma_{1\leqslant i\leqslant j\leqslant l}p_ip_j$ 达到最小值，将这些值代入 f 得

$$\begin{aligned}&f(1,1,\cdots,1,p-x-l+1,x)\equiv f(x)\\&=\binom{p-x-l+1}{2}+\binom{x}{2}+x\cdot(p-x)\end{aligned}$$

由式（8.49）有 $l=\dfrac{x}{t}=\dfrac{mx}{n}$，代入 $f(x)$ 得

$$\begin{aligned}f(x)&=\binom{p-x-\frac{mx}{n}+1}{2}+\binom{x}{2}+x\cdot(p-x)\\&=\frac{1}{2}\left(p-x-\frac{m}{n}x+1\right)\left(p-x-\frac{m}{n}x\right)+\frac{1}{2}x(x-1)+x(p-x)\\&=\frac{1}{2}\left\{p^2-2p\left(1+\frac{m}{n}\right)x-x+x^2+\left(1+\frac{m}{n}\right)^2x^2+p\right\}+x(p-x)\\&=\frac{1}{2}\left\{p^2-2p\left(1+\frac{m}{n}\right)x-\left(1+\frac{m}{n}\right)x-x+x^2+\left(1+\frac{m}{n}\right)^2x^2+p\right\}+x(p-x)\\&=\frac{1}{2}\left\{\left(\frac{2m}{n}+\frac{m^2}{n^2}\right)x^2-\left[\frac{m(2p+1)}{n}+2\right]x+p(p+1)\right\}\end{aligned}$$

由 $t=\dfrac{n}{m}$ 易知，x 的取值必须是 n 的倍数，故令

$$x=yn \tag{8.53}$$

显然，有 $y\geqslant1$。又由 $p_i=p-x-l+1=p-x-\dfrac{mx}{n}+1=p-yn-ym+1\geqslant1$，可得 $y(n+m)\leqslant p$。注意到 y 为正整数，因此有 $y\leqslant\left[\dfrac{p}{n+m}\right]$。于是，求 $f(x)$ 最大值的问题转化为求下列 $g(y)$ 函数极值的问题：

$$\max g(y)=\frac{1}{2}\left\{(m^2+2mn)y^2-\left[(2p+1)m+2n\right]y+p(p+1)\right\} \tag{8.54}$$

$$\text{s.t.}\begin{cases}1\leqslant y\leqslant\left[\dfrac{p}{n+m}\right]\equiv a\\ y\text{取正整数}\end{cases}\tag{8.55}$$

现视 y 为实数变量，则可对 $g(y)$ 关于 y 求导数，并令

$$g(y)=(m^2+2mn)y-\frac{1}{2}[(2p+1)m+2n]=0$$

得

$$y=\frac{1}{2m}+\frac{p}{m+2n}\equiv b\tag{8.56}$$

$g(y)$ 是一个开口向上的抛物线，其对称轴由式（8.56）给出，故对式（8.54）进行求解。当 $b\geqslant(1+a)/2$（即 $2b-a\geqslant1$）时，$g(x)$ 的最大值为 $y=1$，将其代入式（8.54）可得

$$\begin{aligned}\max|E(G)|&=g(1)\\&=\frac{1}{2}\left\{(m^2+2mn)-((2p+1)m+2n)+p(p+1)\right\}\\&=\frac{1}{2}\left\{p^2+m^2-m+p-2pm\right\}+n(m-1)\\&=\frac{1}{2}\left\{(p-m)^2+(p-m)\right\}+n(m-1)\\&=\binom{p-m+1}{2}+n(m-1)\end{aligned}$$

当 $b<(1+a)/2$（即 $2b-a<1$）时，$g(x)$ 的最大值为 $y=a$，将其代入式（8.54）可得

$$\begin{aligned}\max|E(G)|&=g(a)\\&=\frac{1}{2}\left\{m^2a^2+2mna^2-2pma-ma-2na+p^2+p\right\}\\&=\frac{1}{2}\left\{\left((ma)^2-2pma+p^2\right)+(p-ma)\right\}+an(am-1)\\&=\binom{p-am+1}{2}+an(am-1)\end{aligned}$$

定理 8.28 获证。

由式（8.46）及定理 8.28 的证明过程，可得到具有 p 个顶点、坚韧度 $t(G)=\dfrac{n}{m}$ 且具有最大边数的图的结构。这类图的构造方法与步骤如下。

（1）由式（8.47）计算 a、b 的值，并判定不等式 $2b-a\geqslant1$ 和 $2b-a<1$ 中的

哪一个成立。

（2）若 $2b-a\geqslant 1$，构造步骤如下：

步骤 1，构造完全图 K_{p-m+1}；

步骤 2，在 K_{p-m+1} 之外增加 $m-1$ 个孤立顶点，并让这 $m-1$ 个孤立顶点的每一个顶点分别与 K_{p-m+1} 中指定的 n 个顶点相连边。

（3）若 $2b-a<1$，构造步骤如下：

步骤 1，构造完全图 K_{p-am+1}；

步骤 2，在 K_{p-am+1} 之外增加 $am-1$ 个孤立顶点，并让这 $am-1$ 个顶点中的每一个顶点分别与 K_{p-am+1} 中指定的 an 个顶点相连边。

注 从定理 8.28 的证明过程很容易看出，当 $2b-a=1$ 时，用上述两种方法构造均可。

例 8.2 试分别构造出满足下列要求的图：

（1）$t=\dfrac{3}{2}$、$p=10$ 时边数最大的图；

（2）$t=\dfrac{3}{2}$、$p=11$ 时边数最大的图；

（3）$t=\dfrac{5}{2}$、$p=14$ 时边数最大的图。

解

（1）由 $t=\dfrac{3}{2}$、$p=10$ 知，$m=2$、$n=3$，故由式（8.47）得

$$a=\left[\frac{10}{2+3}\right]=2,\quad b=\frac{1}{2\times 2}+\frac{10}{2+2\times 3}=\frac{3}{2}$$

所以 $2b-a=1$，采用两种构造方法均可。用这两种构造方法得到的图分别如图 8.4(a)(b)所示，其最大边数可由式(8.46)得到，即 $\max|E(G)|=39$。

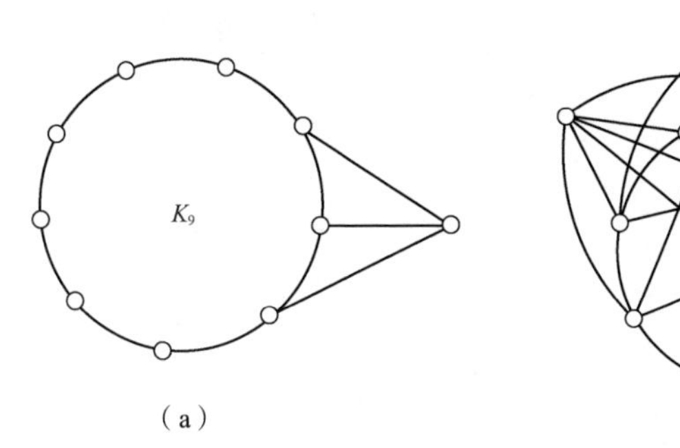

（a） （b）

图 8.4 例 8.2 图（一）

（2）由 $t=\dfrac{3}{2}$、$p=11$ 知，$m=2$、$n=3$，故由式（8.47）得

$$a=\left[\frac{11}{2+3}\right]=2,\quad b=\frac{1}{2\times 2}+\frac{11}{2+2\times 3}=\frac{13}{8}$$

所以 $2b-a>1$，只能采用第一种构造方法，所得的图如图 8.5 所示。

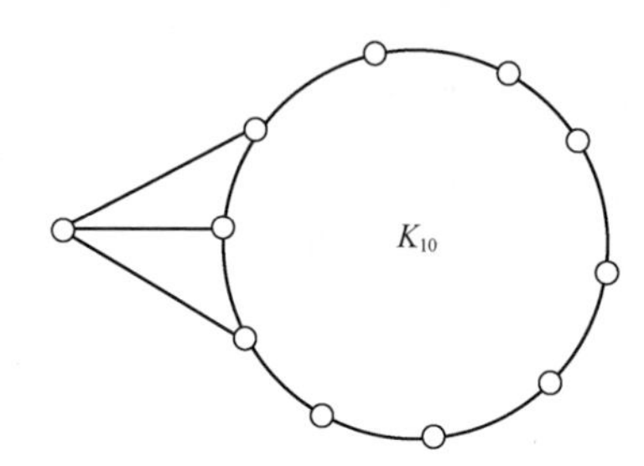

图 8.5　例 8.2 图（二）

（3）由 $t=\dfrac{5}{2}$、$p=14$ 知，$m=2$、$n=5$，故由式（8.47）得

$$a=\left[\frac{15}{2+5}\right]=2,\quad b=\frac{1}{2\times 2}+\frac{14}{2+2\times 5}=\frac{17}{12}$$

所以 $2b-a=\dfrac{34}{12}-2=\dfrac{5}{6}\leqslant 1$，只能采用第二种构造方法，所得的图如图 8.6 所示。

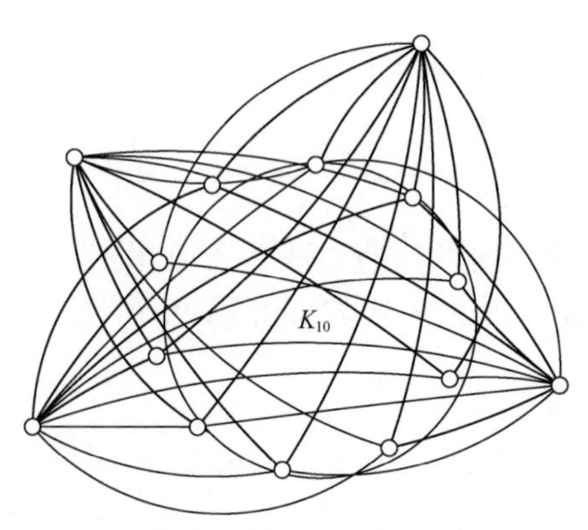

图 8.6　例 8.2 图（三）

4. 坚韧度与图的哈密尔顿性

下面主要介绍 1992 年以前人们在图的坚韧度方面的主要工作。这些工作实质上是围绕图的哈密尔顿性展开的。

重申：一个连通图 G 称为 t-坚韧的，如果对于 $\varnothing \neq S \in C(G)$，均有

$$\omega(G-S) \leqslant \frac{|S|}{t}$$

1971 年，Chvatal Erdos 提出了猜想 8.1（见文献[44]的附录 IV 中尚未解决的问题 21）。

猜想 8.1　若 G 是 2-坚韧的，则 G 是哈密尔顿图；若 G 是 $\frac{3}{2}$-坚韧的，则 G 有 2-因子。

1979 年，A. Bigalke 等人总结出定理 8.29。

定理 8.29[45]　若 G 是 $p \geqslant 3$、$\delta(G) \geqslant \max\left\{\frac{p}{3}, \alpha(G)-1\right\}$ 的 1-坚韧图，则 G 是哈密尔顿图。

定理 8.30[46]　若 G 是 $p \geqslant 3$ 的 1-坚韧图且 $\sigma_3 \geqslant p$，则有

$$c(G) \geqslant \min\left\{p, p+\frac{\sigma_3}{3}-\alpha(G)\right\} \tag{8.57}$$

其中，$\sigma_3(G) = \min\{d(u)+d(v)+d(w):\{u,v,w\}\text{是}G\text{中一个独立集}\}$，$c(G)$ 是 G 的周长。

由定理 8.30 可得到一个直接推论：若 G 是 $p \geqslant 3$ 且 $\delta(G) \geqslant \frac{1}{3}p$ 的 1-坚韧图，则有

$$c(G) \geqslant \min\{p, p+\delta-\alpha\} \tag{8.58}$$

相比之下，文献[47]中的结论更优，见定理 8.31 和定理 8.32。

定理 8.31[48]　若 G 是 $p \geqslant 3$ 且 $\delta(G) \geqslant \frac{1}{3}p$ 的 1-坚韧图，则有

$$c(G) \geqslant \min\{p, p+\delta-\alpha+1\} \tag{8.59}$$

1991 年，田丰总结出定理 8.32[48]。

定理 8.32　若 G 是阶 $p \geqslant 3$ 、$\sigma_3 \geqslant p$ 的 1-坚韧图，则有

$$c(G) \geqslant \min\left\{p, p+\frac{\sigma_3}{3}-\alpha+1\right\}$$

截至本书成稿之日，这个结论仍是该领域内最好的。

定理 8.33　如果 G 是 1-坚韧的，则要么 G 是哈密尔顿图，要么它们的补图 $\overline{G}$ 包含如图 8.7 所示的子图。

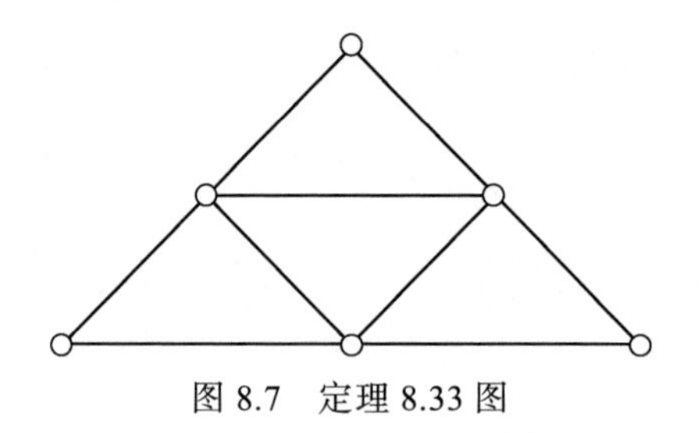

图 8.7　定理 8.33 图

8.3.3　边-坚韧度

本书 8.3.1 节已介绍了连通图 G 的边-坚韧度 $t_1(G)$ 的定义，并简述了它的应用背景及进展。本小节介绍边-坚韧度的几个重要结论，这些结论均属于 Y. H. Peng 等人[35,36]。

定理 8.34　设 G 是 p 阶的、边连通度 $\lambda(G)=\lambda$ 的连通图，则有

$$\frac{p\lambda}{2(p-1)} \leqslant t_1(G) \leqslant \lambda \tag{8.60}$$

定理 8.35　给定任意两个整数 r、s，且满足 $\frac{r}{2}<s\leqslant r$，则存在一个图 G，使得 $\lambda(G)=r$、$t_1(G)=s$。

定理 8.36　若 G 是一个完全的 n-部图，$|V(G)|=p$、$|E(G)|=q$，则有

$$t_1(G)=\frac{q}{p-1} \tag{8.61}$$

若 G 是一棵 k-树[①]，$|V(G)|=p$、$|E(G)|=q$，则有

$$t_1(G)=\frac{q}{p-1} \tag{8.62}$$

定理 8.37　设 G 是一个阶为 p 的具有性质 Q 的边最大可能的连通图，如果 $|E(G)|=ap+b$，则 $t_1(G)=(ap+b)/(p-1)$，当且仅当 $a+b\leqslant 0$。其中，性质 Q 为：图 G 的任意边割集 X 满足

$$\frac{|E(G)|}{|V(G)|-1} \leqslant \frac{|X|}{\omega(G-X)-1}$$

定理 8.38　设 G 是一个 p 阶的边连通度为 λ 的图，则 $t_1(G)=\frac{p\lambda}{2(p-1)}$，且仅当 G 是 λ-正则的。

① 设 k 是一个正整数，则 k-树按下述递归方法定义：最小的 k-树是 K_k，$n+1$ 个顶点的 k-树（$n\geqslant k$）是通过对 n 个顶点的 k-树增加一个新的顶点 u，令 u 与其中任意 K_k 子图的 k 个顶点相连边得到。

定义图 G_1 与图 G_2 的**积**（记作 $G_1 \times G_2$）为 $V(G_1 \times G_2)=\{(u,v):u \in V(G_1), v \in V(G_2)\}$，对于 $V(G_1 \times G_2)$ 中的任意两个顶点 (u_1,u_2) 和 (v_1,v_2)，当 $u_1=v_1$ 且 u_2 与 v_2 相邻，或 $u_2=v_2$ 且 u_1 与 v_1 相邻时，(u_1,u_2) 与 (v_1,v_2) 在 $G_1 \times G_2$ 中相邻。

定理 8.39　设连通图 G_1、G_2 分别为 p_1 阶、p_2 阶，$q_i=|E(G_i)|$、$\lambda=\lambda(G_i)$（$i=1,2$），如果 G_i 是 λ_i-正则的，则有

$$t_1(G_1 \times G_2)=\frac{q_1p_2+q_2p_1}{p_1p_2-1}$$

$$t_1(K_n \times C_m)=[nm(n+1)]/[2(nm-1)]$$

$$t_1(K_n \times K_m)=[nm(n+m-2)]/[2(nm-1)]$$

$$t_1(C_n \times C_m)=(2nm)/(nm-1)$$

8.4　核度与连通度约束条件下的极值图

本节主要介绍在图的核度与连通度已知的条件下，具有 p 个顶点的连通图 G 可能具有的最大边数、最小边数及相应图的构造方法和步骤。

8.4.1　$h(G)$、$\kappa(G)$ 及 $|V(G)|=p$ 给定条件下的最大边数图

首先考虑具有 p 个顶点（$p \geqslant 3$）、核度 $h(G)=h$、连通度 $\kappa(G)=k$ 及核值 $|S^*|=a$ 时连通图 G 可能具有的最大边数。由 $h=h(G)=\omega(G-S^*)-|S^*|=\omega(G-S^*)-a$ 可得

$$\omega(G-S^*)=h+a \tag{8.63}$$

令 $G-S^*$ 的 $h+a$ 个连通分支分别为 $G_1,G_2,\cdots,G_{h+a}$，$|V(G_i)|=p_i$（$i=1,2,\cdots,h+a$），并令 $S \in c(G)$，S 满足 $|S|=\kappa(G)$，则 S 和 S^* 有以下 3 种关系：

（1）$S \subseteq S^*$[因 $S^* \in S^*(G) \subseteq C(G)$]；

（2）$S \cap S^*=\varnothing$（空集）；

（3）$S \cap S^* \neq \varnothing$，$S \subseteq S^*$。

下面分别介绍这 3 种关系。

1.　$S \subseteq S^*$

欲使 $|E(G)|$ 最大，应使 $G[S^*]$ 和 G_i（$1 \leqslant i \leqslant h+a$）均为完全图，且由于 $S \subseteq S^*$，故 S 与 $G_1,G_2,\cdots,G_{h+a}$ 中相邻的越小，$|E(G)|$ 越大。为不失一般性，设

仅有 G_i 中每个顶点与 S 中每个顶点相连边，而 G_i（$2\leqslant i\leqslant h+a$）与 S^* 中每个顶点相连边。显然，G_i 中的顶点越少，$|E(G)|$越大，因此，可令 $|V(G_1)|=1$。

基于上述使 $|E(G)|$ 最大的条件，用 $f(p_1,p_2,\cdots,p_{h+a})$ 表示这种网络图可具有的最大边数，则有

$$\begin{aligned}f(p_1,p_2,\cdots,p_{h+a}) &=\binom{a}{2}+\sum_{i=1}^{h+a}\binom{p_i}{2}+1\cdot k+a\sum_{i=1}^{h+a}p_i\\&=\binom{a}{2}+\frac{1}{2}\sum_{i=1}^{h+a}p_i^{\,2}-\frac{1}{2}\sum_{i=1}^{h+a}p_i+a\sum_{i=1}^{h+a}p_i-a+k\\&=\frac{1}{2}\left(\sum_{i=1}^{h+a}p_i\right)^2+\left(a-\frac{1}{2}\right)\sum_{i=1}^{h+a}p_i+\binom{a}{2}-a+k-\sum_{1\leqslant i<j\leqslant h+a}p_ip_j\end{aligned}$$

由于

$$\sum_{i=1}^{h+a}p_i+a=p \tag{8.64}$$

故有

$$f(p_1,p_2,\cdots,p_{h+a})=\frac{1}{2}(p-a)^2+\left(a-\frac{1}{2}\right)(p-a)+\binom{a}{2}-a+k-\sum_{1\leqslant i<j\leqslant h+a}p_ip_j$$

欲使 f 最大，只要 $\Sigma_{1\leqslant i<j\leqslant h+a}p_ip_j$ 的值最小即可。注意到

$$1\leqslant p_i\leqslant p-a-(h+a-1)\ (i=2,\cdots,h+a) \tag{8.65}$$

由此，可归纳为一个二次规划问题：

$$\min\sum_{1\leqslant i<j\leqslant h+a}p_ip_j \tag{8.66}$$

$$\text{s.t.}\begin{cases}1\leqslant p_i\leqslant p-2ah+1\\ i=1,2,\cdots,h+a\\ p_i\text{是正整数}\end{cases}$$

接下来，求解该二次规划问题。当 $p_2=p_3=\cdots=p_{h+a-1}=1$、$p_{h+a}=p-2a-h+1$ 时，$\Sigma_{1\leqslant i<j\leqslant h+a}p_ip_j$ 达到最小值，将此值代入 f 可得

$$f(1,1,\cdots,1,p-2a-h+1)=\binom{p-2a-h+1}{2}+\binom{a}{2}+a(p-a)+(k-a) \tag{8.67}$$

2. $S\cap S^*=\varnothing$

首先，S 中的元素不可能属于两个或两个以上的连通分支。这是因为，欲使 $|E(G)|$ 最大，需使 $G[S^*]$、G_i（$i=1,2,\cdots,h+a$）均为完全图。若 S 中的元素属于两个不同的分支，$G-S$ 将仍然是连通的，与 $S\in C(G)$ 矛盾。

为不失一般性，可令 $S\in V(G_{h+a})$，则 S^* 中的每个元素只能与 S 中的每个元素相连边，而不能与 $V(G_{h+a})-S$ 中的元素相连边。然后，让 G_i（$1\leqslant i\leqslant h+a-1$）中的每个顶点与 S^* 中的每个顶点相连边，则有

$$\begin{aligned}|E(G)|&=\binom{a}{2}+\sum_{i=1}^{h+a}\binom{p_i}{2}+\sum_{i=1}^{h+a-1}p_t a+ka\\&=f_1(p_1,p_2,\cdots,p_{h+a})\end{aligned}$$

由于

$$\begin{aligned}f-f_1&=\left\{\binom{a}{2}+\sum_{i=1}^{h+a}\binom{p_i}{2}+(k-a)+a\sum_{i=1}^{h+a}p_i\right\}-\left\{\binom{a}{2}+\sum_{i=1}^{h+a}\binom{p_i}{2}+a\sum_{i=1}^{h+a}p_i-p_{h+a}a+ka\right\}\\&=(k-a)+p_{h+a}a-ka\end{aligned}$$

注意到 $S\in V(G_{h+a})$ 且 $S\in C(G)$ 当且仅当 $p_{h+a}\geqslant k+1$，从而恒有 $f-f_1\geqslant k-a+ka+a-ka=k>0$，即 $f>f_1$，故这种关系可忽略。

3. $S\cap S^*\neq\varnothing, S\subseteq S^*$

为不失一般性，令 $S=\{v_1,v_2,\cdots,v_t,v_{t+1},\cdots,v_k\}$（$1\leqslant t\leqslant k$）、$S_1=\{v_1,\cdots,v_t\}\in S^*$、$S_2=\{v_{t+1},\cdots,v_k\}$ 属于 $G_1,G_2,\cdots,G_{h+a}$ 的分支，与对第 2 种关系的证明相同，知 $v_{r+1},\cdots,v_t$ 仅属于其中一个分支，可令 $S_2\subseteq V(G_{h+a})$。

欲使 $|E(G)|$ 最大，需使 S_1 中的每个顶点与 $V(G_{h+a})$ 中每个顶点相连边，S_2 中的每个顶点与 S^* 中的每个顶点相连边，$G[S^*]$、G_i（$i=1,2,\cdots,h+a-1$）的每个顶点与 S^* 中的每个顶点相连边，则有

$$\begin{aligned}|E(G)|&=\binom{a}{2}+\sum_{i=1}^{h+a}\binom{p_i}{2}+a\sum_{i=1}^{h+a-1}p_i+tp_{h+a}+(k-t)a-t(k-t)\\&\equiv f_2(p_1,p_2,\cdots,p_{h+a})\end{aligned}$$

由于

$$\begin{aligned}f-f_2=&\left\{\binom{a}{2}+\sum_{i=1}^{h+a}\binom{p_i}{2}+a\sum_{i=1}^{h+a}p_i+(k-a)\right\}\\&-\left\{\binom{a}{2}+\sum_{i=1}^{h+a}\binom{p_i}{2}+a\sum_{i=1}^{h+a}p_i+tp_{h+a}-p_{h+a}a+(k-t)a-t(k-t)\right\}\\=&(k-a)+(a-t)p_{h+a}-(k-t)a+t(k-t)\end{aligned}$$

注意到 $S\in C(G)$ 当且仅当 $p_{h+a}\geqslant(k-t)+1$，故有 $f-f_1\geqslant(k-a)+(a-t)(k-t)+(a-t)-(k-t)(a-t)=k-t>0$，即 $f>f_2$，所以这种关系也应忽略。

定理 8.40　核度为 h、连通度为 k、核值 $|S^*|=a$ 的 p 阶连通图 G 可能具

有的最大边数为

$$\max|E(G)|=\binom{p-2a-h+1}{2}+\binom{a}{2}+a(p-a)+(k-a) \quad (8.68)$$

下面，讨论核度 h 及连通度为 k 的 p 阶连通图可能具有的最大边数。为此，在式（8.68）中用 x 代替 a，并令

$$f(x)=\binom{p-2x-h+1}{2}+\binom{x}{2}+x(p-x)+k-x \quad (8.69)$$

视 x 为实数，对 x 求导，并令其为 0，有

$$f(x)=3x-\left(p-2h+\frac{5}{2}\right)=0$$

解得

$$x=\frac{1}{6}(2p-4h+5) \quad (8.70)$$

显然，$f(x)$ 是一个开口向上的抛物线，其对称轴由式（8.70）给出。f 的大小与 x 的取值范围有关。下面分 3 种情况进行介绍。

1. $h=-(p-2)$

这时只有 $G\cong K_p$，故有 $\max|E(G)|=\binom{p}{2}$。

2. $-(p-4)\leqslant h\leqslant 0$

对这种情况，由于必有 $\omega(G-S^*)\geqslant 2$，并由此可以证明 $x\geqslant 2-h$。若不然，假设 $x<-h$，则由 $h=\omega(G-S^*)-x>2-2+h=h$ 可知矛盾。又显然 $p_{h+a}=p_{h+x}=p-2x-h+1\geqslant 1$，得 $x\leqslant\left[\frac{p-h}{2}\right]\equiv a$。故求解 $\max|E(G)|$ 的问题可转化为下列极值问题：

$$\max f(x)=\binom{p-2x-h+1}{2}+\binom{x}{2}+x(p-x)+k-x \quad (8.71)$$

$$\text{s.t.}\begin{cases}2-h\leqslant x\leqslant a\\ x\text{是整数}\end{cases}$$

由于

$$\begin{aligned}&\frac{1}{6}(2p-4h+5)-\frac{1}{2}\left(\left[\frac{p-h}{2}\right]+2-h\right)\\ &\geqslant\frac{1}{6}(2p-4h+5)-\frac{1}{2}\left(\frac{p-h}{2}+2-h\right)\end{aligned}$$

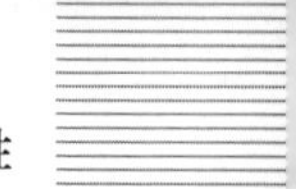

$$=\frac{1}{12}(4p-8h+10-3p+3h-12+6h)$$
$$=\frac{1}{12}[p-(2-h)]$$

由于 $p>x\geqslant 2-h$，故恒有

$$\frac{1}{6}(2p-4h+5)>\frac{1}{2}\left(\frac{p-h}{2}+2-h\right)$$

故当 $x=2-h$ 时，式（8.71）达到最大值。

另外，若 $|S|=k$、$S\in C(G)$，则 $h\geqslant \omega(G-S)-|S|\geqslant 2-k$，即

$$k\geqslant 2-h \tag{8.72}$$

再由 $x\geqslant k$ 可知，欲使 G 的边数最大，必有 $x=k$，否则由式（8.72）可得 $k<x=2-h\leqslant k$。显然，该结论是矛盾的。这就证明了当 $-(p-4)\leqslant h\leqslant 0$ 时，在 G 具有最大边数的条件下，必有

$$x=\left|S^*\right|=|S|=k=2-h \tag{8.73}$$

且最大边数为

$$\max|E(G)|=\binom{p-2(2-k)-h+1}{2}+\binom{2-h}{2}$$
$$+(2-h)(p-2+h)$$

即

$$\max|E(G)|=\binom{p-1}{2}+2-h \tag{8.74}$$

3. $1\leqslant h\leqslant p-2$

由第 2 种情况可知，x 的下界不变，仍为 $x\leqslant a$，但上界显然为 $x\geqslant 1$。因此，G 的最大边数问题可转化为下列极值问题：

$$\max f(x)=\binom{p-2x-h+1}{2}+\binom{x}{2}+x(p-x)+k-x$$
$$\text{s.t.}\begin{cases}1\leqslant x\leqslant\left[\dfrac{p-h}{2}\right]=a\\ x\text{取整数}\end{cases}$$

基于 $f(x)$ 的对称轴[即式（8.70）]，又因 $f(x)$ 是开口向上的抛物线，故当

$$\frac{1}{6}(2p-4h+5)-\frac{1}{2}(1+a)\geqslant 0$$

即 $2p-4h+2\geqslant 3a$ 时，$f(x)$ 在 $x=1$ 处达到最大值。又因为 $k\geqslant 1$、$k\leqslant x=1$，

故有 $k=1$，这时的最大值为

$$\max|E(G)|=f(1)=\binom{p-h-3}{2}+p-1$$

即

$$\max|E(G)|=\binom{p-h}{2}+h \tag{8.75}$$

当 $2p-4h+2<3a$ 时，$f(x)$ 在 $x=a$ 处达到最大值，且最大值为

$$\max|E(G)|=f(a)=\binom{p-2a+h+1}{2}+\binom{a}{2}+a(p-a)+k-a$$

即

$$\max|E(G)|=f(a)=\binom{p-2a-h+1}{2}+\frac{1}{2}a(2p-a-3)+k \tag{8.76}$$

至此，可得到定理 8.41。

定理 8.41 核度为 h、连通度为 k 的 p（$p\geqslant 3$）阶连通图 G 可能具有的最大边数如下。

（1）$h=-(p-2)$ 时，最大边数为

$$\max|E(G)|=\binom{p}{2}$$

（2）$-(p-4)\leqslant h\leqslant 0$ 时，最大边数为

$$\max|E(G)|=\binom{p-1}{2}+2-h$$

（3）$1\leqslant h\leqslant p-2$ 时，最大边数为

$$\max|E(G)|=\begin{cases}\binom{p-h}{2}+h & 2p-4h+2\geqslant 3a\\ \binom{p-2a-h+1}{2}+\frac{1}{2}a(2p-a-3)+k & 2p-4h+2<3a\end{cases}$$

这类图的构造方法在证明过程中已给出，故略。

8.4.2 $h(G)$、$\kappa(G)$ 及 $|V(G)|=p$ 给定条件下的最小边数图

本小节介绍在核度 $h(G)=h$、连通度 $\kappa(G)=k$ 及 $|V(G)|=p$ 已知时，图 G 可能具有的最小边数及相应图的构造方法。

定理 8.42 核度为 h、连通度为 k 的 p（$p\geqslant 3$）阶连通图 G 可能具有的最

小边数如下。

（1）$k=1$、$1\leqslant h\leqslant p-2$ 时，最小边数为

$$\min|E(G)|=p-1 \tag{8.77}$$

（2）$k\geqslant 2$、$1\leqslant h\leqslant p-2$ 时，最小边数为

$$\min|E(G)|=\left\{\frac{k(p+h)}{2}\right\} \tag{8.78}$$

（3）$k\geqslant 2$、$-(p-4)\leqslant h\leqslant 0$ 时，最小边数为

$$\min|E(G)|=\left\{\frac{1}{2}pk\right\} \tag{8.79}$$

其中，$\{x\}$ 表示大于等于实数 x 的最小整数。

证明　$k=1$、$1\leqslant h\leqslant p-2$ 时，边数最小的图是一棵树，故式(8.77)成立。

这里需要说明的是，$k=1$ 且 $-(p-4)\leqslant h\leqslant 0$ 的图不存在。

$k\geqslant 2$、$1\leqslant h\leqslant p-2$ 时，令 S^* 为要构造的图 G 的核，并且令

$$G-S^*=G_1\cup G_2\cup\cdots\cup G_\omega \tag{8.80}$$

其中，G_i 表示 $G-S^*$ 的连通分支。ω 表示 $G-S^*$ 的连通分支数。由于 G 是 k-连通的，故有 $|S^*|\geqslant k$。接下来，分两种情况展开证明。

（1）$|S^*|=k$

对于这种情况，G 的最小度 $\delta(G)\geqslant k$，欲使 $|E(G)|$ 最小，应使：$G[S^*]$ 为 k 阶完全空图；在 G 中，S^* 与 $V(G_i)$ 中相连边应尽可能少，由于 $\kappa(G)=k$，故有 k 条边在 S^* 与 $V(G_i)$ 中相连；$V(G_i)$ 中的每个顶点在 G 中的度数应尽可能小，至多一个顶点的度数为 $k+1$，其余顶点的度数均为 k。

基于上述 3 个条件，$|E(G)|$ 的最小值应为

$$\begin{aligned}\min|E(G)|&=\left\{\frac{1}{2}((p-k)k+k\omega)\right\}\\&=\left\{\frac{1}{2}[(p-k)k+k(h+k)]\right\}\\&=\left\{\frac{k(p+h)}{2}\right\}\end{aligned}$$

如果取 $|V(G_i)|=1(1\leqslant i\leqslant\omega-1)$、$|V(G_\omega)|=p-2k-h+1$，则容易证实满足上述最小边数的 k-连通图是可以构造出来的。

（2）$|S^*|=k+r$　$(r\geqslant l)$

与 $|S^*|=k$ 时的推证类似，该情况下的最小边数应为

$$E(G)=\left\{\frac{1}{2}k(p+h)+r(h+k+r)\right\}$$

由于 $r,h\geqslant 1$，且 $k\geqslant 2$，所以该情况下构造图的边数大于 $\left|S^*\right|=k$ 时构造图的边数，从而该情况可忽略，式（8.78）获证。

$k\geqslant 2$、$-(p-4)\leqslant h\leqslant 0$ 时，由于 $\delta(G)\geqslant k$，因此有

$$\left|E(G)\right|\geqslant\left\{\frac{1}{2}pk\right\} \tag{8.81}$$

下面用构造性的方法证明存在满足 $k\geqslant 2$、$-(p-4)\leqslant h\leqslant 0$ 的网络图 G，使得

$$\left|E(G)\right|=\left\{\frac{1}{2}pk\right\} \tag{8.82}$$

令 S^* 为要构造的 G 的核，其构造方法如下。

（1）由 $\omega-\left|S^*\right|=h$、$\omega+\left|S^*\right|\leqslant p$ 可得

$$2\omega\leqslant p+h$$

$$\omega\leqslant\left[\frac{1}{2}(p+h)\right]$$

$$\left|S^*\right|\leqslant\left[\frac{1}{2}(p-h)\right]$$

故取

$$\left|S^*\right|=\left[\frac{1}{2}(p-h)\right],\quad \omega=\left[\frac{1}{2}(p+h)\right] \tag{8.83}$$

容易证明，若 $p-h$ 为偶数，则 $p+h$ 也为偶数，这时有

$$\omega+\left|S^*\right|=\frac{1}{2}(p+h)+\frac{1}{2}(p-h)=p \tag{8.84}$$

若 $p+h$ 为奇数，$p-h$ 也为奇数，这时有

$$\omega=\frac{1}{2}(p+h-1)，\quad \left|S^*\right|=\frac{1}{2}(p-h-1)$$

故有

$$\omega+\left|S^*\right|=p-1 \tag{8.85}$$

（2）构造 G 的核 S^*，取 $\left|S^*\right|=\left[\frac{1}{2}(p-h)\right]$ 个顶点作为 G 的核 S^*，当 $p-h$ 为偶数时，在 S^* 以外再增加 $\frac{1}{2}(p+h)$ 个顶点。令这 $\frac{1}{2}(p+h)$ 个顶点与 $\left|S^*\right|$ 中的顶点适当、均等地相连边，使得 S^* 以外增加的每个顶点度数均为 k，$\left|S^*\right|$ 中自然

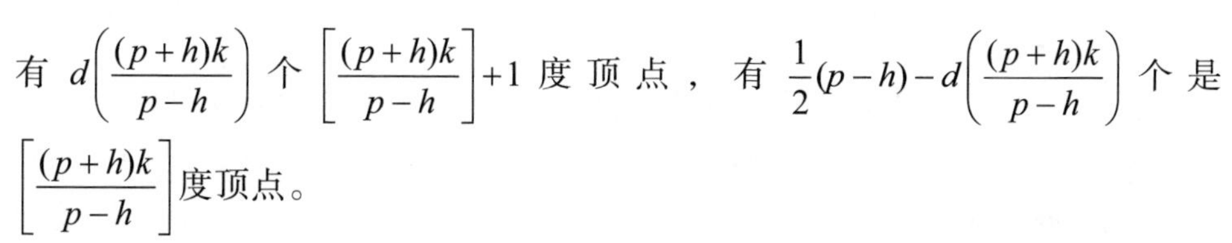

有 $d\left(\frac{(p+h)k}{p-h}\right)$ 个 $\left[\frac{(p+h)k}{p-h}\right]+1$ 度顶点，有 $\frac{1}{2}(p-h)-d\left(\frac{(p+h)k}{p-h}\right)$ 个是 $\left[\frac{(p+h)k}{p-h}\right]$ 度顶点。

（3）当 $p-h$ 为奇数时，$\left|S^*\right|=\frac{1}{2}(p-h-1)$，故取 $\left|S^*\right|$ 个顶点作为核 $\left|S^*\right|$，在 S^* 外再增加 $\frac{1}{2}(p+h+1)$ 个顶点。令这 $\frac{1}{2}(p+h+1)$ 个顶点中的两个相连边，构成 K_2 子图，再令 K_2 中的两个顶点分别与 S^* 中的 $k-1$ 个顶点适当地相连边。然后，令其余 $\frac{1}{2}(p+h-3)$ 个顶点中的每一个顶点分别与 S^* 中的 k 个顶点适当地相连边，使得 S^* 中有 $d\left(\frac{(p+h+1)k+1}{p+h-1}\right)$ 个顶点度数为 $\left[\frac{(p+h+1)k+1}{p+h-1}\right]+1$，其余顶点的度数均为 $\left[\frac{(p+h+1)k+1}{p+h}\right]$。这里，$d\left(\frac{m}{n}\right)$ 表示 m 除以 n 后所得的余数值，如 $d\left(\frac{5}{3}\right)=2$。

（4）在步骤（2）和步骤（3）的基础上，在 S^* 中适当增加边，使 S^* 中至多有一个顶点度数为 $k+1$，其余顶点的度数均为 k。

容易证明，按上述步骤构造出的 p 阶图 G 满足 $\kappa(G)=k$、$h(G)=h$。至此，本定理获证。

8.5　本章小结

本章主要讨论了在核与核度意义下图的连通性问题。首先引入核能量与核冠的概念，给出了在核与核度意义下判别图连通性的准则。接下来，介绍了图的连通度、坚韧度的研究现状以及相关概念。最后，给出了在两个刻画图的连通性参数（即核度与连通度）已知的条件下，具有 p 个顶点的连通图 G 可能具有的最大边数、最小边数及相应图的构造方法和步骤。

参考文献

[1] Bollobas B. Extremal Graph theory[M]. London: AC Academic Press,

1978: 109-111.
[2] 田丰, 马仲蕃. 图与网络流理论[M]. 北京: 科学出版社, 1987.
[3] 朱必文, 苏健基. 图的连通性研究中的若干问题[J]. 数学进展, 1987(2): 3-9.
[4] Tutte W T. A Theory of 3-connected Graphs[J]. Indag. Math, 1961, 64: 441-455.
[5] Dirac G A. Minimally 2-connected Graphs[J]. Journal Für Die Reine Und Angewandte Mathematik, 1967, 228: 204-216.
[6] Slater P J. A Classification of 4-connected Graphs[J]. Journal of Combinatorial Theory, Series B, 1974, 17(3): 281-298.
[7] Mader W. A Reduction Method for Edge-connectivity in Graphs[J]. Annals of Discrete Mathematics. Elsevier, 1978, 3(4): 145-164.
[8] 朱必文. 极小 2-棱-连通图的若干性质[J]. 数学学报, 1981(3): 436-443.
[9] Zhu B. A Construction Method for Minimally h-edge-connected Simple Graphs[J]. Annals of the New York Academy of Sciences, 1989, 576(1): 707-715.
[10] Halin R. A Theorem on *N*-connected Graphs[J]. Journal of Combinatorial Theory, 1969, 7(2): 150-154.
[11] Mader W. Über Minimal n-fach Zusammenhängende, Unendliche Graphen Und Ein Extremalproblem[J]. Archiv der Mathematik, 1972, 23(1): 553-560.
[12] Mao-Cheng C. Minimally *K*-connected Graphs of Low Order and Maximal Size[J]. Discrete Mathematics, 1982, 41(3): 229-234.
[13] Chartrand G, Kaugars A, Lick D R. Critically *N*-connected Graphs[J]. Proceedings of the American Mathematical Society, 1972, 32(1): 63-68.
[14] Nebeský L. On Induced Subgraphs of a Block[J]. Journal of Graph Theory, 1977, 1(1): 69-74.
[15] Entringer R C, Slater P J. A Theorem on Critically 3-connected Graphs[J]. Nanta Math, 1978, 11: 141-145.
[16] Hamidoune Y O. On Critically *H*-connected Simple Graphs[J]. Discrete Mathematics, 1980, 32(3): 257-262.
[17] 余景礼, 马昱. 关于临界 n-连通图的一点注记[D]. 湖北: 华中科技大学, 1984.

[18]苏健基. 临界 h 连通图中度较小的顶点[J]. 科学通报, 1984(19): 66.
[19]李永洁. 关于临界 n-棱-连通图[D]. 湖北: 华中科技大学, 1981.
[20]苏健基. 临界 n-棱-连通图的最小度[J]. 数学研究与应用, 1986, 6(1): 169-172.
[21]朱必文. 临界 2-棱-连通图[J]. 应用数学学报, 1983, 6(3): 292-301.
[22]Feng T, Cunquan Z. The Maximum Size of a Critical 2-edge-connected Graph[J]. Journal of Systems Science and Mathematical Sciences, 1983, 3(1): 55-61.
[23]Cozzens M B, Wu S S Y. On Minimum Critically N-edge-connected Graphs[J]. SIAM Journal on Algebraic Discrete Methods, 1987, 8(4): 659-669.
[24]Cozzens M B, Wu S S Y. Maximum Critical n-edge Connected Graphs[J]. Journal of graph theory, 1989, 13(5): 559-568.
[25]Mader W. Endlichkeitssätze Für k-kritische Graphen[J]. Mathematische Annalen, 1977, 229(2): 143-153.
[26]Hamidoune Y O. On Multiply Critically h-connected Graphs[J]. Journal of Combinatorial Theory, Series B, 1981, 30(1): 108-112.
[27]Entringer R C, Slater P J. A Note on k-critically n-connected Graphs[J]. Proceedings of the American Mathematical Society, 1977, 66(2): 372-375.
[28]Hamidoune Y O. On a Conjecture of Entringer and Slater[J]. Discrete Mathematics, 1982, 41(3): 323-326.
[29]Maurer S, Slater P J. On k-critical, n-connected Graphs[J]. Discrete Mathematics, 1977, 20: 255-262.
[30]Mader W. Connectivity and Edge-connectivity in Finite Graphs[C]// Surveys in Combinatorics (Proceedings of the Seventh British Combinatorial Conference). [S.l.]: Cambridge University Press, 1979, 38: 66-95.
[31]Ando K, Usami Y. Critically(k, k)-connected Graphs[J]. Discrete Mathematics, 1987, 66(1-2): 15-20.
[32]Akiyama J, Boesch F, Era H, et al. The Cohesiveness of a Point of a Graph[J]. Networks, 1981, 11(1): 65-68.
[33]朱必文, 刘峙山, 陈子岐. 关于顶点的棱-凝聚度的一个定理[J]. 内蒙古大学学报: 自然科学版, 1985(3): 8-9.

[34] Chvátal V. Tough Graphs and Hamiltonian Circuits[J]. Discrete Mathematics, 1973, 5(3): 215-228.
[35] Peng Y H, Chen C C, Koh K M. On the Edge-toughness of a Graph(I)[J]. Southeast Asian Bulletin of Mathematics, 1988, 12(2): 109-122.
[36] Peng Y H, Tay T S. On the Edge - toughness of a Graph(II)[J]. Journal of Graph Theory, 1993, 17(2): 233-246.
[37] Peng Y H, Chen C C, Koh K M. On Edge-toughness and Spanning Tree Factorization of a Graph[D]. Singapore: National University of Singapore, Department of Mathematics, 1987.
[38] Tutte W T. On the Problem of Decomposing a Graph into *n*-connected Factors[J]. Journal of the London Mathematical Society, 1961, 1(1): 221-230.
[39] Nash-Williams C S J A. Edge - disjoint Spanning Trees of Finite Graphs [J]. Journal of the London Mathematical Society, 1961, 1(1): 445-450.
[40] 许进. 论图的坚韧度(I)——基本理论[J]. 电子学报, 1996, 24(1): 23-27.
[41] 许进. 论图的坚韧度(II)[J]. 电子与信息学报, 1996(S1): 28-33.
[42] Xu J. On the Toughness of a Graph(III)[J]. J. Graph Thery(submitted).
[43] Xu J. On the Toughness of a Graph(IV)[J]. J. Graph Thery(submitted).
[44] Bondy J A, Murty U S R. Graph Theory with Applications[M]. London: Macmillan Press, 1976.
[45] Bigalke A, Jung H A. Über Hamiltonsche Kreise Und Unabhängige Ecken in Graphen[J]. Monatshefte für Mathematik, 1979, 88(3): 195-210.
[46] Bauer D, Veldman H J, Morgana A, et al. Long Cycles in Graphs with Large Degree Sums[J]. Discrete Mathematics, 1990, 79(1): 69-70.
[47] Bauer D, Veldman H J, Schmeichel E F. A Generalization of a Theorem of Bigalke and Jung[J]. Ars Combinatoria, 1988, 26: 53-58.
[48] Tian F. Circumferences of 1-tough Graphs with Large Degree Sums[J]. Journal of Nanjing University Natural Science Edition, 1991, 27: 1-6.

第9章

最小核度神经网络

神经网络系统是近年来发展迅速的国际前沿科学领域，它的每一项突破性进展都将对人类社会的文明进步起到不可估量的作用[1,2]。从目前发展状况与趋势来看，神经网络系统理论对计算机科学、人工智能、认识科学、脑神经科学、数理科学、信息科学、微电子学、自动控制与机器人、系统工程、管理科学等领域的发展有重要影响，正因如此，目前国际上研究神经网络的热潮一浪高过一浪。

截至本书成稿之日，被人们提出的神经网络模型已有数百种，它们的拓扑结构与生物神经网络的拓扑结构有明显差距，为了使读者对神经网络这一领域的概况有所了解，本章首先介绍神经网络的基本概念及神经网络拓扑结构的研究状况，然后应用图的核度理论，提出一种拓扑结构较接近于生物神经系统的神经网络模型——最小核度神经网络。

9.1 神经细胞（神经元）的基本结构

细胞是生命的基本单元，1665 年英国科学家罗伯特·胡克（Robert Hooke）首先发现了**细胞**；1831 年英国科学家布朗（Robert Brown）发现了**细胞核**；1835 年法国的迪雅尔丹（Felix Dujardin）发现了细胞内的内含物。至此，细胞的基本结构都被发现了。

高等生物拥有的细胞数量是一个天文数字。有人统计，成年人的细胞约有 6×10^{13} 个。细胞的形状由其机能和所处的环境条件决定。细胞的形态多种多样，如圆的、方的、扁平的、不规则的等。

脑由大量的神经细胞结合而成。人脑中的神经细胞数量多达 10^{11} 个左右，种类多达 50 余种，具有不同的大小和形态。各种类型的神经细胞总称为神经元（Neuron）。神经元的基本结构都相似，由 3 个部分组成：细胞体、树突和轴突（见图 9.1）。

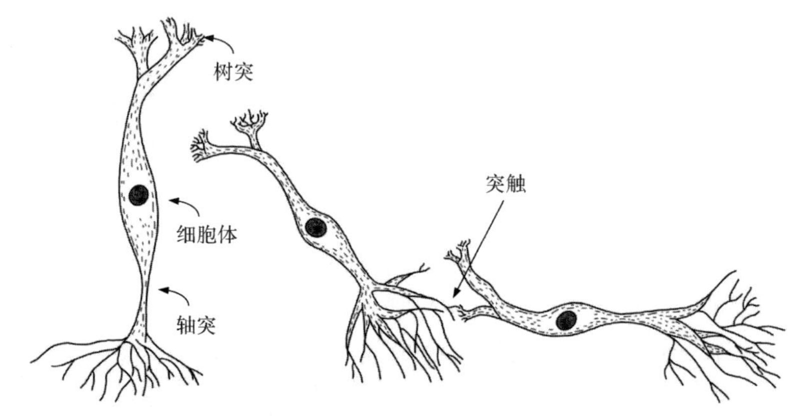

图 9.1 视网膜上的简单神经元及由神经元形成的传播神经支路

细胞体是神经细胞（元）的代谢中心，它本身又由**细胞核**、**内质网**和**高尔基体**组成。其中，内质网是合成膜和蛋白质的基础，高尔基体的主要作用是加工合成物以及分泌糖类物质。

细胞体一般生长有许多树状突起，称为**树突**，它们是神经元的主要"接收器"。

细胞体还延伸出一条管状纤维组织，称为**轴突**。轴突外面可能包有一层厚的绝缘组织，称为髓鞘（Myelin Sheath）。这类轴突称为**有鞘轴突**。髓鞘规则地分为许多短段，段与段之间的部位称为**朗飞节**（Nodes of Ranvier）。无髓鞘包覆的轴突称为**无鞘轴突**。轴突的作用主要是传导信息，传导的方向是由轴突的起点传向末端。

通常，轴突的末端分有许多末梢，它们同后一个神经元的树突（或细胞体或轴突）构成一种称为**突触**的机构。其中，前一个神经元的轴突末梢称为**突触的前膜**，后一个神经元的树突（细胞体或轴突）称为**突轴的后膜**，前膜与后膜之间的窄缝空间称为**突触的间隙**。前一个神经元的信息经由其轴突传到末梢之后，就是通过突触对后面连接的各个神经元产生影响。

9.2 神经元的数学模型

神经元是神经网络的基本节点(顶点)，要想得到神经网络的数学模型，应首先对神经元的数学模型给予研究[1]。事实上，神经网络领域内的第一篇论文就是研究神经元数学模型的。本节首先介绍建立神经元模型的基本类型与基本考虑，然后给出麦卡洛克（McCulloch）和皮茨（Pitts）在 1943 年提出的神经元模型及一般的离散时间-连续信息模型。

9.2.1 神经元模型的类型与构造的基本准则

为了抓住神经元的基本特征，尽可能地构造出最接近生物神经元的模型，只要不损害本质，则构造的模型应尽可能地简单。

在构造模型时，时间上有两种考虑：一种是离散时间，另一种是连续时间。对于离散时间，将时间切分割成小间隔 Δt ，只在 $t=0,\Delta t,2\Delta t,3\Delta t,\cdots$ 等时间上考虑输入、输出信号。特别地，若把时间的单位取为 Δt ，则可认为时间取 $t=0,1,2,\cdots$ 的整数值。在连续时间模型中，信号是连续时间 t 的函数。

信息一般可分为 4 种类型：离散信息、连续信息、离散随机信息和连续随机信息。离散信息是指输入、输出信号按二值信号考虑，有脉冲时认为信号为 1（或+1），无脉冲时认为信号为 0（或-1）。在连续信息中，不是把信号看作脉冲的有无，而是将脉冲出现的频度作为信号。这可能更符合“人受外界刺激的强度感觉表现为神经纤维传播的脉冲的频度”这一客观事实。在多数情况下，不是讨论单个脉冲的有无，而是把脉冲出现的频度作为输入、输出信号来考虑。通常将最高的脉冲频度归一化为 1，信号取 0 和 1 之间的实数值。

9.2.2 麦卡洛克-皮茨模型及其改进

按照人类目前对生物神经元的结构和功能的认识，从 20 世纪 40 年代至今，人们提出了许多种关于神经元的模型。但比较有重大影响且最简单的是美国心理学家麦卡洛克和数理逻辑学家皮茨于 1943 年提出的第一个简化形式的神经元模型，即麦卡洛克-皮茨模型（简称 MP 模型），如图 9.2 所示。图中的大圆表示神经元的胞体、输入线表示神经元的树突，其中带箭头的输入线表示兴奋性输入，带小圆的输入线表示抑制性输入。输出线表示神经元的轴突，大圆中的符号 θ 表示神经元兴奋的阈值。与图 9.1 对照可以看出，MP 模型确实在一定程度上反映了生物神经元在结构与功能上的特征。但是 MP 模型对抑制性输入给予了彻底的否定，只有当不存在抑制性输入而兴奋性输入的总和 $\Sigma_{i=1}^{m} e_i$ 超过阈值 θ 时，神经元才会兴奋。MP 模型的数学模型如下：

$$\sum_{i=1}^{m} e_i \geqslant \theta, \ \sum_{i=1}^{n} I_i = 0 \quad Y = 1$$

$$\sum_{i=1}^{m} e_i \geqslant \theta, \ \sum_{i=1}^{n} I_i > 0 \quad Y = 0$$

$$\sum_{i=1}^{m} e_i < \theta, \ \sum I \leqslant 0 \quad Y = 0$$

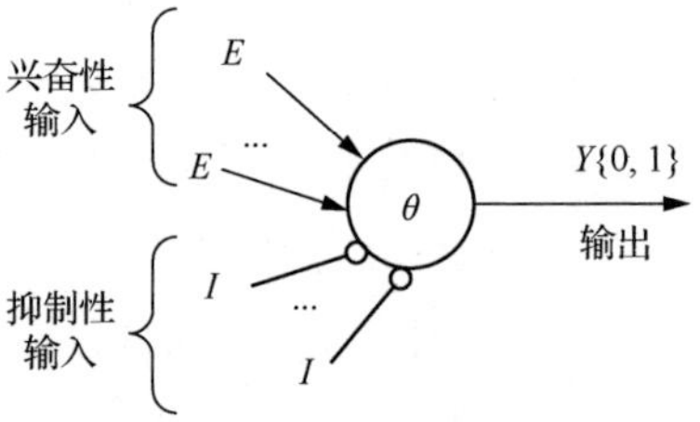

图 9.2 MP 模型

实际中常用的神经元模型，是在上述模型基础上的进一步改进：用在[0,1]区间取值的权 w 来表示输入的突触连接强度；用权 w 的正与负来表示输入突触的性质，即兴奋性突触或抑制性突触，如图 9.3 所示。

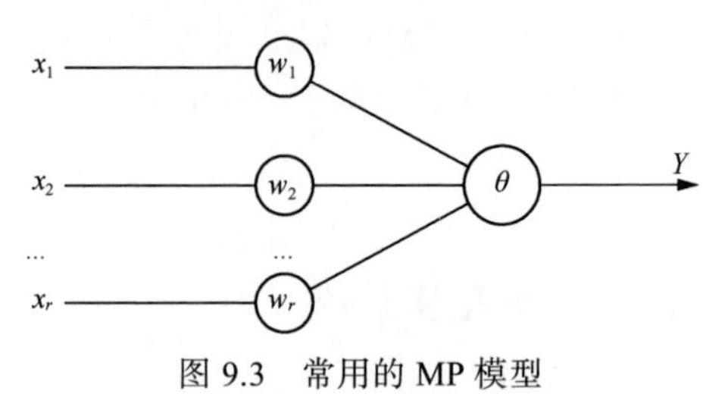

图 9.3 常用的 MP 模型

这一模型称为神经元的**阈逻辑模型**，它较接近于生物神经元的情形。

这是一种离散时间-离散信息型的不考虑不应期影响的神经元模型，其输入-输出关系为

$$Y = \mathrm{sgn}\left(\sum_{i=1}^{n} w_i x_i - \theta\right)$$

$$\mathrm{sgn}(Z) = \begin{cases} 1 & Z \geqslant 0 \\ 0 & Z < 0 \end{cases}$$

$$x_i \in \{0,1\},\ y \in \{0,1\},\ w_i \in [0,1]$$

接下来，考虑绝对应期与相对不应期的影响 MP 模型。设绝对不应期经历 r 个离散时间间隔，则输入-输出关系变为

$$Y = \begin{cases} 1 & \boldsymbol{W} \cdot \boldsymbol{X} - h > 0 \text{且在过去的} r \text{间隔内没有输出} \\ 0 & \text{其他时间} \end{cases}$$

其中，$\boldsymbol{W} = (w_1, w_2, \cdots, w_n)$；$\boldsymbol{X} = (x_1, x_2, \cdots, x_n)'$，“′”表示转置。进一步，假设细胞一旦兴奋，由于相对不应期的影响，s 个时间间隔后的门限值上升量为 b_s，则有

$$Y(t) = \mathrm{sgn}\left(\boldsymbol{W} \cdot \boldsymbol{X} - \theta - \sum_{s=1}^{T} b_s Y(t-s)\right)$$

其中，t 是不应期影响的时间间隔。若 $s \leqslant r$ 期间 b_s 不是非常大，则绝对不应期也可以同时考虑进去。

9.2.3　离散时间-连续信息模型

在连续信息模型中， 输入信号 $x_1, x_2, \cdots, x_n$ 和输出信号 y 都表示脉冲频度的模拟量。y 是膜电位 U_0 的函数，不妨设

$$y = f(U_0 - \theta)$$

其中，θ 是阈值，U_0 是输入信号 $\boldsymbol{X}$ 引起的膜电位，U_0 是权向量 $\boldsymbol{W}$ 和输入向量的内积。

$$U_0 = \boldsymbol{W} \cdot \boldsymbol{X}$$

f 被称为输出函数，它是单调增函数，且满足

$$0 \leqslant f(u) \leqslant 1$$

下面，详细分析 f 应该是一个什么样的函数。设 x_i 是到达第 i 个突触的脉冲频度；$U_0 = \boldsymbol{W} \cdot \boldsymbol{X}$，是输入膜电位；$y$ 是输出脉冲的频度；$U(t)$ 是以刚兴奋之后（$t = 0$）为起点，相对于静止位的膜电位变化量。

可以预料，在再次兴奋之前，膜电位先是以时常数 τ 衰减，再根据输入信号强度的增加而增加，故可认为 $U(t)$ 服从如下微分方程：

$$\tau = \frac{\mathrm{d}U(t)}{\mathrm{d}t} = -U(t) + U_0$$

这是一个数性非时变系统，不可能得

$$U(t) = U_0(1 - \mathrm{e}^{-1/\tau})$$

如图 9.4 所示。

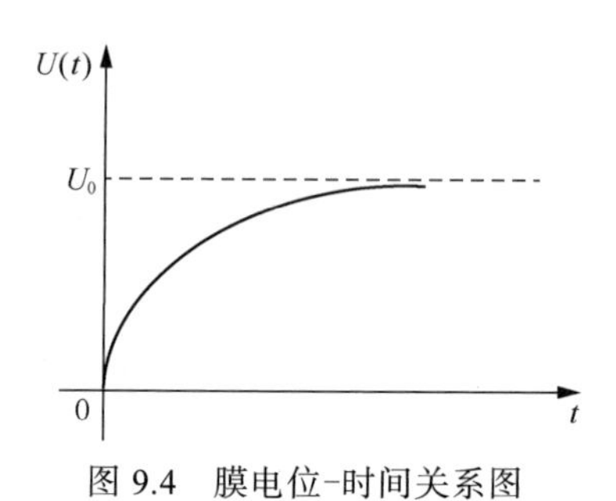

图 9.4　膜电位-时间关系图

9.3　神经网络简介

人脑神经系统的神经元树突与轴突连接起来，就形成了脑神经系统的神经网络。而人工神经网络是为了模拟生物神经网络系统的功能，由大量像生物神经元的处理单元（神经元、处理元件、电子元件、光电元件等）高度并联、互联而成的，具有某种智能功能的系统。或者更简单地说，所谓人工神经网络，就是利用神经元的适当模型构造出具有某些复杂行为的网络系统。早期的人工神经网络（若无说明，本书后文提及的神经网络均指人工神经网络）都比较简单，通常是用分立电子元器件来实现（即所谓硬件方法），网络中包含的神经元数量很少，模拟的行为也比较简单，但在某种程度上具有智能的特征。例如，图 9.5 就是用来模拟反射条件的建立和消退过程的早期神经网络系统。

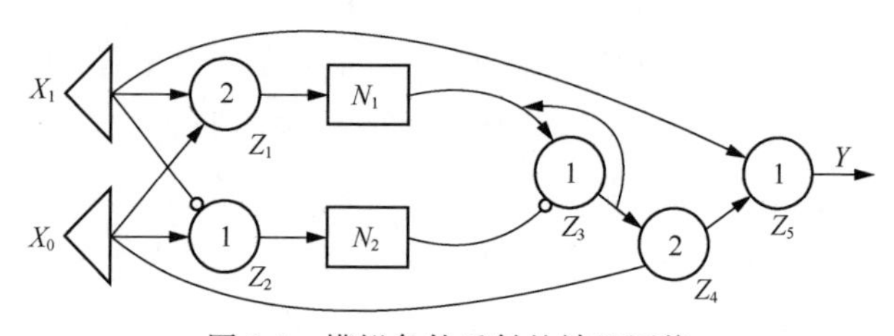

图 9.5　模拟条件反射的神经网络

图 9.5 中，X_1代表无条件刺激（如巴浦洛夫实验中的“事物”），X_0表示条件刺激或信号（如巴浦洛夫实验中的“铃声”）；N_1和N_2分别是限值为N_1和N_2的“达限归零”计数器，即当输入N_1（N_2）个脉冲后，计数器产生一个脉冲输出，同时回零重新计数。用数学语言来说就是一个 mod N_1（mod N_2）的模计数器；其余元件（共 5 个，即图中的$Z_1,Z_2,\cdots,Z_5$）都是基于线性加权模型的神经元，它们的阈值和连接方式都已在图中注明。

从图 9.5 容易看出，若X_1和X_0同时输入$N<N_1$次，则有：

（1）由于X_1与Z_5直接相连，Z_5就会产生N次输出，表示Y在每次联合刺激下都会产生兴奋；

（2）因X_1与Z_1直接相连、X_0与Z_1直接相连，所以Z_1也会产生N个脉冲并送到模计数器N_1，但因$N<N_1$，故模计数器又会产生输出；

（3）由于X_1是Z_2的抑制性输入，于是Z_2不能兴奋，N_2不计数。在这种情况下，Z_3无输出，因此，Z_4也不能兴奋。这个过程相当于巴甫洛夫实验中建立条件反射的训练过程。

$N=N_1$时，模计数器N_1产生输出脉冲，从而使Z_3兴奋（但此时模计数器N_2仍无输入和输出）。而一旦Z_3兴奋，由于存在反馈连接，将使Z_3维持兴奋状态（记忆），Z_3恒有输出送到Z_4。在这个条件下，一方面由于X_1直接的作用使Z_5兴奋，同时由于X_0与Z_3的作用使Z_4产生输出会使Z_5兴奋。这是条件反射已经建立起来的标志。

此后，如果只有X_0的输入而没有X_1的输入，Z_5也会产生兴奋($Y=1$)。这就是条件反射的效应。但若事件$X_0\bar{X}_1$（即只有铃声而无事物）出现的次数达到N_2次，则由于Z_2的抑制性输入不起作用，Z_2产生了N_2个脉冲送给模计数器N_2，使模计数器N_2产生一个脉冲送到Z_3，从而清除Z_3的兴奋记忆，结果使Z_4不能兴奋，因此，Z_5也不能兴奋。这是条件反射的消退。

这个简单的电子线路居然能够模拟只有高等动物才具备的条件反射，对于人工神经网络的研究者们显然是一个巨大的鼓舞。

上例是神经网络的一个早期的应用实例，为了使读者对人工神经网络有一个基本的了解，本节对离散的霍普菲尔德（Hopfield）模型给予介绍。这里介绍 Hopfield 模型的另一个原因是它的出现拉开了神经网络研究第二次热潮的序幕，许多专业研究者追随其后，力图实现 Hopfield 模型，成为当代神经网络研究队伍的骨干。

离散 Hopfield 神经网络是离散时间系统，它可用一个加权无向图表示，图的每一边都附有一个权值，图的每个节点（或者顶点）表示神经元，且均赋有权值，这个权值称为神经元的阈值。当该神经元所受的刺激超过其阈值时，神经元就处于一种状态（称为兴奋状态，并记为+1），否则神经元就处于另一种状态（称为抑制状态，记为-1）。图的顶点个数就是该神经网络的阶数。更严格的叙述如下。

p 阶离散 Hopfield 网络（记作 N），可由一个 $p\times p$ 阶矩阵 $\boldsymbol{W}=(w_{ij})_{pp}$ 和一个 p 维行向量 $\boldsymbol{\theta}=(\theta_1,\theta_2,\cdots,\theta_p)$ 唯一确定，记为 $N=(\boldsymbol{W},\boldsymbol{\theta})$。其中，$w_{ij}$ 表示神经元 i 与 j 的连接强度，θ_i（$1\leqslant i\leqslant p$）表示神经元 i 的阈值。

若用 $X_i(t)$ 表示在 t 时刻神经元所处的状态（可能为+1 或者-1）。那么，神经元 i 的状态随时间变化的规律为

$$X_i(t+1)=\operatorname{sgn}\big(H_i(t)\big)=\begin{cases}1 & H_i(t)\geqslant 0\\ -1 & H_i(t)<0\end{cases} \tag{9.1}$$

此处对任意 $1\leqslant i\leqslant p$，有

$$H_i(t)=\sum_{j=1}^{n}w_{ij}X_j(t)-\theta_i \tag{9.2}$$

若 $w_{ii}=0$（$i=1,2,\cdots,p$），则称 $N=(\boldsymbol{W},\boldsymbol{\theta})$ 为无自反馈的离散 Hopfield 网络，否则就称为有自反馈的离散 Hopfield 网络。

式（9.1）所示的神经网络可有如下 3 种工作方式。

（1）串行方式：每个时刻仅有一个神经元按式（9.1）演化，而其余 $p-1$ 个神经元保持不变。

（2）并行方式：每个时刻所有 p 个神经元的状态都同时按式（9.1）演化一步。

（3）部分并行方式：该方式介于串行方式与并行方式之间，即每个时刻 t 有 $p(t)$（$2\leqslant p(t)\leqslant p-1$）个神经元的状态按式（9.1）演化而其余神经元的状态保持不变。

若神经网络从 $t=0$ 的任一初态 $X(0)$ 开始，而存在某一个有限时刻 t_0，从此刻以后神经网络状态不再发生变化，即

$$X(t_0+\Delta t)=X(t_0)\quad \Delta t>0 \tag{9.3}$$

则称式（9.1）是稳定的，并称串行方式下的稳定性为**串行稳定性**，类似地有**并行稳定性**和**部分并行稳定性**。

定理 9.1 设 $N=(\boldsymbol{W},\boldsymbol{\theta})$ 是按式（9.1）进行演化的 n 阶神经网络，则有如下结论。

（1）如果 N 按串行方式工作，并且 $\boldsymbol{W}$ 是对称矩阵，它的对角线元素非负，则 N 总要收敛到某个稳定状态（或稳定点）。

（2）如果 N 按并行方式工作，$\boldsymbol{W}$ 是对称矩阵，则 N 最终会收敛到某个稳定状态，或者在某两个状态之间来回振荡。也就是说，存在两个状态 X_1 和 X_2 以及某个时刻 t，满足在 t 时刻网络处于状态 X_1，$t+1$ 时刻网络处于 X_2，$t+2$ 时刻又回到状态 X_1 等，如此反复。有时也称这时 N 收敛于长度不超过 2 的圈（或极限环）。

（3）如果 N 按并行方式工作，$\boldsymbol{W}$ 是一个反对称矩阵，并且 $\boldsymbol{\theta}=(0,0,\cdots,0)$，则 N 总会最终收敛到一个长度为 4 的极限环。

这个定理证明的主要思想是借助网络 $N=(\boldsymbol{W},\boldsymbol{\theta})$ 的能量函数：

$$E(t)=-\frac{1}{2}\sum_{i=1}^{p}\sum_{j=1}^{p}w_{ij}x_ix_j+\sum_{i=1}^{p}\theta_i x_i \tag{9.4}$$

或者

$$E(t)=-\sum_{i<j}w_{ij}x_ix_j+\sum_{i=1}^{p}\theta_i x_i \tag{9.5}$$

在实际应用当中，对于不同的网络，应构造不同的能量函数 E，这也就是 Hopfield 网络成功的关键。Hopfield 网络模型已被广泛地应用到信号处理、模式识别、专家系统、组合最优化等许多领域，有关这方面的详细情况见文献[3]和文献[4]。

9.4　神经网络的拓扑结构

为了模拟人的脑神经系统的信息存储、传递和处理，人们已经提出了数百种模拟或者部分地模拟脑神经系统的神经网络模型[5,6]。目前比较实用和成熟的神经网络模型已有数十种之多。如 Hopfield 模型、MP 模型、感知器及细胞神经网络等。但从拓扑结构来讲，神经网络的拓扑结构模型不外乎下列 4 种：不含反馈的前向网络[见图 9.6（a）]、从输出层到输入层有反馈的前向网络[见图 9.6（b）]、层内有相互结合的前向网络[见图 9.6（c）]以及相互结合型网络[见图 9.6（d）]。显然，图 9.6 所示的前 3 种模型是最后一种模型的特殊情况。

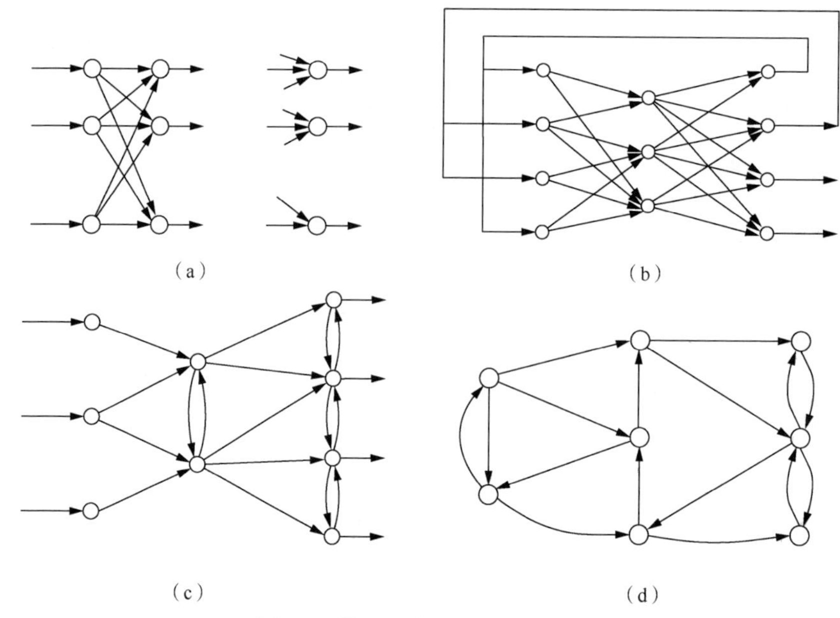

图 9.6　神经网络的拓扑结构模型

在相互结合型的神经网络中，最为著名的有 Hopfield 模型和蔡少棠（L. O. Chua）等人提出的细胞神经网络（CNN）模型[7,8]等。Hopfield 模型的拓扑结构是一种全连通的网络[见图 9.7（a）]，如果用一条无向边表示两个顶点之间的两条有向弧，则一般 p 阶（即具有 p 个神经元）的神经网络的 Hopfield 网络模型的拓扑结构如图 9.7（b）所示，它是一个完全图 K_p。蔡少棠等人提出的 CNN 是一种局域性的连接，其拓扑结构是一个无向图 G，G 的顶点集是 $m\times n$ 矩形点阵[见图 9.8（a）]，G 的边集 $E(G)$ 要根据 CNN 的邻域数 r 来确定。假定 $V(G)$ 中元素分布在 $m\times n$ 矩形的交叉线上，且每个最小方格矩形是单位长度为 1 的正方形，则当邻域数 $r=1$ 时，对于 $u\in V(G)$，u 与所有距离小于或者等于 $\sqrt{2}$ 的顶点相连边。图 9.8（b）给出了 $r=1$ 时 5×6 阶 CNN 的拓扑结构。实际上，文献[7]～文献[9]仅对 $r=1$ 的情况进行了研究。

$r=2$ 时，表示 G 中任意两个顶点之间有边相连（当且仅当这两个顶点之间的距离不大于 $2\sqrt{2}$）。图 9.8（c）给出了 5×6 阶 CNN 中位于(3,3)位置顶点的邻域数为 2 时的相邻情况。

一般地，$r=k$ 表示 $V(G)$ 中每个顶点与它所有距离小于或者等于 $k\sqrt{2}$ 的顶点相连边。以上分析表明，CNN 的拓扑结构与生物神经网络的拓扑结构仍有较大的差距。

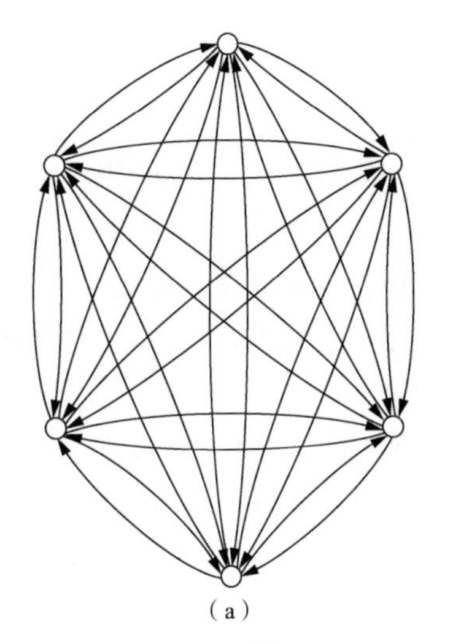
(a)

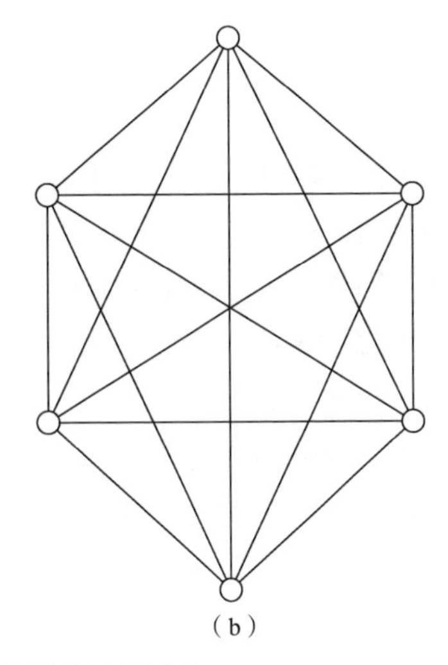
(b)

图 9.7　Hopfield 神经网络模型的拓扑结构

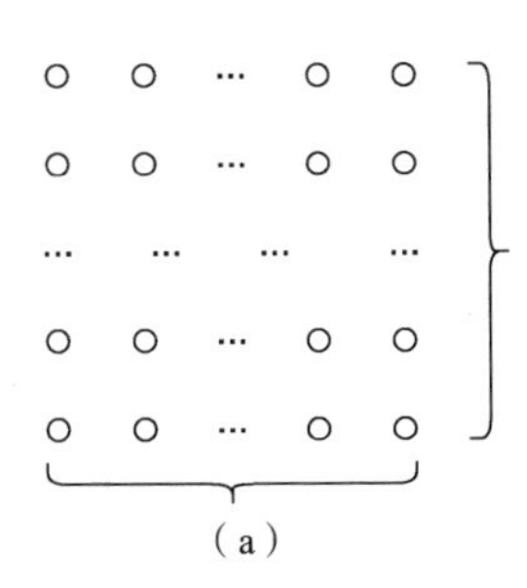
(a)

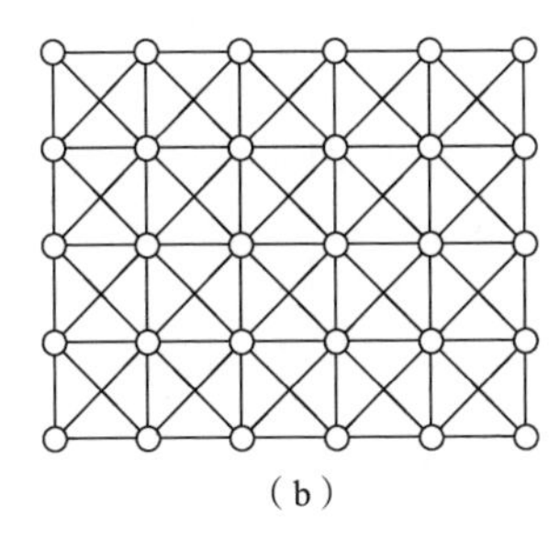
(b)

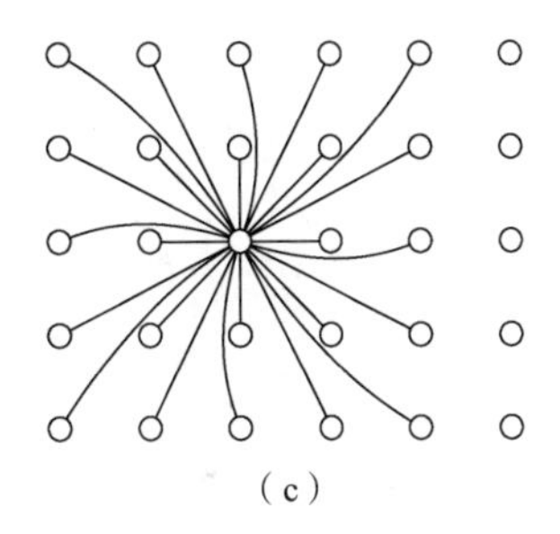
(c)

图 9.8　细胞神经网络

我国学者靳蕃[10]在分析了现有神经网络拓扑结构的基础上，提出了一种用**区组设计**（Block Design）原理设计的拓扑结构。现介绍如下。

设 $S=\{1,2,\cdots,p\}$， $B=\{B_1,B_2,\cdots,B_b\}$ 为 S 的 k-子集集合， r 为包括任意一元素的 k-子集数，则 (S,B) 构成区组设计，且有以下结论。

（1）对于任意一对元素 i,j（$i,j=1,2,\cdots,p$， $i\neq j$），若有 λ_e 个区组同时包含它们，则称这个设计为均衡不完全区组设计，记为 BIBD(p,b,r,k,λ_e)设计。

（2）对于任意一对区组 i,j（$i,j=1,2,\cdots,b$， $i\neq j$），若有 λ_b 个元素相同，或者说有 $k-\lambda_b$ 个元素相异，则称这个设计为异元均衡区组设计，记为 DBBD(p,b,r,k,λ_b) 设计。

（3）若（1）、（2）中的两个条件同时满足

$$\lambda_e=\lambda_b=\lambda \tag{9.6}$$

则称这个设计为对称均衡不完全区组设计，记为 SBIBD(p,b,r,k,λ)。

特别地，若 k-子集的元素具有循环特性，则称这个设计为循环对称均衡不完全区组设计，并且记为 CSBIBD (p,b,r,k,λ)。

由于在 SBIBD 不恒有 $p=b$、$r=k$ [11]，故通常记为 SBIBD (p,k,λ) 和 CSBIBD (p,k,λ)。

用 CSBIBD (p,k,λ) 构造神经网络，可以取神经元的数量为 n，从 k-子集的第一个元素依次向子集中其他 $k-1$ 个神经元做连接线。关于这种设计，通过例 9.1 来给出说明。

例 9.1 按 CSBIBD(7,3,1)设计的神经网络拓扑结构如图 9.9 所示。它的 7 个神经元按子集元素连接如图 9.9（a）所示（其中箭头指示信息流方向），接线图如图 9.9（b）所示。

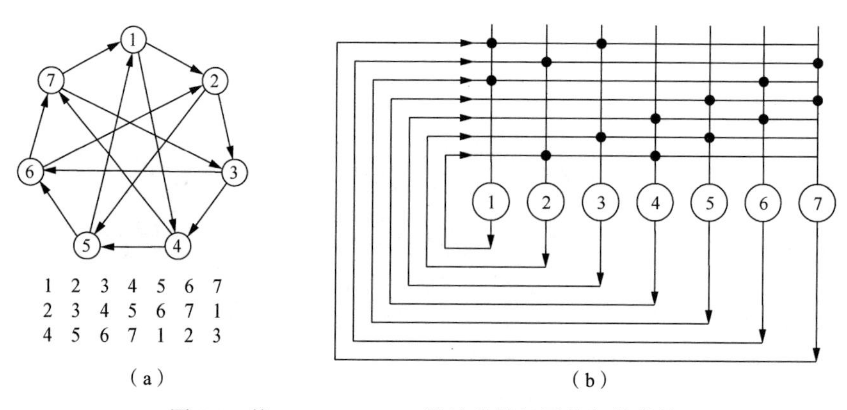

图 9.9 按 CSBIBD(7,3,1)设计的神经网络拓扑结构

由图 9.9 可以看出，由 CSBIBD(7,3,1)构造的神经网络是均衡对称的，其耦合度① 为

$$C=\frac{S}{p}=k-1=2 \tag{9.7}$$

由 CSBIBD (p,k,λ) 设计的神经网络具有较好的容错性，其结构具有一定的可调性，但与目前生物神经元之间信息可以相互传递的特性（如果可以传递的话）似乎不相符合。

基于目前神经解剖学与神经生物学所获的最新研究成果，本章提出了一种较接近于脑神经系统的神经元网络结构模型，称为**最小核度神经网络**，它的主要特点之一是拓扑结构图具有最好的连通性。

① 网络的耦合度= $\sum_{i=1}^{p} d_i / p$，d_i 表示顶点 v_i 的度数，p 为阶数。

9.5　关于生物神经网络的三个结论

神经解剖学与神经生理学的研究获得了如下关于生物神经网络的结论。

（1）人脑是由大约 10^{11} 个神经元构成的巨系统，而每个神经元仅有 10^3～10^4 个突触，即每个神经元与 10^3～10^4 个其他神经元相互连接。这一结果表明，生物神经网络中神经元之间的相互关联是相当疏少的。全连通型的 Hopfield 网络显然与生物神经网络是有差异的。

（2）近代神经生理学的研究表明，对于两个神经元 A 和 B，若从 A 可以传递信息到 B，则也能从 B 把信息传递到 A，即两个神经元之间信息的传递是相互的。从图论的角度，可用 A 与 B 之间的一条无向连线代表原来的两个有向弧（见图 9.10）。这个结果表明，**生物神经网络的拓扑结构是一个无向图**。

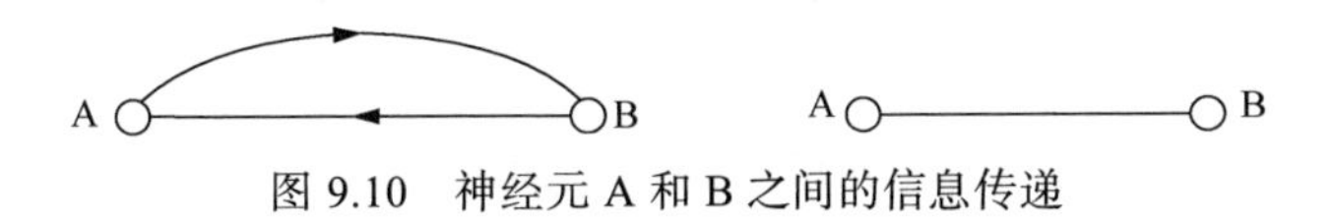

图 9.10　神经元 A 和 B 之间的信息传递

（3）人的中枢神经系统中几乎每天都有神经元坏死与再生，但对人的神经系统的正常运行基本没有影响。人脑神经系统这种极好的容错性，再加上结论（1）足以说明，脑神经网络的拓扑结构图是一种连通性最好的无向连通图。

上述 3 个结论表明，生物神经网络的拓扑结构应该是一个无向的且连通性最好的连通图。然而，什么是连通性最好的图？如何构造连通性最好的图？基于此建立的最小核度神经网络有哪些待点？这些问题显然是研究神经网络的基础。

9.6　核度最小图的矩阵特征

本书第 8 章已经指出，核度最小的图是连通性最好的图，并且在 6.3 节中详细介绍了在不同条件下核度最小图的理论及其构造方法[12-14]。本节主要介绍核度最小的正则或最拟正则图的矩阵特征，以便应用于计算机[15-17]。

本节根据定理 6.7～定理 6.10，按 4 种类型介绍其相应矩阵的特征。为此，先介绍循环矩阵的概念。

如果一个 $p\times p$ 矩阵 $\boldsymbol{A}$ 的元素满足

$$a_{ij}=a_{1,j-i+1} \tag{9.8}$$

则称该矩阵为循环矩阵。其中，下标中的加、减运算在模 p 运算下进行，且 $i,j\in\{1,2,\cdots,p\}$。换言之，$\boldsymbol{A}$ 的第 i 行（$2\leqslant i\leqslant p$）可以通过对第一行的 $i-1$ 步循环移动得到，因此，任何一个循环矩阵完全可以由它的第一行来确定。令 $\boldsymbol{A}$ 表示一个一般的循环矩阵，其第一行记为 $[a_1,a_2,\cdots,a_p]$。

若图 G 的邻接矩阵 $\boldsymbol{A}(G)$ 是循环矩阵[18]，则可称图 G 为**循环图**（Circulant Graph）。

下面，给出 9.5 节中介绍的 4 种类型图的邻接矩阵。

1. δ 是偶数

定理 9.2 当 $\delta\geqslant 2$ 是偶数时，$X_{\delta,p}$ 是一个循环图，且它的邻接矩阵的第一行为

$$[0,\underbrace{1,\cdots,1}_{\frac{1}{2}\delta},0,\cdots,0,\underbrace{1,\cdots,1}_{\frac{1}{2}\delta}] \tag{9.9}$$

这个定理的证明比较简单，故略。

2. $\delta=3$

（1）p 为偶数时，由图 6.4（a）给出的图很容易得到 $X_{3,p}$ 的邻接矩阵为

$$\begin{bmatrix}
 & 0 & 1 & 2 & 3 & \cdots & \dfrac{p}{2} & \cdots & p-3 & p-2 & p-1 \\
0 & 0 & 0 & 0 & 0 & \cdots & 1 & \cdots & 0 & 0 & 0 \\
1 & 0 & 0 & 0 & 0 & \cdots & 0 & \cdots & 0 & 0 & 1 \\
2 & 0 & 0 & 0 & 0 & \cdots & 0 & \cdots & 0 & 1 & 0 \\
3 & 0 & 0 & 0 & 0 & \cdots & 0 & \cdots & 1 & 0 & 0 \\
\vdots & \cdots & \cdots & \cdots & \cdots & \cdots & \cdots & \cdots & \cdots & \cdots & \cdots \\
\dfrac{1}{2}p & 1 & 0 & 0 & 0 & \cdots & 0 & \cdots & 0 & 0 & 0 \\
\vdots & \cdots & \cdots & \cdots & \cdots & \cdots & \cdots & \cdots & \cdots & \cdots & \cdots \\
p-3 & 0 & 0 & 0 & 1 & \cdots & 0 & \cdots & 0 & 0 & 0 \\
p-2 & 0 & 0 & 1 & 0 & \cdots & 0 & \cdots & 0 & 0 & 0 \\
p-1 & 0 & 1 & 0 & 0 & \cdots & 0 & \cdots & 0 & 0 & 0
\end{bmatrix}+\boldsymbol{W}$$

其中，$\boldsymbol{W}$ 是 C_p 的邻接矩阵，也就是第一行为

$$\begin{bmatrix} 0 & 1 & 0 & 0 & \cdots & 0 & 0 \end{bmatrix} \tag{9.10}$$

所确定的循环矩阵。

（2）p 为奇数时，由图 6.4（b）给出的图容易得到 $X_{3,p}$ 的邻接矩阵为

$$\begin{bmatrix} & 0 & 1 & 2 & \cdots & \frac{p-1}{2} & \frac{p+1}{2} & \cdots & p-2 & p-3 \\ 0 & 0 & 0 & 0 & \cdots & 1 & 1 & \cdots & 0 & 0 \\ 1 & 0 & 0 & 0 & \cdots & 0 & 0 & \cdots & 0 & 1 \\ 2 & 0 & 0 & 0 & \cdots & 0 & 0 & \cdots & 1 & 0 \\ \vdots & \cdots & \cdots & \cdots & \cdots & \cdots & \cdots & \cdots & \cdots & \cdots \\ \frac{p-1}{2} & 1 & 0 & 0 & \cdots & 0 & 0 & \cdots & 0 & 0 \\ \frac{p+1}{2} & 1 & 0 & 0 & \cdots & 0 & 0 & \cdots & 0 & 0 \\ \vdots & \cdots & \cdots & \cdots & \cdots & \cdots & \cdots & \cdots & \cdots & \cdots \\ p-2 & 0 & 0 & 1 & \cdots & 0 & 0 & \cdots & 0 & 0 \\ p-1 & 0 & 1 & 0 & \cdots & 0 & 0 & \cdots & 0 & 0 \end{bmatrix} + \boldsymbol{W}$$

其中，$\boldsymbol{W}$ 是 C_p 的邻接矩阵。

3. $\delta \geqslant 5$ 是奇数、p 是偶数

定理 9.3 当 $\delta \geqslant 5$ 是奇数、p 是偶数时，$X_{\delta,p}$ 是一个循环图，且 $X_{\delta,p}$ 的邻接矩阵的第一行是

$$0\ \underbrace{1\ \ 1 \cdots 1}_{\frac{\delta}{2}\text{个}}\ \ 0, \cdots 0,\ \ 0\ \ \underset{\frac{p}{2}}{\underset{\uparrow}{1}}\ \ 0, \cdots,\ \underbrace{1\ , \cdots,\ 1}_{\frac{\delta}{2}\text{个}} \tag{9.11}$$

该定理的证明与 1 中的情况完全一样。

4. $\delta=2r+1 \geqslant 5$，且 δ 与 p 均为奇数

由定理 6.12 给出的构造过程可得，$X_{\delta,p}$ 的邻接矩阵为 $\boldsymbol{A}(X_{2r},p)+\boldsymbol{B}$。其中，$\boldsymbol{A}(X_{2r},p)$ 表示 $X_{2r,p}$ 的邻接矩阵，$\boldsymbol{B}$ 为

$$
\boldsymbol{B}=\begin{bmatrix}
 & 0 & 1 & \cdots & \frac{p-3}{2} & \frac{p-1}{2} & \frac{p+1}{2} & \frac{p+3}{2} & \cdots & \cdots & \cdots \\
0 & & & & & 1 & 1 & & & & \\
1 & & & & & & & 1 & & & \\
\vdots & & & & & & & & 1 & & \\
\vdots & & & & & & & & & & \\
\frac{p-3}{2} & & & & & & & & & & 1 \\
\frac{p-1}{2} & 1 & & & & & & & & & \\
\frac{p+1}{2} & 1 & & & & & & & & & \\
\frac{p+3}{2} & & 1 & & & & & & & & \\
\vdots & & & & & & & & & & \\
\vdots & & & 1 & & & & & & & \\
p-1 & & & & 1 & & & & & &
\end{bmatrix}
$$

9.7 多列卷积神经网络的状态方程

基于定理 6.7～定理 6.10，即构造最小核度图的 4 种类型，本节里按这 4 种情况介绍多列卷积神经网络（Multiple Convolutional Neural Network，MCNN）的状态方程，并且只考虑正则或者最拟正则的情况，仅给出全并行神经元工作的情况[19]。

用图的顶点表示神经元，将神经元 i 在 t 时刻的状态记作 $X_i(t)$。每个神经元有兴奋（用 1 表示）和抑制（用−1 表示）两种状态。如果神经元 i 与神经元 j 相关联，则用 w_{ij} 表示它们之间的连接强度（或称权数），其中 $0\leqslant i,j\leqslant p-1$。下面介绍 4 种情况下的状态方程。

1. δ 是偶数

按照定理 6.7 中构造的 MCNN 的拓扑结构，定义神经元 i 在 $t+1$ 时刻的状态为

$$X_i(t+1)=\text{sgn}\left[\sum_{j=1}^{\delta/2}(w_{i,i-j}+w_{i,i+j})X_i(t)-\theta_i\right] \tag{9.12}$$
$$i=0,1,\cdots,p-1$$

其中，sgn(x) 是符号函数，即

$$\text{sgn}(x)=\begin{cases}1 & x\geqslant 0\\ -1 & x<0\end{cases} \tag{9.13}$$

θ_i 表示神经元的阈值，且下标的加、减运算均在 mod(p) 意义下进行（下同）。

2.　δ=3

这时，状态方程又分 p 是偶数和奇数两种类型。

（1）若 p 是偶数，有

$$X_i(t+1)=\text{sgn}\left[(w_{i,i+1}+w_{i,j+1}+w_{i,p-i})X_i(t)-\theta_i\right]\qquad i\neq 0、\frac{p}{2}$$

$$X_0(t+1)=\text{sgn}\left[(w_{0,p-1}+w_{0,1}+w_{0,p/2})X_0(t)-\theta_0\right]$$

$$X_{p/2}(t+1)=\text{sgn}\left[(w_{p/2,0}+w_{p/2,p/2+1}+w_{p/2,p/2-1})X_{p/2}(t)-\theta_{p/2}\right]$$

（2）若 p 是奇数，有

$$X_i(t+1)=\text{sgn}\left[(w_{i,i-1}+w_{i,j+1}+w_{i,p-i})X_i(t)-\theta_i\right]$$

若 $i\neq 0$ 、$(p+1)/2$ 、$(p-1)/2$ ，则有

$$X_0(t+1)=\text{sgn}\left[(w_{0,1}+w_{0,p-1}+w_{0,(p-1)/2}w_{0,(p+1)/2})X_0(t)-\theta_0\right]$$

$$X_{(p+1)/2}(t+1)=\text{sgn}\left[(w_{(p+1)/2,0}+w_{(p+1)/2,(p-1)/2}+w_{(p+1)/2,(p+3)/2})X_{(p+1)/2}(t)-\theta_{(p+1)/2}\right]$$

$$X_{(p-1)/2}(t+1)=\text{sgn}\left[(w_{(p-1)/2,0}+w_{(p-1)/2,(p+1)/2}+w_{(p-1)/2,(p-3)/2})X_{(p-1)/2}(t)-\theta_{(p-1)/2}\right]$$

3.　δ 是奇数，p 是偶数

由定理 6.9 中 MCNN 的拓扑结构，不妨设 $\delta=2r+1\geqslant 5$ ，则有

$$X_i(t+1)=\text{sgn}\left[\sum_{j=1}^{r}\left((w_{i,i-j}+w_{i,i+j})+w_{i,(i+p)/2}\right)X_i(t)-\theta_i\right]$$

4.　δ 是奇数，p 也是奇数

由定理 6.10 中 MCNN 的拓扑结构，不妨设 $\delta=2r+1\geqslant 5$ ，则有

$$X_i(t+1)=\text{sgn}\left[\sum_{j=1}^{r}\left((w_{i,i-j}+w_{i,i+j})+w_{i,i+(p+1)/2}\right)X_i(t)-\theta_i\right]\quad i\neq 0、(p+1)/2$$

$$X_0(t+1)=\text{sgn}\left[\sum_{j=1}^{r}\left((w_{0,p-j}+w_{0,j})+w_{0,(p-1)/2}+w_{0,(p+1)/2}\right)\cdot X_0(t)-\theta_0\right]$$

$$X_{(p+1)/2}(t+1)=\operatorname{sgn}\left[\sum_{j=1}^{r}\left(\left(w_{(p+1)/2,(p+1)/2-j}+w_{(p+1)/2,(p+1)/2+j}\right)+w_{(p+1)/2,0}\right)X_{(p+1)/2}(t)-\theta_{(p+1)/2}\right]$$

9.8 本章小结

为了帮助读者对神经网络这一领域的概况形成比较粗略的了解，本章首先介绍了神经网络的基本概念以及神经元的数字模型，即 MP 模型和离散时间-连续信息模型。然后，介绍了神经网络拓扑结构的研究状况。神经网络的拓扑结构模型主要分为 4 种：不含反馈的前向网络、从输出层到输入层有反馈的前向网络、层内有相互结合的前向网络以及相互结合型网络。最后，应用图的核度理论，本章提出了一种拓扑结构与生物神经系统较接近的神经网络模型——MCNN，并给出了核度最小的正则或最拟正则图的矩阵特征以及 MCNN 的状态方程，以便易于计算机的应用。

参考文献

[1] 焦李成. 神经网络理论[M]. 西安: 西安电子科技大学出版社, 1990.

[2] Bondy J A,Murty U S R. Graph Theory with Applications[M]. London: Macmillan Press,1976.

[3] Hopfield J J. Neural Networks and Physical Systems with Emergent Collective Computational Abilities[J]. Proceedings of the National Academy of Sciences, 1982, 79(8): 2554-2558.

[4] Hopfield J J, Tank D W. “Neural” Computation of Decisions in Optimization Problems[J]. Biological Cybernetics, 1985, 52(3): 141-152.

[5] McCulloch W S, Pitts W. A Logical Calculus of the Ideas Immanent in Nervous Activity[J]. The Bulletin of Mathematical Biophysics, 1943, 5: 115-133.

[6] Rosenblatt F. Principles of Neurodynamics: Perceptrons and the Theory of Brain Mechanisms[R]. Buffalo: Cornell Aeronautical Laboratory Inc,

1961.

[7] Yang L, Chua L O. Cellular Neural Networks: Theory[J]. IEEE Transactions on Circuits and Systems, 1988, 35(10): 1257-1272.

[8] Yang L, Chua L O. Cellular Neural Networks: Applications[J]. IEEE Transactions on Circuits and Systems, 1988, 35(10): 1273-1290.

[9] Guzelis C, Chua L O. Stability Analysis of Generalized Cellular Neural Networks[J]. International Journal of Circuit Theory and Applications, 1993, 21(1): 1-33.

[10] 靳蕃. 神经网络拓扑结构的若干分析[C]. C2, N2 论文集, 1990, 60-65.

[11] 靳蕃. 组合设计与编码[M]. 成都: 西南交通大学出版社, 1990.

[12] 许进, 席酉民, 汪应洛. 系统的核与核度(I)[J]. 系统科学与数学, 1993, 13(2): 102-110.

[13] 许进, 席酉民, 汪应洛. 系统的核与核度理论(II)——优化设计与可靠通讯网络[J]. 系统工程学报, 1994(1): 1-11.

[14] 许进, 崔文田, 汪应洛. 系统的核与核度理论(III)[J]. 系统工程学报, 1994(2).

[15] Xu J, Xi Y, Wang Y. The Core and Coritivity of a System(V)[J]. J. Systems Engineering and Electronics, 1993(2): 33-39.

[16] 许进, 席酉民, 汪应洛. 系统的核与核度理论(V)——系统和补系统的关系[J]. 系统工程学报, 1993, 8(2): 33-39.

[17] 许进, 席酉民, 汪应洛. 系统的核与核度理论(VI)——核与核度在研究小群体人际关系中的应用[J]. 西安交通大学学报, 1994, 28(3): 69-73.

[18] Harary F. The Maximum Connectivity of a Graph[J]. Proceedings of the National Academy of Sciences of the United States of America, 1962, 48(7): 1142-1146.

[19] 许进. 一种研究系统的新方法——核与核度法[J]. 系统工程与电子技术, 1994, 16(6): 1-10.

第 10 章

信息交流网络系统

本章应用系统核与核度理论介绍分析一个群体信息交流网络系统优劣（如信息传递速度、传递准确性等）的方法，并讨论了最优信息交流网络的构造。

10.1 概述

信息交流（传递）是自然界和人类社会中最普遍的现象，人类要生存和发展，就必须进行信息交流。随着现代科技与社会的不断发展，信息的价值观倍受重视。信息交流越来越显示出非常重要的作用[1,2]。所以，准确、快速地进行信息传递与交流是科学工作者必须完成的历史任务。

虽然过去人们（特别是行为科学家与心理学家）对信息交流与传递进行过各种研究，但用数学作为工具对信息进行定量化的研究始于 20 世纪 40 年代。香农（Shannon）在 1948 年发表的题为“A Mathematical Theory of Communication”[3]一文，标志着“信息论”的诞生。与此同时，巴韦拉斯（Bavelas）基于群体组织内部结构研究了信息的传递问题[4]，表明从不同的角度用定量方法研究信息的展开。到目前为止，人们对组织内部信息传递的研究已经获得了丰硕的成果（见文献[5]）。然而，对复杂组织结构（特别是成员较多的情况），内部信息交流与传递的研究却比较少，除巴韦拉斯在 20 世纪 50 年代给出的 5 种基本模型[6]外，几乎没有什么进展。本章首先介绍以系统核与核度为工具分析一个给定信息交流网络系统优劣的方法，并给出判别与计算准则。然后，介绍信息交流网络系统的优化设计问题（参见 10.3 节）。

10.2　信息交流网络系统的核度分析法

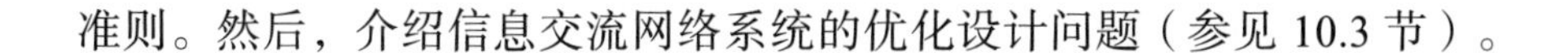

一个组织内部成员之间的**信息传递**（或交流）[5]或者群体**信息沟通**[6]，都可视为一个信息交流网络系统。信息交流网络系统最基本的任务应该有两个：第一，把信息以最快的速度传遍整个系统；第二，传递的准确性要高。当然，某些特殊的信息系统例外（例如，医生诊断确定某人患有严重疾病后，患者家属和其他人为了配合医生治疗，一般不告诉患者这个“信息”）。

若给定一个信息交流网络系统，如何分析这个系统信息传递速度和准确率？如果是群体之间的信息沟通，自然应该考虑职工（或成员）之间的心理满意程度、该系统中的中心人物地位等。这个问题早在 20 世纪 50 年代就有人深入研究过。

例如，行为科学家莱维特（Leavitt）[7]和巴韦拉斯等都研究过正式信息交流的网络及其效率问题（正式信息交流是指通过正式组织明文规定的渠道进行信息交流，如组织间的公函来往、组织内部的命令指令、会议和正式刊物等），他们提出了如图 10.1 所示的 5 种基本形式。这 5 种形式的特点简述如下。

（1）链式：信息传递速度快、准确性较高，网络中领导者的地位突出，但其他成员心理上不满意。

（2）轮式：信息传递速度快、准确性高，网络中中心人物突出，领导地位非常突出，但其他成员的士气却很低。在这种信息交流网络中，能迅速地形成稳定的组织。

（3）Y 式：有一个信息交流中心人物，但其集中程度不如轮式信息交流网络系统。这种信息交流网络兼有链式和轮式网种信息交流网络的优点和缺点，传递的速度较快但团体成员的满意度较低。

（4）圆圈式：信息在团体成员之间依次传递，没有信息交流的中心人物。信息传递速度较慢、准确性低，网络中没有什么领导者，但成员之间的满意度较高。这种信息交流网络不易形成稳定的组织。

（5）全通道式：信息传递速度及准确性较高，网络中没有领导者，团体成员满意度较高，但不易形成稳定组织。

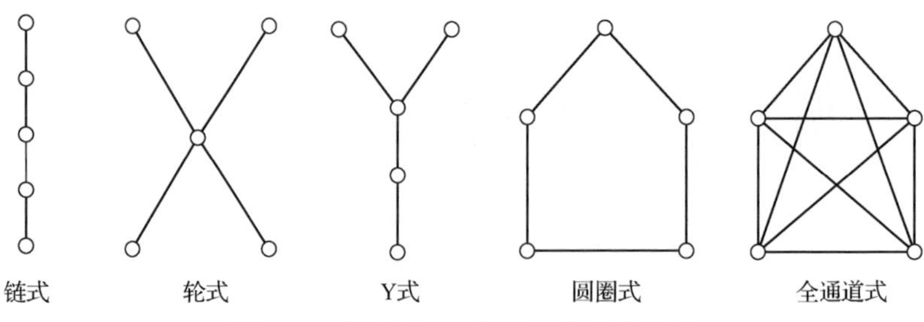

图 10.1　信息交流网络的 5 种基本形式

然而，对结构复杂的信息交流网络系统的研究，除文献[4]中的结论外，至今几乎没有多大的进展[5]。本节将以核与核度为工具，介绍分析、评判信息交流网络系统的方法和准则，步骤如下：

（1）调查统计，确定信息交流网络；

（2）求出确定网络的核度及核（核度的计算方法参见文献[8]）；

（3）分以下两种情况展开分析。

第一，若核度小于或者等于 0 且核值较大，则这个信息交流网络系统的中心人物不突出，没有领导者，成员之间的满意度较高，这个系统不易形成稳定的组织。如果 $h(G)=0$，则可能传递速度较慢、准确性不高；如果 $h(G)\to -(n-2)$（$n=|V(G)|$），则这个系统的传递速度较快、准确性较高。

第二，若信息交流网络系统的核度大于 0，且核值与 $|V(G)|$ 相比较小，则一般认为这个信息交流网络系统的中心人物突出，领导地位可观，信息传递速度快、准确性较高，但成员之间的士气较低。$h(G)$ 越趋近于 $n-2$，速度越快、准确性越高、成员之间的士气越低；当 $h(G)\to 1$ 时，情况则恰恰相反。

作为特例，现利用网络核与核度为工具分析莱维特和巴韦拉斯提出的 5 种基本形式。

链式：

$$h(G)=1>0,\quad |S^*|=1$$

轮式：

$$h(G)=3=n-2,\quad |S^*|=1$$

Y 式：

$$h(G)=2>0,\quad |S^*|=1$$

圆圈式：

$$h(G)=0,\quad \left|S^*\right|=2$$

全通道式：

$$h(G)=-2=-(n-2),\quad \left|S^*\right|=4$$

应用上述步骤（3）中的两种情况进行分析的结果，显然与莱维特和巴韦拉斯统计分析的结果完全一致。这方面的例子，这里不再赘述，有兴趣的读者可查阅文献[8]。

10.3　信息交流网络系统的优化设计

对于由一个企业内部、一个学校领导机构，甚至一个国家领导机构等形成的系统，如何设置领导层次、怎样进行信息交流，显然是一件非常重要的事情，一般要根据所给系统的实际情况而定。例如，有些系统要求信息传递速度快、准确性高，造价最低，但不用考虑成员士气；有的系统要求信息传递速度快且准确，在信息传递通道给定的条件下，使其他成员也最满意（这个问题实际上是最优可靠通信网络的构造问题），等等。

关于在各种不同条件下的最优信息交流网络系统的构造问题，本书第 4 章、第 5 章、第 9 章等已有详细介绍，有兴趣的读者可结合本章 10.2 节阅读，也可参阅文献[8]～文献[11]。

10.4　本章小结

对于一个信息交流网络系统而言，它最基本的任务应该有两个：第一，把信息以最快的速度传遍整个系统；第二，传递的准确性要好。本章以核与核度为工具，介绍了分析、评判信息交流网络系统的方法准则：第一，要调查统计，确定信息交流网络；第二，求出确定网络的核度及核；第三，进行分析讨论。最后，本章 10.3 节讨论了信息交流网络系统的优化设计问题。

参考文献

[1] 钟义信. 信息科学方法与神经网络研究[J]. 自然杂志，1991(6): 435-439.

[2] 钟义信. 崭露头角的信息科学[N]. 光明日报, 1979-04-13.

[3] Shannon C E. A Mathematical Theory of Communication[J]. The Bell System Technical Journal, 1948, 27(3): 379-423.

[4] Bavelas A. A Mathematical Model for Group Structures[J]. Human Organization, 1948, 7(3): 16-30.

[5] 杰克，本社. 管理信息系统手册[M]. 北京：中国人民大学出版社，1982.

[6] 贺云侠. 组织管理心理学[M]. 南京：江苏人民出版社, 1987.

[7] Leavitt H J. Some Effects of Certain Communication Patterns on Group Performance[J]. The Journal of Abnormal and Social Psychology, 1951, 46(1): 38-50.

[8] 许进. 系统的核与核度理论(VII)——子核与核度的计算[J]. 系统工程学报, 1999, 14(3): 243-246.

[9] 许进，费奇，汪应洛. 信息交流网络系统优化设计的核与核度法[J]. 系统工程学报, 2001, 16(4): 275-281.

[10] 许进，席酉民，汪应洛. 系统的核与核度理论(II)——优化设计与可靠通讯网络[J]. 系统工程学报, 1994(1): 1-11.

[11] 许进，席酉民，汪应洛. 系统的核与核度理论(VI)——核与核度在研究小群体人际关系中的应用[J]. 西安交通大学学报，1994，28(3): 69-73.

第 11 章

可靠通信网络的优化设计

视一个连通网络图 G 为一个通信网络，其顶点表示通信站，网络图的边表示相关联的通信站直接通信（有线连接）。那么，通信网络的可靠性问题自然等价于网络图的连通性问题。本章将从现实生活中这方面的例子引入，介绍著名图论专家弗兰克·哈拉里 1962 年在可靠通信网络优化设计方面的工作，并介绍最小核度理论（见第 6 章）在可靠通信网络的优化设计方面的应用。然而，现实生活中的通信网络，并不只是无向简单图这么简单。作为这个问题的深入课题，本章还讨论了赋权无向网络的通信网络优化设计问题。

11.1 概述

现实生活中的许多问题都可以归结为下列关于图的优化设计问题：给定顶点数 p 及边数 $q[p-1\leqslant q\leqslant p(p-1)/2]$，怎样构造图 G，使得 G 的连通性最好。换句话说，怎样构造图 G，可使其不论去掉哪些顶点，都能保证所余之图的连通性尽可能好？这类问题在现实生活中很多，现举例如下。

例 11.1 一般每一次战役中，各方都要事先建立通信网络，且需保证该网络即使被对方（敌人）炸坏几个通信站，其余的通信站仍然可以彼此通信。这里，有两个要求是必要的：一是不怕被敌人炸坏的通信站的数量要多，二是整体造价要低。显然，连通度越大，通信网络就越可靠；核度越小，可靠性越好。这是一个典型的可靠通信网络的优化设计问题。

例 11.2 分布式系统体系结构的关键是互连网络拓扑结构的设计问题。在以前的许多设计中，互连拓扑结构主要是为满足高速度和高效能，要求网络中信息传输的延迟尽可能小。近年来，人们开始重视互连拓扑结构的可靠性，将互连拓扑结构的可靠性优化设计放在与高效能同等重要的地位来考虑[1]，也就是说，把图（即互连拓扑结构）的连通性优化设计放在关键的位置上考虑。在这一领域内作出突出贡献的有迪拉伊·普拉丹（Dhiraj K. Pradhan）、苏达卡·雷迪（Sudhakar M. Reddy）[2]等。文献[3]中对这个问题又做了进一步的研究，但这些研究均是在连通度意义下展开的。

另外，C^3I（Conmunication，Conduct，Control and Information）分布系统互连拓扑结构的可靠优化设计、某些产品可靠性研究，甚至神经网络模型的设计（见本书第 9 章）都会遇到上述图的优化设计问题（即顶点数与边数给定条件下，如何设计使图的连通性最好）。为了统一，本章将图视作通信网络，并且把这种图的优化设计问题统称为可靠通信网络的优化设计问题。

11.2 哈拉里在可靠通信网络设计中的贡献

1962 年，哈拉里提出了可靠通信网络的一种优化设计方法[4]。这种方法的基本思想是在图的顶点数 p 与图的连通度 $\kappa(G)$ 给定的条件下，设计一个连通图 G，使 G 的边数 $|E(G)|$ 最小。在这个工作的基础上，后来有不少的学者进一步做了这一方面的工作。本节较详细地介绍哈拉里的工作。

定理 11.1 具有 $p(p\geqslant 3)$ 个顶点的 m-连通图 G 可能具有的最小边数满足

$$\min|E(G)|\geqslant\{mp/2\} \tag{11.1}$$

其中，$\{x\}$ 表示大小或者等于实数 x 的最小整数。

证明 由定理 2.6，有

$$m\leqslant\delta(G)$$

故有

$$mp\leqslant\delta p\leqslant 2|E(G)|$$

即

$$|E(G)|\geqslant mp/2\geqslant\{mp/2\}$$

至此，该定理获证。

哈拉里的工作实际上是构造了使式（11.1）中等号成立的一类图，即构造

了具有 p 个顶点、恰有 $\{mp/2\}$ 条边的 m-连通图，记为 $H_{m,p}$。这类图的构造依 m 、 p 的奇偶性，有下列 3 种情况。

（1）m 是偶数。设 $m=2r$，则可构造出 $H_{2r,p}$ 如下：它的顶点分别为 $0,1,\cdots,p-1$，并且当 $i-r\leqslant j\leqslant i+r$ 时（这里取模 p 加法运算），两个顶点 i 与 j 相邻（即 i 与 j 相连边）。图 11.1（a）展示了这种情况下构造的图 $H_{4,8}$。

（2）m 是奇数，p 是偶数。不妨设 $m=2r+1$，则 $H_{2r+1,p}$ 的构造方法如下：首先按情况（1）中的方法构造出 $H_{2r,p}$，然后在 $H_{2r,p}$ 中添加一些边，这些边将顶点 i 与顶点 $i+(p/2)$ 相连（$1\leqslant i\leqslant n/2$）。图 11.1（b）展示了这种情况下构造的图 $H_{5,8}$。

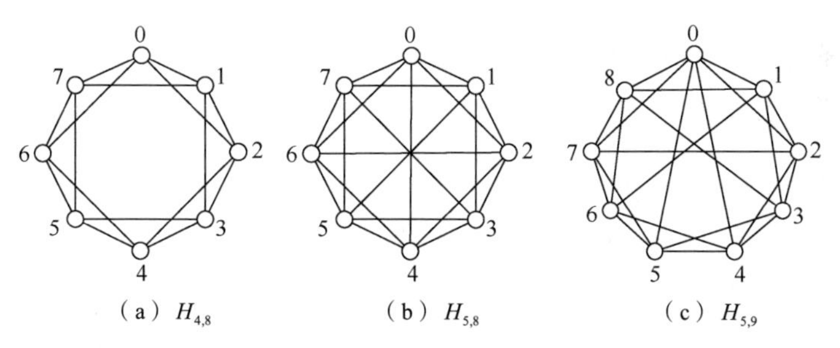

（a）$H_{4,8}$　（b）$H_{5,8}$　（c）$H_{5,9}$

图 11.1　定理 11.1 证明的示意图

（3）m 是奇数，p 是奇数。不妨设 $m=2r+1$，则 $H_{2r+1,p}$ 的构造方法如下：首先仍按情况（1）构造出 $H_{2r,p}$，然后在 $H_{2r,p}$ 中添加一些边，这些边把顶点 0 与顶点 $(p-1)/2$ 、顶点 0 与顶点 $(p+1)/2$ 、顶点 i 与顶点 $i+(p+1)/2$ 分别连接起来[$1\leqslant i\leqslant(p-1)/2$，加法仍取模 p 运算]。图 11.1（c）展示了这种情况下构造出的图 $H_{5,9}$。

很容易证明，利用上述构造方法获得的图 $H_{m,p}$ 的边数 $|E(G)|$ 恰好等于 $\{mp/2\}$，并且哈拉里证明了定理 11.2。

定理 11.2
$$\kappa(H_{m,p})=m \tag{11.2}$$

证明　证明按下述两种情况展开。

1.　$m=2r$

将证明：$H_{2r,p}$ 中没有少于 $2r$ 个顶点的点割集，如果存在 $V'\subseteq V(H_{2r,p})$，$|V'|<2r$，且 $\omega(H_{2r,p}-V')>1$。设 i 和 j 是属于 $H_{2r,p}-V'$ 的两个不同连通分支中的两个顶点，考虑以下两个顶点集：

$$S=\{i,i+1,\cdots,j-1,j\}$$

$$T=\{j,j+1,\cdots,i-1,i\}$$

这里的加法取模 p 加法。由于 $|V'|<2r$，为不失一般性，可以假设 $|V'\cap S|<r$，这样，显然在 $S-V'$ 中有一个由不同顶点构成的序列，它开始于 i 而终止于 j，并且任意两个相继顶点间的差最多是 r。但是，这样的序列就是 $H_{2r,p}-V'$ 中的一条 i 到 j 的路，导致矛盾。因此，有

$$\kappa(H_{2r,p})\geqslant 2r \tag{11.3}$$

另外，由于 $\delta(H_{2r,p})=2r$，所以有

$$\kappa(H_{2r,p})\leqslant 2r \tag{11.4}$$

综合式（11.3）和式（11.4），有

$$\kappa(H_{2r,p})\geqslant 2r \tag{11.5}$$

2. $m=2r+1$

仍按上述情况1中的思路，证明：$H_{2r+1,p}$ 中没有少于 $2r$ 个顶点的点割集，如果存在，设 V' 是 V 的任一个子集，且 $|V'|>2r+1$。分两种情形：

（1）当 $|V'|>2r$ 时，由情况 1 知 V' 不是 $H_{2r,p}$ 的点割集，自然也不是在 $H_{2r,p}$ 上加些边而构成的 $H_{2r+1,p}$ 的点割集。

（2）当 $|V'|=2r$ 时，设 V' 是 $H_{2r+1,p}$ 的点割集，i,j 属于 $H_{2r+1,p}-V'$ 的不同分支，考察以下两个顶点集合：

$$S=\{i,i+1,\cdots,j-1,j\}$$

$$T=\{j,j+1,\cdots,i-1,i\}$$

若 S 或 T 中，有一个含 V' 的点数小于 r 个，则在 $H_{2r+1,p}-V'$ 中存在 i 到 j 的路，该结论矛盾。

若 S 或 T 中都含有 V' 的 r 个顶点，且其中一个（如 S 中）V' 的 r 个顶点不是相继连成一段的，则 $S-V'$ 被分成两段，含 i 的记作 S_1，含 j 的记作 S_2。同样，$T-V'$ 也被分成两段，含 i 的记作 T_1，含 j 的记作 T_2。这样一来，$V-V'$ 被分成两段，$S_1\cup T_1$ 含 i，$S_2\cup T_2$ 含 j，这两段本身是连通的，且含 i 段的中间一点（或最靠近中间的）i_0 与含 j 段的类似点 j_0 满足

$$j_0=\begin{cases} i_0+\dfrac{p}{2} & p\text{是偶数} \\ i_0+\dfrac{1}{2}(p+1) & p\text{是奇数} \end{cases}$$

故有边相连。于是 $H_{2r+1,p}-V'$ 中有路 $(i,\cdots,i_0,j_0,\cdots,j)$，结论矛盾。因此，有

$$\kappa(H_{2r+1,p}) \geqslant 2r+1 \tag{11.6}$$

又由 $\delta(H_{2r+1,p}) = 2r+1$ 得

$$\kappa(H_{2r+1,p}) \leqslant 2r+1 \tag{11.7}$$

因此，有

$$\kappa(H_{2r+1,p}) = 2r+1 \tag{11.8}$$

由式（11.7）和式（11.8），式（11.2）获证。

基于上述内容，不难证明定理 11.3。

定理 11.3　图 $H_{m,p}$ 的边连通度为

$$\lambda(H_{m,p}) = m \tag{11.9}$$

11.3　核度与可靠通信网络

如果将一个连通图视为一个通信网络，顶点表示通信站，边表示相关联的两个通信站直接通信。这样，图的连通性问题就转化成通信网络的可靠性问题。换言之，通信网络的可靠性与图的连通性等同。

过去人们研究图的连通性均是在连通度（即图的点连通度 $k(G)$ 及边连通度 $\lambda(G)$）的基础上展开的，因而通信网络可靠性的研究也是在此基础上进行的。对于一个通信向络 G，$k(G)$（$\lambda(G)$）表示在 G 中破坏掉 $k(G)$ 个通信站（或 $\lambda(G)$ 条通信线），就会使整个通信网络被破坏（即剩余的通信站无法相互之间都通信[①]）。

图的核与核度概念的诞生，弥补了刻画图的连通性方面的不足，自然也为通信网络的可靠性研究提供了新工具和新方法。本节主要讨论两个问题：

（1）对于一个给定的通信网络 G，如何判断 G 在核度 $h(G)$ 意义下的可靠性?

（2）在通信站数 p 和通信线数 q 给定的条件下，怎样设计一个通信网络 G，使得 G 的通信性能尽可能地好?

对于第一个问题，由于通信网络的可靠性等同于图的连通性，因此一个通信网络 G 的核度越大，则说明 G 的连通性越差，即通信网络的可靠性越差；G 的核度越小，说明连通性越好，即通信网络的可靠性越好。换言之，

① 这里所说的相互通信，是指在网络中存在一条连接两个通信站的路。

有准则 11.1。

准则 11.1 若 G_1 与 G_2 表示两个通信网络（要求非平凡且连通），若 $h(G_1)>h(G_2)$，则 G_2 的可靠性较 G_1 的可靠性好。若 $h(G_1)=h(G_2)$，则进一步用核能量[①]来判别：若 $e(G_1)>e(G_2)$，则 G_2 的可靠性较 G_1 好；若 $h(G_1)=h(G_2)$ 且 $e(G_1)=e(G_2)$，则认为 G_1 与 G_2 的可靠性相同。

这个准则实质上与准则 8.1 一样。

基于准则 11.1，对一个通信网络 G 的可靠性好坏进行判别，最关键的问题就是要计算核度 $h(G)$。实际上，求一个给定网络的核度不但是讨论可靠性需研究的问题，而且是整个“系统核与核度”的最基本的理论，因而是最令人关心的问题。事实上，本书第 3 章已经对这个问题进行了一些初步的介绍，如 P_p、C_p、K_p、$K_{p_1,p_2,\cdots,p_n}$ 等特殊图的特殊计算公式，连通图 G_1 与 G_2 的联图 G_1+G_2 的核度 $h(G_1+G_2)$ 的递推算法（见 3.3 节），树的核度的递推算法（见 3.5 节）等。本书第 7 章还通过讨论子核，对计算核与核度的一般性问题进行了更为深入的研究，这里就不再重述。

关于本节要讨论的第二个问题（换言之，即损坏掉若干个通信站，而其余通信站之间仍尽可能地相互通信），本书第 6 章已给出了详细构造方法，即最小核度网络图的构造方法，且在第 9 章对此矩阵特征进行了介绍，这里不再赘述。

11.4 赋权通信网络

现实生活中的通信网络无法像前文介绍的模型那样每条通信线、每个顶点的通信都100%可靠，对优化设计问题更是如此。例如，实际的通信网络中有些通信站之间根本就不可能架设通信线，有些地方无法设立通信站，等等。面对这些情况，人们应该怎样设计通信网络，使得通信网络的可靠性最好？为了清晰起见，本节将这个问题划分为下列 4 种情况。

（1）给定通信站 $p(p\geqslant 3)$、通信线 q，且有

$$p-1\leqslant q<\binom{p}{2}$$

若某些通信站之间不能有通信线，在不考虑线的长短，只考虑整体可

① 核能量的概念参见本书 8.1 节。

靠性（假定通信线可靠度是 1）的情况下，怎样构造通信网络，可使其可靠性最好？

这种情况称为在约束条件下的可靠通信网络。这个问题显然要针对具体问题具体对待，其目的是求在约束条件下如何使网络的可靠性(或图的连通性)尽可能好。这里不讨论此问题，有兴趣的读者可参阅文献[5]～文献[7]。

（2）点赋权的通信网络。设网络图 G 的顶点集 $V(G)=\{1,2,\cdots,p\}$，每个顶点赋权为 $W(i)$，表示顶点 i 的可靠度（或其他意义），且网络图的通信线的数量已知，问：怎样设计使通信的可靠性最好？如何判别这个点赋权通信网络的可靠性？

（3）线（或边）赋权的通信网络。该网络中的每条通信线 e 均赋权 $W(e)$，一般表示可靠度（自然，这时 $0\leqslant W(e)\leqslant 1$），有时也表示两个通信站之间线的长度等。关于此类网络模型的研究也有两个方面的工作：如何判别一个给定网络的可靠性？在网络顶点数及总权数给定的条件下，怎样设计使网络的可靠性最好？

（4）一般情况，即网络的顶点、通信线均赋权的情况。需要研究的问题与上面 3 种情况相同，即判别可靠性的好坏与优化设计问题。

这些问题的研究很复杂且不属本书范围，这里不再展开介绍。

11.5　本章小结

本章介绍了可靠通信网络的优化设计方面的相关研究。首先通过列举现实生活中的实例，说明很多实际问题都可归结为图的优化设计问题。将图视为一个通信网络，这种图的优化设计问题就是可靠通信网络的优化设计问题，因此，网络的连通性问题等价于通信网络的可靠性问题。然后，详细介绍了哈拉里关于可靠通信网络的优化设计的相关工作。本章提出采用核与核度作为研究通信网络的新工具，可用于判断网络的可靠性，并介绍了核与核度在可靠通信网络的优化设计方面的应用。鉴于现实生活中的很多通信网络都是赋权的，本章最后对赋权无向网络的通信网络优化设计问题进行了讨论。

参考文献

[1] Rennels D A. Distributed Fault-tolerant Computer Systems[J]. Computer, 1980, 13(3): 55-65.

[2] Pradhan D K, Reddy S M, A Fault-tolerant Communication Architecture for Distributed Systems[J]. IEEE Transactions on Computers, 1982, 31(9): 863-870.

[3] 张建中. 一种分布式系统的容错互连拓扑结构[J]. 电子学报，1989, 17(1): 122-124.

[4] Harary F. The Maximum Connectivity of a Graph[J]. Proceedings of the National Academy of Sciences of the United States of America, 1962, 48(7): 1142-1146.

[5] 许进. 约束条件的网络可靠性[J]. 通信学报. (待发表).

[6] 许进, 席西民, 汪应洛. 系统的核与核度理论(II)——优化设计与可靠通讯网络[J]. 系统工程学报, 1994(1): 1-11.

[7] 许进，焦李成，保铮. 最小核度神经网络(I)——拓扑结构与状态方程，(II)——稳定性分析，(III)——电路实现[Z]. (待发表).

第 12 章

系统核与核度理论在社交网络研究中的应用

本章主要包含 3 部分内容，首先应用系统核与核度理论给出一种判别一个群体人际关系优劣的新方法，并且讨论在不同条件下优化设计人际关系的方法与步骤；然后针对互联网社交媒体提出了用户兴趣集中度的度量方法；最后讨论基于核度的社交网络影响最大化问题，并给出一种计算社交网络影响最大化的新方法。本章仅仅为这方面的研究起抛砖引玉的作用，有兴趣的读者可在此基础上展开进一步研究。

12.1 概述

群体人际关系是社交网络和社会心理学领域的研究课题，而对小群体人际关系问题的研究在群体人际关系研究中占主导地位。通常，小群体是指成员之间进行直接人际交往的小规模群体[1]，它在社会关系体系中占有特殊的地位，对个性的社会化及各种形式的社会管理有一定的影响。因此，度量和分析小群体，尤其是它的人际关系具有重要的现实意义。

所谓人际关系，就是人与人之间的心理上的关系或心理上的距离，它反映了个人或群体寻求满足需要的心理状态。因此，人际关系的变化与发展取决于双方需要满足的程度。如果双方在交往中，其需求都能得到满足，相互之间会形成接近、友好、信赖的心理关系。相反，如果双方在交往中，其需求得不到满足，相互之间就会形成疏远、回避，乃至敌视的心理关系。这种接近、友好、疏远或敌视的关系，都是心理上的距离，统称为人际关系。

人际关系按其规模的大小和人数的多少，可分为 3 种情况，即两个人之间的关系、个人与群体之间的关系、个人与组织的关系。按其需求，心理学家 W. C. Schutz[2]认为可分为 3 类，即相容的需求、控制的需求和感情的需求。有关人际关系在心理学中的详细讨论，这里不再论述，详见文献[2]中的相关章节。

早在 20 世纪 30 年代，心理学家 J. L. Moreno 在研究心理剧时，最先提出用**社会测量法**研究群体人际关系。这种方法是用问卷、答卷的形式确定人们之间是接纳、友好的关系，还是拒绝、冷淡的关系，从而用图表或数学公式表现出这种关系。通过社会测量，可以在较短的时间内确定群体中人与人之间的相互关系是否融洽、什么人最受孤立、什么人最受爱戴、群体中是否有小圈子等一系列问题。这种方法显然对于了解和改进企业中班组的结构有重要的意义。

由 Moreno 创立的测量人际关系的社会测量法，后来经过许多社会学家、心理学家以及数学家们的深入研究，尤其引入网络图论作为研究的数学理论基础，不断得到改进和发展。

Fritz Heider 提出的平衡理论[3]较合理地解释了人际关系的平衡机制。后来，Theodore M. Newcomb、George C. Homans、James A. Davis、Paul W. Holland 和 Samuel Leinhardt 等人又提出了群体人际关系的不同结构和不同模式，特别是 Davis、Holland 和 Leinhardt 采用图论研究了群体人际关系结构[4]，以"编码"的方式精细地分析了群体人际关系的结构特性，如各种"三角关系"的微观结构。还有些研究者对群体人际关系的分类问题给出了各种不同的算法[5]，较清楚地分析了群体人际关系的各种类型，为了解群体人际关系结构提供了必要的数学方法。

对于一个群体，总有一个或者多个人在该群体的人际关系网络中占有重要的位置，如果除去这些人，则这个群体的人际关系将在其稳定性、相互之间的协调性，甚至这个群体的存在方面受到很大的影响，这个人（或这些人）被称为这个**群体人际关系的核**。通过这个核，可进一步研究这个群体人际关系的结构、其他人员的士气、中心人物突出与否、群体人际关系的稳定性等许多问题，这正是本章所要研究的问题——利用系统核与核度来研究群体人际关系。核与核度理论能帮助研究者们迅速地分辨群体的中心人物，以及中心人物的突出程度，准确地判断这个群体人际关系的优劣状况。特别值得强调的是，在不同的条件和要求下，核与核度理论能够给出最佳群体人际关系结构的优化设计方案。

本章讨论的人际关系网络是一种较简单的网络，即假设人与人之间的关系是相互的。这样，群体人际关系网络便相当于一个简单无向网络图，通过这个网络图，可分析群体人际关系的优劣、优化设计等问题。

作为社交网络分析的一个组成部分，对信息传播机制的研究具有重要的价值。对有益信息和有害信息的传播方式进行研究，能够更好地了解和检测到不同信息属性，并有效地对传播速度和广度进行增益或阻滞。本章研究社交网络影响最大化问题，涉及的网络图概念参见文献[6]，心理有关概念参见文献[2]，系统科学有关概念参见文献[7]。

12.2　群体人际关系分析的新方法——核与核度法

一个群体人际关系[①]的好坏直接影响着该群体的工作、学习、效益等许多问题，所以研究群体人际关系具有重要的现实意义。

将一个群体视为一个系统，由系统核的定义不难看出，一个群体的中心人物可视为这个群体的核。如果群体构成的关系网络核度大，说明这个群体的中心人物突出，并且由于网络的连通分支数大于或者远远大于（基于 $h(G)=\omega(G-S^*)-\left|S^*\right|$ ）中心人物的人数，说明其他成员（非中心人物）之间的关系交往不好，由此说明这个群体内非中心人物之间的关系较差。

如果一个群体构成的关系网络核度小，这表明：第一，$\left|S^*\right|$ 大于或者远远大于 $\omega(G-S^*)$，则这个群体内中心人物的人数太多（有时甚至中心人物比非中心人物还多），这些中心人物显得“不中心”，说明中心人物不突出；第二，由于中心人物太多，导致这个群体实际上无中心人物，由 $\left|S^*\right|$ 大于或者远远大于 $\omega(G-S^*)$ 可知，成员们的关系较好。

基于上述讨论，本节可以给出运用系统核与核度方法来分析群体人际关

① 这里所说的关系是一个广义的概念，可以理解为正常的关系，还可理解为接触、相识等。

系优劣的准则。

准则 12.1 设 G 是某群体人际关系网络图，并假设它是连通无向的，若 $h(G)$ 越大（一般认为大于 0）、$\left|S^*\right|$（S^* 是 G 的核）越小，则这个群体内的中心人物越突出，但非中心人物之间的关系越差；若 $h(G)$ 越小（一般认为小于 0 或者等于 0）、$\left|S^*\right|$ 越大，则这个群体内的中心人物越不突出，且群体内非中心人物的关系越好。

一般而言，一个群体内的中心人物突出与否和这个群体是否足够稳定有很大关系，若中心人物突出，则这个群体较稳定，否则稳定性较差[2]。

例 12.1 某工厂中的甲、乙两个车间各有 10 人，通过调查得知，这两个车间的人际关系网络图如图 12.1 所示，试分析比较这两个车间的人际关系情况、稳定情况等。

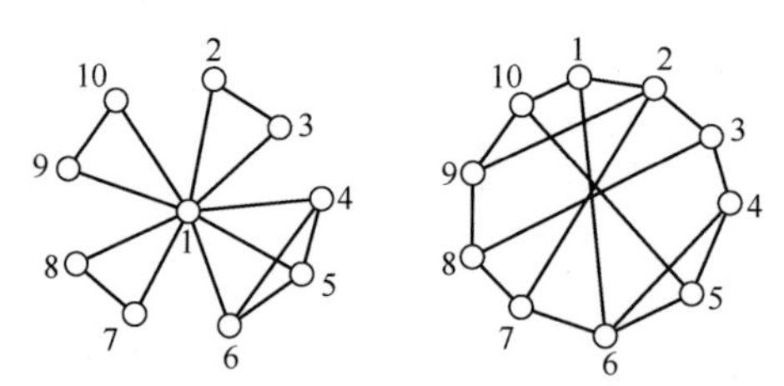

（a）甲车间的网络图 $G_甲$ （b）乙车间的网络图 $G_乙$

图 12.1 甲乙两个车间人际关系网络图

解 先分析甲车间的网络图 $G_甲$，显然，其核是唯一的 $G_甲^* =\{1\}$，由于 $h(G_甲)=3$、$\left|S_甲^*\right|=1$，且 $h(G_甲)>0$，故甲车间的中心人物只有一个，当然突出且稳定。

对于 $G_乙$，由于 $h(G_乙)=-1<0$，并且有好几个不同的成员可作为核，因而该车间的中心人物不突出，稳定性较差，但成员之间的关系较好。

对于甲车间，可展开进一步分析。由于 $G_甲-1$ 后可得 4 个连通分支，如图 12.2 所示。

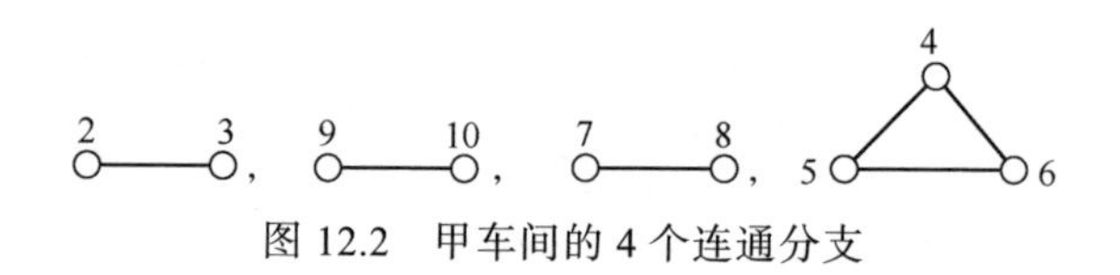

图 12.2 甲车间的 4 个连通分支

故应注意这个车间容易形成帮派。

12.3 人际关系的优化设计

对于一个将要成立的群体，根据实际情况的不同，可能要求这个群体的性质、作用不同，因而反映在人际关系的要求就不同。例如，一所学校里包括中层领导在内的校领导机构就可看作一个群体，该群体人员之间的关系是行政业务上的相互“交往”。按照这种关系，这个群体便形成一个关系网络图。那么，为了避免人浮于事、官僚主义、办事效率低，应该怎样根据学校的实际情况设计这个群体人员之间的“交往”？怎样设计中心人物，且核值 $|S^*|$ 为多少时最为合适？

再如，工厂要求某个车间的成员相互协作好，但不一定要中心人物。对于这种情况，厂领导应如何安排人员进入这个车间，以满足该车间实际工作的需要？

一般情况下，对一个群体人际关系的要求或需要满足的条件不同，组织管理或者安排人员时采用的决策方案也会不同。下面给出几类不同条件、不同要求下人际关系的优化设计模型。

模型12.1　要求群体的中心人物突出，组织结构要稳定，关系尽可能少。

该模型即要求设计的网络的**核度大**，核值 $|S^*|$ 较小，一般可采用联合使用定理 4.3 和定理 6.1 的方法。为方便阅读，重述如下。

定理 12.1　若顶点数为 $p(p\geqslant 4)$ 的连通网络图 G 的核度为 h，则这类网络图可能具有的最小边的数量由下式给出（其中 $G\in G[p]$，$G[p]$ 表示由具有 p 个顶点的所有连通网络图构成的集合）：

$$\min_{G\in G[p]}|E(G)|=\begin{cases}p-1 & 1\leqslant h\leqslant p-2\\ \left\lceil\dfrac{p(2-h)}{2}\right\rceil & -(p-4)\leqslant h\leqslant 0\\ \dbinom{p}{2} & h=-(p-2)\end{cases}$$

这类网络图的构造方法可参见文献[8]。

定理 12.2　具有 $p(p\geqslant 5)$ 个顶点，且核值为 $n(1\leqslant n\leqslant p-1)$ 的连通网络图可能具有的最大核度为 $p-2n$。

该定理中的核值指核中的元素个数。满足该定理的网络图的构造方法可参见文献[9]。

模型 12.2 不要求中心人物突出，但要求成员之间关系好，且关系尽可能多。

该模型要求设计的网络的**核度小**，核值 $|S^*|$ 有可能大些，关系尽可能多。可根据实际情况，采用定理4.1和定理6.2进行构造，为方便阅读，重述如下。

定理 12.3 具有 $p(p\geqslant 4)$ 个顶点、核度为 h 的网络图，可能具有的最大边数如下（必须连通）。

（1）当 $1\leqslant h\leqslant p-2$ 时，最大边数为

$$\max_{G\in G[p]}|E(G)|=\begin{cases}\dbinom{p-h}{2} & \text{当}2p-4h\geqslant 3a\\ \dfrac{1}{2}a(2p-a-1)+\dbinom{p-2a-h+1}{2} & \text{其他}\end{cases}$$

（2）当 $-(p-4)\leqslant h\leqslant 0$ 时，最大边数为

$$\max_{G\in G[p]}|E(G)|=\binom{p-1}{2}+2-h$$

（3）当 $h=-(p-2)$ 时，最大边数为

$$\max_{G\in G[p]}|E(G)|=\binom{p}{2}$$

其中，$a=[(p-h)/2]$，$\dbinom{p}{2}$ 表示从 p 个元素中任取2个元素的组合数。

满足定理12.3的网络图的构造方法可参见文献[8]。

定理 12.4 具有 $p(p\geqslant 4)$ 个顶点，核值 $|S^*|=n(1\leqslant n\leqslant p-2)$ 的连通网络图可具有的最小核度为 $2-n$。

满足定理12.4的网络图的构造方法可参见文献[9]。

12.4 社交媒体用户兴趣集中度的度量方法

电子社交媒体具有高度的实时可访问特性，例如智能手机上的新闻客户端和社交平台应用程序能够实时获取新闻热点。电子社交媒体已经成为人们

日常接收新信息的主要方式，但是信息数据量也随之急剧增加。与此同时，电子社交媒体的兴起也使得原始阅读方式发生了转变，人们从单一的浏览新闻，转变为具有多种交互行为的阅读方式，例如对新闻进行点赞、评论和转发等。如何从海量的信息中为用户提供感兴趣的内容、激发用户实施交互行为并设计相应的推荐系统，是研究人员的关注热点。本节以新闻推荐系统为例，基于核与核度理论对用户兴趣集中度进行了研究。

用户对新闻的兴趣集中度因人而异，现有方法虽然从不同角度对电子社交媒体的推荐系统进行了研究，但是都没有给出一种可解释的用户兴趣集中度的度量方法。现实场景中，一些用户可能对多个类别的新闻感兴趣，而一些用户专注于特定类别的新闻。因此，每个用户对新闻类别需求的多样性程度具有差异。兴趣集中度较高的用户倾向于接收某种类型的新闻，并进行相似的行为，而兴趣集中度较低的用户倾向于进行更多不同的行为。

在研究的过程中，注意到用户、新闻、类别、主题和用户实施的多种行为自然构成了一类异质图，如图 12.3 所示。图中的节点由用户、新闻、类别、主题等构成。该图几乎包含了新闻数据中所有信息。本节研究如何在异质图结构数据中获取用户的兴趣集中度。首先给出异质图的定义，即定义 12.1。

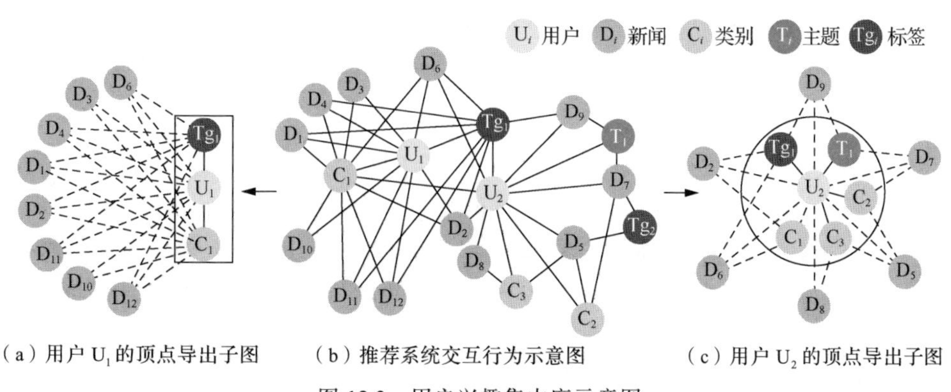

图 12.3　用户兴趣集中度示意图

定义 12.1　给定图 G，$f^V: V \to \mathfrak{J}^V$ 表示顶点类型映射函数，$f^E: E \to \mathfrak{J}^E$ 表示边类型映射函数，其中 $\mathfrak{J}^V$ 和 $\mathfrak{J}^E$ 分别是非空顶点类型集合和边类型集合。如果 $|\mathfrak{J}^V| + |\mathfrak{J}^E| > 2$，则称图 G 是异质图。

本节研究的是新闻推荐系统，因此，异质图中必然包含用户顶点和新闻顶点，以及这两类顶点之间的边。与此同时，可以根据实际情况包含用户和新闻的一些属性节点和连接关系。

在新闻推荐场景中，异质图如图 12.3（b）所示。在这样的图中，每个顶点分别代表单个用户、新闻、类别、主题或标签，并且根据用户和新闻的属性以及用户触发新闻的行为连接边。如图 12.3（a）（c）所示，通过特定用户顶点及其所有相邻顶点，可分别提取用户 u_1 和 u_2 的顶点导出子图。观察图 12.3（a）（c）可以发现，如果删除矩形框（或圆形框）中的节点，则相应子图会进入离散状态。因此，矩形框（或圆形框）中的顶点起着重要的作用，是子图的核。比较矩形框和圆形框中顶点的数量及其图的离散程度，可以直观地得出结论：两个用户对新闻多样性有不同的需求，即 u_1 对阅读特定类别的新闻感兴趣，而 u_2 对多个新闻类别感兴趣。

使用用户 u 导出子图 G_u 的核与核度对 $\left(|S_u|, h(G_u)\right)$ 来度量用户对新闻的兴趣集中度并进行分析，可以得到，较大的 $h(G_u)$ 或 $|S_u|$ 意味着更多的连通分支或更多的重要顶点，进一步意味着较低的兴趣集中度，及较大的新闻多样性需求。原则上，兴趣集中度高的用户倾向于针对某种特定类型的新闻产生很多相似的阅读行为。相反，兴趣集中度低的用户倾向于阅读多类型的新闻并产生更多不同的阅读行为。

兴趣集中度特征学习的计算流程如图 12.4 所示，首先从整体异质图中提取特定用户的顶点导出子图。每个子图仅包含特定的用户顶点及其所有相邻顶点。计算核 S_u 和核度 $h(G_u)$，二元组 $\left(|S_u|, h(G_u)\right)$ 将用于度量该用户的兴趣集中度。由于 S_u 不是唯一的，因此需计算 S_u 中的顶点数，选择顶点数最少的作为子图的核。核与核度的数值计算方法参见本书 12.4 节，以及第 13 章和第 14 章。最后，给出基于核与核度的用户兴趣集中度的定义，即定义 12.2。

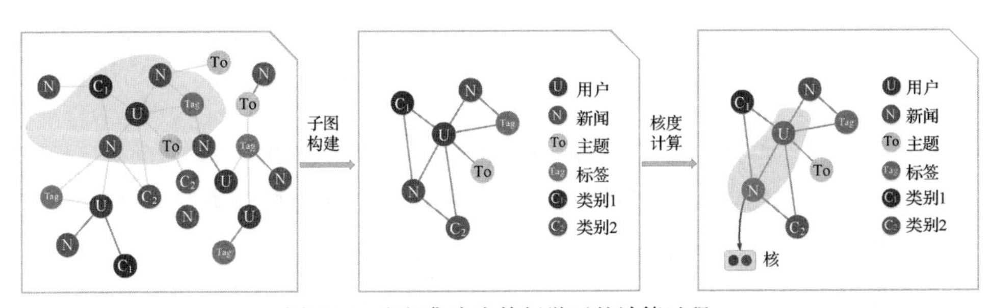

图 12.4　兴趣集中度特征学习的计算过程

定义 12.2[10]（兴趣集中度）给定异质图 G，对于用户 u，提取以顶点 u 及其所有相邻顶点为顶点集合的顶点导出子图 G_u，二元组 $\left(|S_u|,h(G_u)\right)$ 称为用户 u 的兴趣集中度。

12.5　基于系统核与核度理论计算社交网络影响最大化

本节主要应用系统核与核度理论介绍一种计算社交网络影响最大化的新方法。社交网络影响最大化问题是指在特定传播模型下找出网络中的一组节点，使得信息传播的范围达到最大。从网络结构的角度来看，核节点是衡量网络连通性的重要节点，是一种新颖并且具有竞争力的度量节点影响力的方法。以核与核度为理论工具，本节提出了影响最大化数值求解算法，并将该方法在 USAir97 和 HEPTH 数据集中和其他传统算法进行了比较实验。实验结果表明，基于系统核与核度理论的方法实现了较好的影响力传播效果，同时该方法能够实现快速收敛。

12.5.1　社交网络影响最大化问题

本节研究的问题是社交网络影响最大化问题。以图为工具对社交网络进行建模，每个人代表一个节点，人与人之间的关系形成边。当网络中出现一条信息时，该消息可以通过边从一个节点传递到另一个节点。影响最大化问题就是关于如何从网络中选择 k 个节点作为初始活动节点集 S，然后通过网络传播，使得传播结束时得到的活跃节点集合 $\sigma(S)$ 达到最大的问题。解决这个问题可以帮助人们实现以最少的投入获得最佳的信息扩散效果的目的。

为了求解影响最大化问题，研究人员做了很多工作。Pedro Domingos 和 Matt Richardson[11,12]首次用概率方法将影响最大化问题作为算法问题进行研究，David Kempe 等人[13]系统地将其表述为离散优化问题。他们提出了贪心算法以获得近似最优解。Jure Leskovec [14]提出了 Lazy-forward 方法以加快贪心算法。Masahiro Kimura[15]基于 IC 模型提出了最短路径模型（Shortest-Path Model，SPM）和最短路径距离增一模型（SP1 Mode，SP1M），以有效地计算扩散范围。王亚军等人[16]也出于类似的目的提出了最大影响力树（Maximum Influence Arborescence，MIA）模型和去除前缀最大影响树（Prefix excluding MIA，PMIA）模型。另外，研究人员还进一步提出了基于社区的方法[17]和基于路径的方法[18]。启发式方法也被用于解决影响最大化问题。王亚军等人[19]在独立级联模型（Independent Cascade Model，ICM）中提出 Degree Discount 方法，有效地改进了计算效率并获得了接近贪心算法的扩散结果。宋国杰等人[20]利用模拟退火算法启发式地获取了目标节点。郑孝敏（Kyomin Jung）等人[21]提出了影响排序影响估计（Influence Rank Influence Estimation，IRIE）方法来可扩展且可靠地解决该问题。

此外，还有一些方法可以根据节点的拓扑结构属性对节点的影响进行排序。例如，中间度和距离中心度就是这种方法的简单代表。但是它们会受到所选节点之间影响范围交叉的影响。因此，许多启发式方法被提出来用以改善结果。周涛等人[22]提出了一种基于 PageRank 的 LeaderRank 算法，以使其更适合社交网络场景。廖东升等人[23]结合度、中间度与 k 核，提出了全方位节点的概念。曾安等人[24]提出了一种基于节点重要性排序指标（k-shell）方法的混合度分解（Mixed Degree Decomposition，MDD）度量，以改进扩散结果。刘建国等人[25]考虑从目标节点到具有最高 k 核的节点集的最短距离，并进一步区分具有相同的 k 核值的节点。周涛等人[26]考虑了聚类系数并提出了 ClusterRank 算法。

本节提出了一种基于系统核与核度理论[27]的新方法来解决影响最大化问题。核度是衡量网络连通性的一种方法，可以反映网络结构。在某种程度上，核度可以用来衡量节点对于信息传播的影响，所以可以将核度理论应用于影响最大化问题来得到 k 个初始节点。

下面首先介绍本章使用的扩散模型，然后给出求解网络核度的方法，并以此为基础，提出一种求解社交网络影响最大化节点集的算法。最后，基于 Wayne W. Zachary 的空手道俱乐部网络[28]，给出实验结果并分析不同节点选择算法的性能。

12.5.2 扩散模型

扩散模型是为了研究和模拟信息的实际传播过程而被提出的。大多数情况下，这些扩散模型是基于传染病模型设计的。本节使用 3 个被广泛使用的扩散模型，包括独立级联模型、加权级联模型（Weighted Cascade Model，WCM）和线性阈值模型（Linear Threshold Model，LTM）。在这些模型中，每个节点可以处于两种状态，即活跃状态和非活跃状态。节点的活跃状态表示对应的个体接收信息；节点的非活跃状态表示对应的个体不接收信息。在这 3 个模型中，节点可能会受其相邻节点影响，从非活跃状态转变为活跃状态，但不能朝相反的方向变化。假设信息传播从给定的活跃节点集开始。

1. 独立级联模型

独立级联模型是由 J. Goldenberg 在文献[29]、文献[30]中提出的。当信息在此模型中传播时，节点只能在刚刚被激活时尝试激活其非活跃的邻居节点。首先假设节点 v 在 t 时刻是新激活的节点。对于每个不活跃的邻居 w，节点 v 以概率 $p_{v,w}$ 激活 w。如果激活成功，节点 w 将在 $t+1$ 时刻变为活跃状态；如果激活失败，则节点 w 仍保持非活跃状态。同时无论是否激活成功，节点 v 都无法在以后的时间里尝试激活其他节点。如果一个非活跃的节点 w 具有多个在 t 时刻刚变为活跃状态的邻居，则邻居尝试激活它的顺序并不重要。概率 $p_{v,w}$ 与所有先前激活节点 w 的尝试无关。独立级联模型的传播过程将以这种方式继续进行，直到没有新激活的节点为止。为简单起见，在本章的实验部分中，设定一个节点对其所有邻居的激活概率均相同，表示为 p。

2. 加权级联模型

加权级联模型可以看作独立级联模型的一种特例[13]。在此模型中，活跃节点 v 激活其不活跃邻居节点 w 的概率与节点 w 的度有关。假设节点 w 的度为 d_w，则概率 $p_{v,w}=1/d_w$。

从上面的描述中可以看到，如果一个节点有很多邻居，那么每个邻居对该节点的影响会被平均为一个很小的值，这可以在某种程度上反映实际的人际关系。例如，如果一个人只有一个朋友，那么这个朋友对他的建议肯定很有影响力；但是，如果他有很多朋友，那么当他做出决定时，其中的某一个朋友并不能扮演重要角色。

3. 线性阈值模型

与上述两个模型不同，在线性阈值模型中，节点 w 是否可以在特定时间 t 变为活跃状态，由其所有活跃邻居的综合影响决定。对于节点 w 的每个邻居节点 v，节点 v 对节点 w 的影响表示为 $b_{w,v}$ [13]。这里有一个限制，即 $\Sigma_v b_{w,v} \leqslant 1$，其中 v 代表节点 w 的每个活动邻居节点，$b_{w,v}$ 是节点 v 使节点 w 变为活跃状态的概率。由于节点 w 变为活动状态的概率最大为1，因此所有概率的总和不能大于1。

在此模型中，如果所有节点 w 的活跃邻居节点的影响之和超过特定阈值 θ_w，则节点 w 从不活跃状态变为活跃状态。也就是说，如果有

$$\sum_{v\text{:active neighbor of } w} b_{w,v} \geqslant \theta_w$$

则节点 w 被激活。阈值 θ_w 可以反映节点 w 变为活跃状态的趋势。该阈值越大，对应节点的激活就越困难。在本章实验中，所有节点的阈值被设置为相同的值。

12.5.3 基于子核的核度求解算法

本小节在小型社交网络中描述核度概念，如图 12.5 所示。Zachary 的空手道俱乐部网络[28]是一个著名的网络，常用于社交网络研究。该网络有34 个节点(忽略孤立的节点)和 78 条边。每个节点代表空手道俱乐部中的一个人，两个节点之间的一条边意味着两个人的互动超出了空手道俱乐部的正常活动范围。节点 34 和节点 1 分别代表空手道俱乐部的教练和管理员。这个空手道俱乐部被观察了 3 年。在这段时间里，该空手道俱乐部由于管理员和教练之间的分歧，分成了围绕管理员和教练的两个小组。

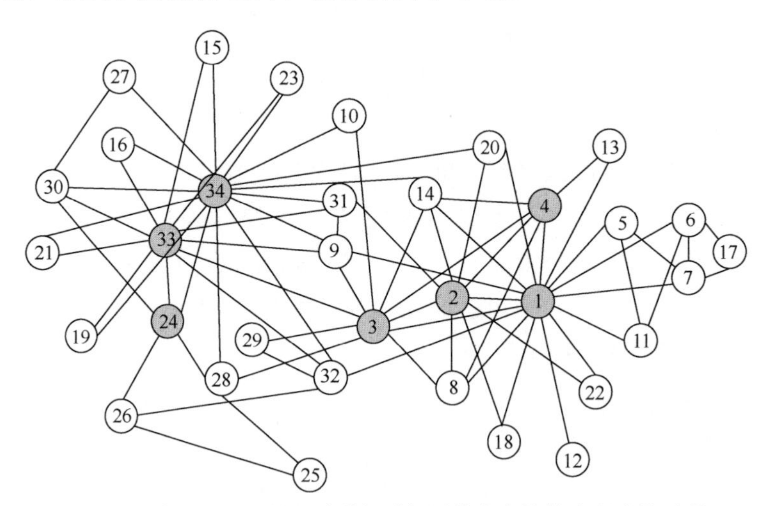

图 12.5 在 Zachary 的空手道俱乐部网络中实施核度理论的过程

观察图 12.5 可以发现，空手道俱乐部网络的核度为 10，并且存在一个由

7 个节点组成的唯一的核，即节点 1、2、3、4、24、33 和 34（图中深色的节点），这意味着删除该核将生成 17 个连通分量。节点 15 是核的一个广义悬挂节点，因为 $N(15)=\{33,34\}\subseteq\{1,2,3,4,24,33,34\}$。节点集 $S'=\{33,34\}$ 是一个常规子核，因为 $\Gamma^{+}(\{33,34\})=\{15,16,19,21,23\}$，$|\Gamma^{+}(\{33,34\})|=5>2=|\{33,34\}|$ 且不存在任何大小为1的常规子核。根据上述结果，可以清楚地观察到空手道俱乐部的核中有两个节点组，即仅从空手道俱乐部的拓扑信息便可以得出俱乐部人员分裂的预见。

上面的网络分析阐述了核度理论的实际含义，本小节基于核度的一些理论知识提出计算核与核度的算法。该算法的理论来源是本书第 7 章中的子核理论，详见定理 7.3、定理 7.4。

算法 12.1[21]　FindCore(G,core)

输入： 图 G 和已经得到的核 core。

输出： 核度和图 G 的核。

如果　常规核 S 存在，那么

　　core $\leftarrow$ core $\cup S$

　　从 G 中去掉常规核 S；

　　从 G 中去掉悬挂节点集合 $\Gamma^{+}(S)$；

　　对于$\omega(G_S)$中的每个连通分量 G_i，$h(G_i)=\text{FindCore}(G_i,\text{core})$；

　　返回 $|\Gamma^{+}(S)|-|S|+\sum_{i=1}^{t}h(G_i)+(r-t)$。

否则　返回 FindSubCore(G,core)。

通过运行算法 12.1，就可以获得网络的核与核度。核中的这些节点对于网络的连通性来说至关重要，因此对信息在整个网络中传播的模式也很重要。因此，可以通过获取网络的核来得到 k 个节点，从而解决影响最大化问题。

该实验使用影响力度[31]量从原始网络中提取了前 100 个或 150 个节点。在此影响力度量中，我们考虑了直接邻居和邻居的邻居，以计算每个节点的影响值。因此，可以首先根据此影响值对节点进行排序，然后取出前面的部分节点。使用这些节点，可以获得原始网络的子网。通过使用算法 12.1 计算该子网的核，可以获得所需的节点集。该优化具有实践基础。如果算出整个网络的核，可以发现结果集由许多节点组成，这些节点数量大于所需节点的数量，其中有许多节点的影响值很小。由于只需要几个种子节点，因此必须丢弃大多数节点。显然，具有较大影响力的节点比具有较小影响力的节点更重要，值较小的节点将不可避免地被丢弃。因此，如果仅计算由大价值节点组成的子网的核，它将为我们节省大量时间和精力。

另外，给定子网的核中的节点数是固定的。但是在实验中，需要更改初始种子集的大小。为了解决这个问题，也使用影响力度量对核中的节点进行排序。这样，无论需要多少个节点，都可以取出已排序节点列表中的前 k 个节点。

算法 12.2[21]　FindSubCore(G,core)

输入： 图 G 和已经得到的核 core 。

输出： 核度和图 G 的核。

size $\leftarrow |S|$;

subcoritivity $\leftarrow 0$;

对于每个 i 从 1 到 size / 2 :

　　对于图 G 的每个 i 个节点的组合 c ：

　　　　从图 G 中去掉 c 中的节点及其相连的边

　　　　如果 $\omega(G_c) - |c| >$ subcoritivity，那么：

　　　　　　subcoritivity $\leftarrow \omega(G_c) - |c|$;

　　　　　　tempcore $\leftarrow c$;

core $\leftarrow$ core $\cup$ tempcore ;

返回 subcoritivity 。

12.5.4　实验分析

为了验证核度理论在影响最大化问题中的有效性，本小节对真实的社交网络数据进行实验，得出其实际的信息传播效果，并与其他节点选择方法进行比较。然后，分析这些方法表现不同的原因，并总结使用不同方法的条件。本书 12.5.2 节介绍了 3 个扩散模型，本小节在上述 3 个模型中使用两个数据集进行实验。这两个数据集分别是 USAir97 和 HEPTH。USAir97 是由 1997 年美国机场之间的直接空中航线组成的网络。该网络被表示为具有 332 个节点和 2126 个边的无向图，其中每个节点代表一个机场，边表示两个节点之间有直接的航线。HEPTH 是在 1995 年 1 月 1 日至 1999 年 12 月 31 日期间将预印本发表在高能理论电子期刊档案中的科学家之间的共同著作网络[32]。该网络被表示为具有 8361 个节点和 15,752 个边的无向图，其中每个节点代表高能理论领域的一位科学家，而边表示相应的两位科学家之前共同撰写了论文。

在影响最大化的节点选择方法中，随机选择和根据度数选择是常被使用的两种方法。同时贪心算法也是有效的方法，并且研究人员在原始贪心算法的基础上对其进行了许多优化。本节主要有以下 5 个方法参与比较。

（1）随机（Random）算法：随机选择 k 个节点。

（2）度数（Degree）算法：选择具有最大度数的 k 个节点作为种子集。

（3）DegreeDiscountIC 算法：针对 IC 模型设计的算法[19]。

（4）CELFGreedy 算法：该算法是对原始贪心算法的延迟前向优化[14]。对于每个待选种子集 S，进行 10,000 次模拟以获得 $\sigma(S)$ 的准确估计。

（5）Coritivity 算法：核度算法，可根据核度信息选择 k 个种子节点。

为了确保最终活跃集合大小的有效性，对每个初始种子集 S 进行 10,000 次扩散过程模拟，并将平均值作为 S 的扩散结果。

1. 在线性阈值模型中的传播

4 种影响最大化算法在线性阈值模型中不同阈值和不同初始活跃节点数量的扩散结果如图 12.6 所示。图中，x 轴表示初始活跃节点集中节点的数量，即初始节点集规模（seed set size）；y 轴表示在扩散过程结束时总共激活的节点数，即传播范围（influence spread）。图 12.6（a）（b）是 USAir97 数据集上的结果，图 12.6（c）（d）是 HEPTH 数据集上的结果。图 12.6（a）（c）是阈值为 0.5 的情况，而图 12.6（b）（d）是阈值为 0.6 的情况。

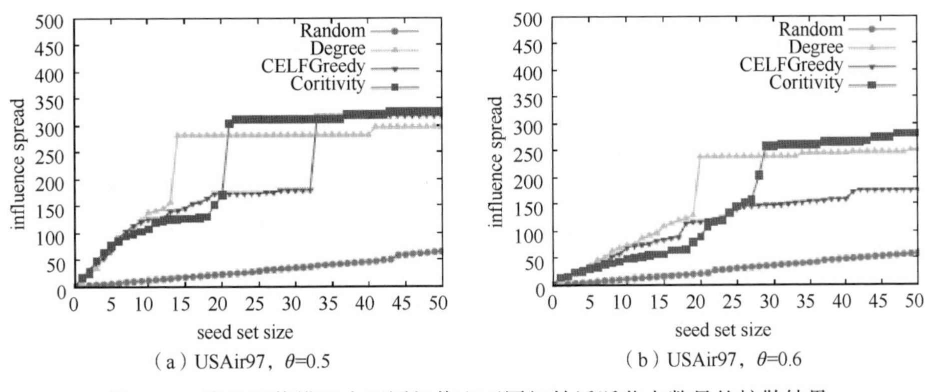

（a）USAir97，θ=0.5　　（b）USAir97，θ=0.6

图 12.6　线性阈值模型中不同阈值和不同初始活跃节点数量的扩散结果

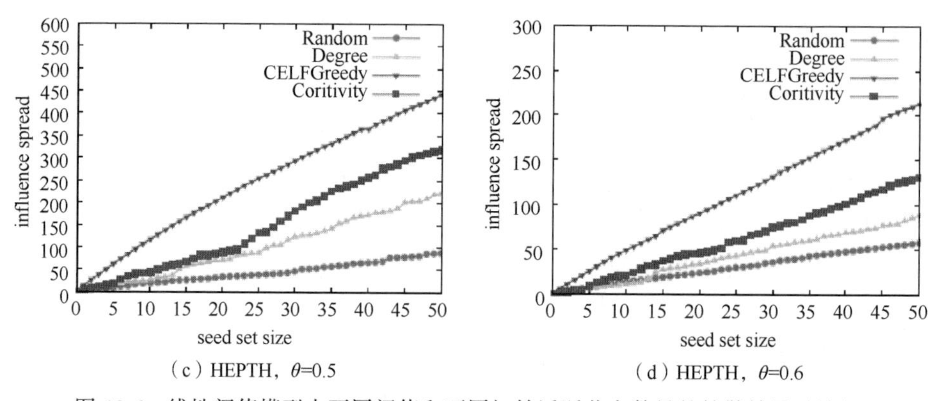

（c）HEPTH，θ=0.5　　（d）HEPTH，θ=0.6

图 12.6　线性阈值模型中不同阈值和不同初始活跃节点数量的扩散结果（续）

如图 12.6 所示，随着初始活跃节点集规模的增加，对传播的影响也将增加或保持不变。对传播的影响保持不变意味着添加的节点可以被添加前的初始活动节点激活。因此，即使未将其选择为初始节点，最终传播效果不会有所改善。如图 12.6（a）（b）所示，度数算法中大量节点的加入，不能改善信息影响效能。在所有方法中，随机算法表现最差。该算法不能使用网络结构属性，而其他算法则或多或少地利用了网络的属性。

除随机算法外，其他算法在 USAir97 数据集的实验中，都出现了传播效果的突跃。这与模型中存在的阈值相关。对于每个非活跃节点，只有当其活跃邻居的综合影响力超过阈值时，才能激活它，因此可能存在一段累积时间。所以，在某个特定点之前，活跃节点的综合影响会持续缓慢增加，但仍小于阈值。一旦活跃节点的数量增加到这一阈值点，许多节点所受到的影响就足以将其激活。与其他算法相比，度数算法在种子集规模较小时就会出现突然上升的情况，但是当种子集足够大时，其性能不如 Coritivity 算法和 CELFGreedy 算法。由此可以推断出，当只需要几个节点时，度数算法更合适。例如，当公司要为产品做一些广告而只能提供少量的免费试用产品时，可以使用度数算法来选择营销目标。与之相反，当初始节点数量较多时，即在影响最大化问题中 k 较大时，本章提出的 Coritivity 算法效果更好。

对比图 12.6（a）（b）可以明显观察到，如果阈值更大，信息扩散效果的突跃情况会发生在更大的初始节点集中。与此同时，对于某些算法，突跃情况甚至不会发生，例如 CELFGreedy 算法。可以得到如下结论：阈值越大，节点就越难受影响并变得活跃，即在某种程度上抑制了扩散。

另外，如图 12.6（c）（d）所示，在 HEPTH 数据集中的实验结果没有出现 USAir97 数据集中的效果突跃现象。两个数据集具有显著的差异，与 USAir97 数据集相比，HEPTH 数据集的紧密度要小得多，没有 USAir97 数据集如此紧密的连接，并且大度数节点之间没有紧密的联系，因此累积效果不明显，导致明显不同的传播结果。在图 12.6（c）（d）中，CELFGreedy 算法表现最佳，然后是 Coritivity 算法。在 HEPTH 数据集中，Coritivity 算法和度数算法比 CELFGreedy 算法效果差的原因是 HEPTH 数据集的分布比 USAir97 数据集更均匀，因此从 Coritivity 算法和度数算法中选择的节点不能很好地用作本质上连接不同部分的核。通常，Coritivity 算法可用于各种图形中，但更适合于诸如无标度网络之类的异构图形。

图 12.7 展示了线性阈值模型随时间变化而产生的不同扩散结果（阈值设置为 0.5），x 轴表示从传播开始到现在的时间（time steps），y 轴表示该时间的活跃节点总数，即该时间的信息传播范围（influence spread）。图 12.7（a）（b）是在 USAir97 数据集上运行的结果，图 12.7（c）（d）是在 HEPTH 数据集上运行的结果；图 12.7（a）（c）是初始节点数 $k = 30$ 的情况，而图 12.7（b）（d）是 $k = 50$ 的情况。从图中可以观察到，由于核节点对核周围局部范围内的其他节点具有很大的影响，因此 Coritivity 算法可以快速达到较大的传播范围并快速收敛（更早达到稳定）。这是 Coritivity 算法相对于其他算法的优势之一，在实际应用中也非常有价值。对于广告和其他类似情况，更短的时间意味着有更大的机会抓住主动权。如果传播时间太长，营销效果也会减弱。因此 Coritivity 算法适用于这类时间敏感的情况。如图 12.7 所示，在 USAir97 数据集中，当 k=30 时，Coritivity 算法的传播范围比度数算法、CELFGreedy 算法和随机算法分别高 14.9%、61.4%和 73.4%。

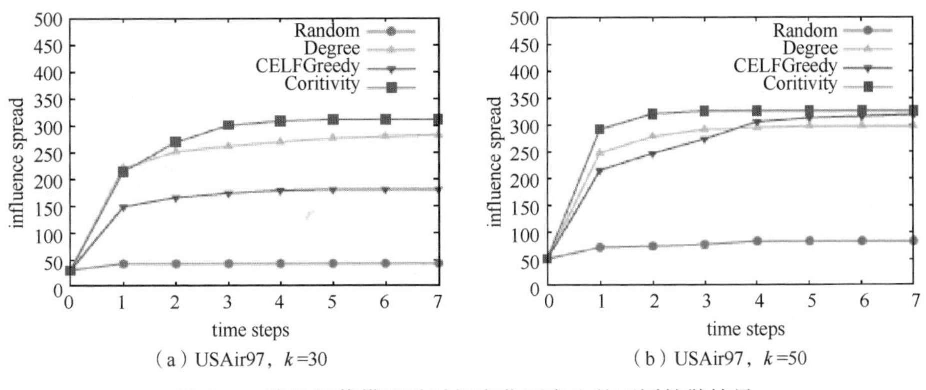

（a）USAir97，k=30　　（b）USAir97，k=50

图 12.7　线性阈值模型随时间变化而产生的不同扩散结果

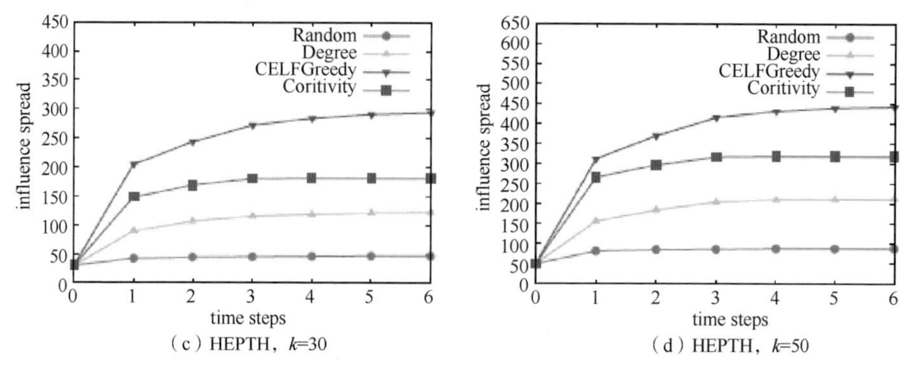

（c）HEPTH，k=30　　（d）HEPTH，k=50

图 12.7　线性阈值模型随时间变化而产生的不同扩散结果（续）

2. 在独立级联模型中的传播

在独立级联模型中，将 p 值设为 0.01 和 0.1。图 12.8 展示了在该模型中的扩散结果。其中，x 轴表示初始活跃节点集中节点的数量，即初始节点集规模（seed set size），y 轴表示传播范围（influence spread）。图 12.8（a）（b）是在 USAir97 数据集上运行的结果，图 12.8（c）（d）是在 HEPTH 数据集上运行的结果；图 12.8（a）（c）是 $p=0.01$ 的情况，图 12.8（b）（d）是 $p=0.1$ 的情况。

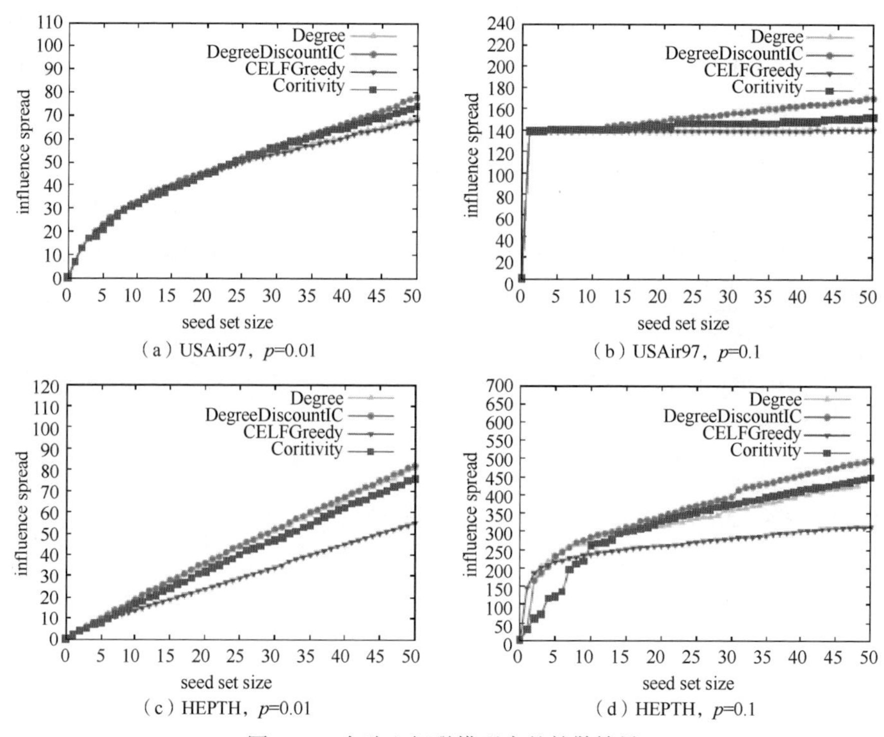

（a）USAir97，p=0.01　　（b）USAir97，p=0.1

（c）HEPTH，p=0.01　　（d）HEPTH，p=0.1

图 12.8　在独立级联模型中的扩散结果

由于在 $p=0.01$ 时，每个节点影响其他节点的可能性较小，因此传播范围也没有 $p=0.1$ 时那么大。在 $p=0.01$ 时，影响范围有所增加，而在 $p=0.1$ 时，影响范围首先随着初始节点数量的增加而急剧增加，然后传播范围变化很小。Coritivity 算法的性能与 DegreeDiscountIC 算法非常接近，后者是所有 4 种算法中最好的。需要注意的是，度数算法和 CELFGreedy 算法在图 12.8（a）（b）中的表现相似。尽管在 USAir97 数据集中，大度数节点通常会相互连接，但在贪心算法中，每次选择节点的时候仍然倾向于选择大度数节点。由于传播概率很小，所以每个活跃节点扩散到的深度也很小。选择大度数节点有助于到达更多直接相连的节点。通过选择这些大度数节点，可以在某种程度上最大化激活的平均节点数量，因此使两种算法的传播结果看起来相似。

在 $p=0.1$ 时，即使初始活跃节点集较小，传播范围也会比较大，但是随着初始活跃节点集增大，传播范围的变化会放缓。这是因为 p 较大时，节点激活的可能性增加，因此即使种子集很小，信息也容易在全局范围内传播。但是随着种子集的增大，添加的节点可能已经受到其他节点的影响，因此将其添加到种子集不会对传播有所贡献。

在 HEPTH 数据集中，网络更加统一，大度数节点之间的连接不像在 USAir97 数据集中那样紧密。当激活的概率较小时，选择一个大度数节点作为初始节点可能不会导致其他大度数节点激活。一个节点激活另一个节点的概率对于所有节点都是相同的，根据度数选择种子节点可以使信息到达更多节点，从而获得更好的传播结果，如图 12.8（c）所示。但是，当概率 p 较大（$p=0.1$）时，p 越大，大度数节点已经被现有活跃节点激活的概率就越大。因此，将它们全部选择为初始节点不会带来太多好处。

图 12.9 展示了独立级联模型随着时间变化而产生的信息传播范围的变化情况，x 轴表示从传播开始算起的时间（time steps），y 轴表示该时间的传播范围（influence spread）。图 12.9（a）（b）是激活概率为 0.01 时在 USAir97 数据集中运行的结果，图 12.9（c）（d）是概率为 0.1 时在 HEPTH 数据集中运行的结果；图 12.9（a）（c）是 $k=30$ 的情况，而图 12.9（b）（d）是 $k=50$ 的情况。如图 12.9 所示，虽然 Coritivity 算法在传播范围方面次于 Degree DiscountIC 算法，但其收敛速度很快，可以在很早的阶段就达到较大的传播范围。

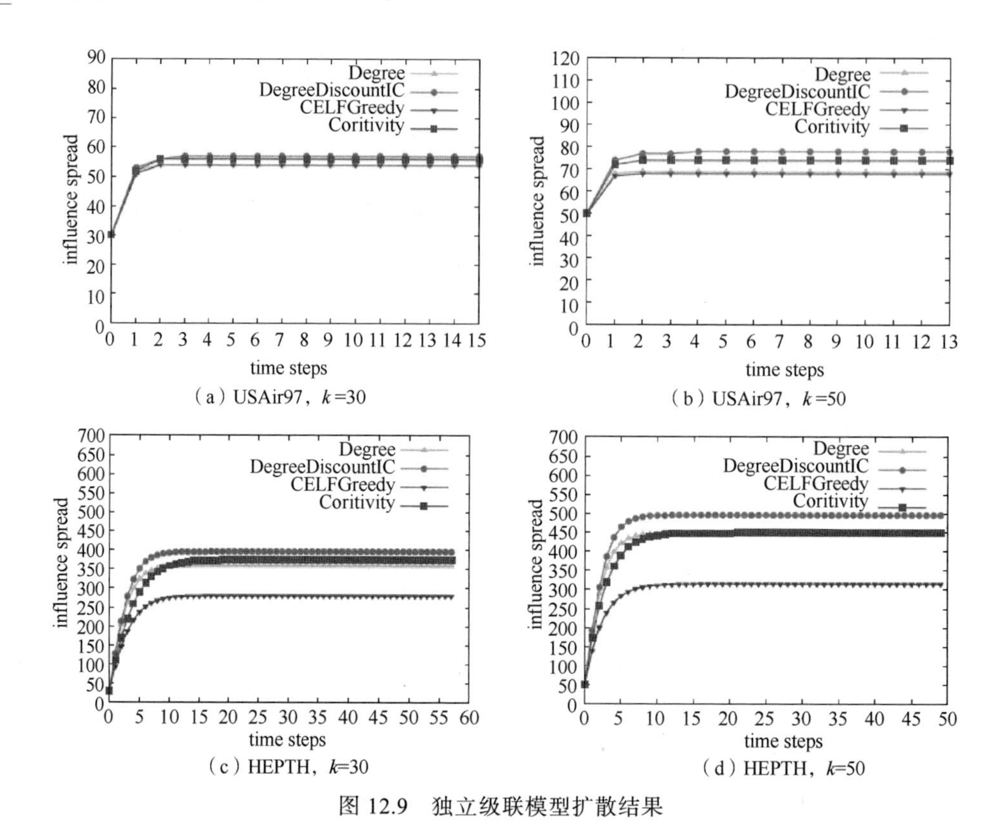

（a）USAir97，k=30　（b）USAir97，k=50

（c）HEPTH，k=30　（d）HEPTH，k=50

图 12.9　独立级联模型扩散结果

3. 在加权级联模型中的传播

图 12.10 展示了加权级联模型随着初始节点集规模的增加而产生的不同传播结果，x 轴表示初始活跃节点集规模（seed set size），y 轴表示传播范围（influence spread）。图 12.10（a）是在 USAir97 数据集中运行的结果，图 12.10（b）是在 HEPTH 数据集中运行的结果。根据图中的结果可以得出结论：在加权级联扩散模型中，Coritivity 算法优于其他算法。在某种程度上，节点的边连接到初始活跃节点的比例越高，该节点就越容易被激活。在 Coritivity 算法中，删除核心将产生不同的连通分量，一个分量中的节点只能连接到同一连通分量中的其他节点或连接到核节点。因此，相对于其他算法，使用 Coritivity 算法能够使节点拥有更大的概率连接到初始活跃节点。通过 Coritivity 算法选择的初始活跃集比其他算法更易于传播信息。此外，从图 12.10 可以观察到，当初始活跃节点集规模（k）较小时，度数算法、CELFGreedy 算法和 Coritivity 算法的结果差异不大。但是随着 k 的增加，Coritivity 算法逐渐显现出优势。这与先前的结论一致，即当 k 较大时，Coritivity 算法效果更明显。

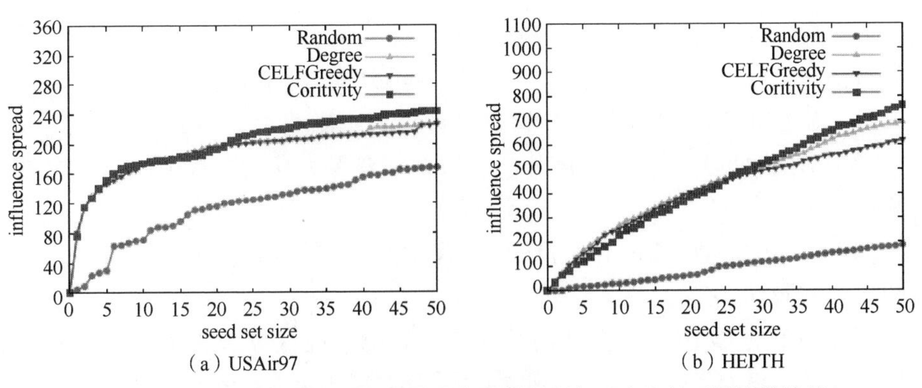

（a）USAir97　　（b）HEPTH

图 12.10　加权级联模型随初始节点集规模的增加而产生的不同扩散结果

图 12.11 展示了加权级联模型随时间变化而产生的不同扩散结果，x 轴表示时间（time steps），y 轴表示传播范围（influence spread）。图 12.11（a）（b）是在 USAir97 数据集中运行的结果，图 12.11（c）（d）是在 HEPTH 数据集中运行的传播结果；图 12.11（a）（c）是种子集规模 $k=30$ 的情况，而图 12.11（b）（d）是种子集规模 $k=50$ 的情况。

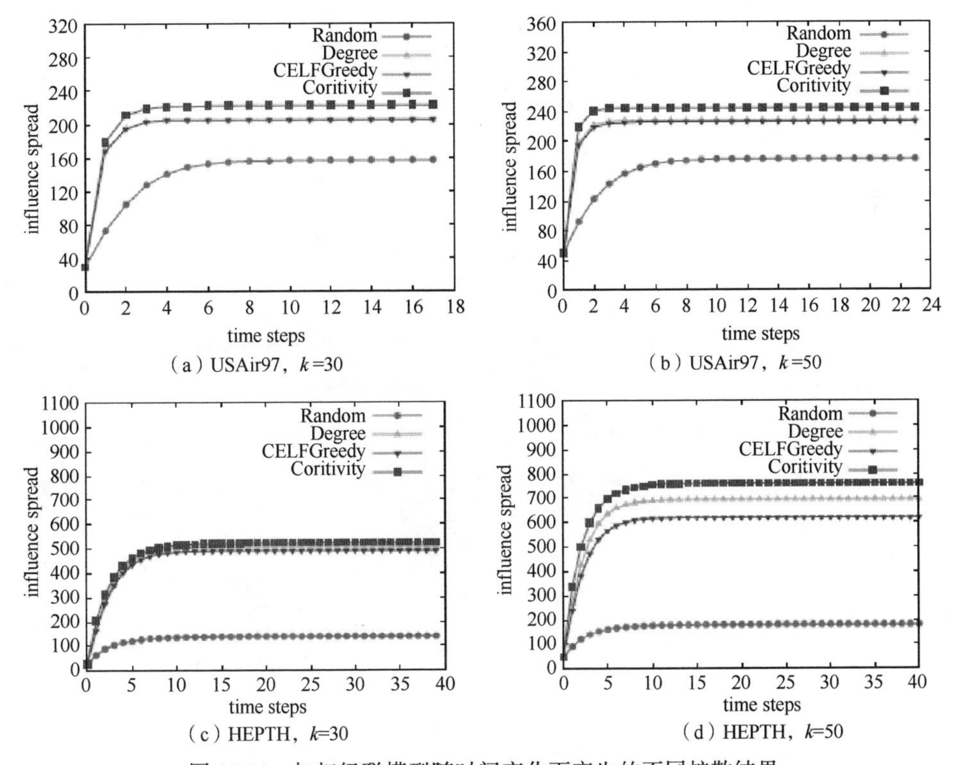

（a）USAir97，k=30　　（b）USAir97，k=50

（c）HEPTH，k=30　　（d）HEPTH，k=50

图 12.11　加权级联模型随时间变化而产生的不同扩散结果

为了进一步证明 Coritivity 算法的有效性，下面将其与其他度量节点影响力的算法进行比较。这里使用以下 3 种节点影响力度量方法。

（1）Kshell 算法[33]：基于分解机制评估节点影响力。

（2）MDD 算法[24]：混合度分解算法，在获得 k 核的过程中同时考虑剩余度和耗尽度。

（3）局部中心性（Local Centrality）算法[34]：利用节点邻近信息作为影响值的启发式算法。

图 12.12 是 Coritivity 算法与其他节点影响力度量算法随初始活跃节点集规模变化的扩散结果。x 轴表示初始活跃节点集规模（seed set size），y 轴表示传播范围（influence spread）。图 12.12（a）～（c）是在 USAir97 数据集中运行的结果，图 12.12（d）～（f）是在 HEPTH 数据集中运行的结果。这些数据表明，Coritivity 算法的性能总体上优于其他影响力度量算法，并且可以应用于不同的模型和数据集。因为其他模型都基于节点的度数，并且“富人俱乐部”现象导致大度数节点的影响范围重合度增大，所以结果不太令人满意。本书提出的 Coritivity 算法基于连通性，不受这一现象的影响。

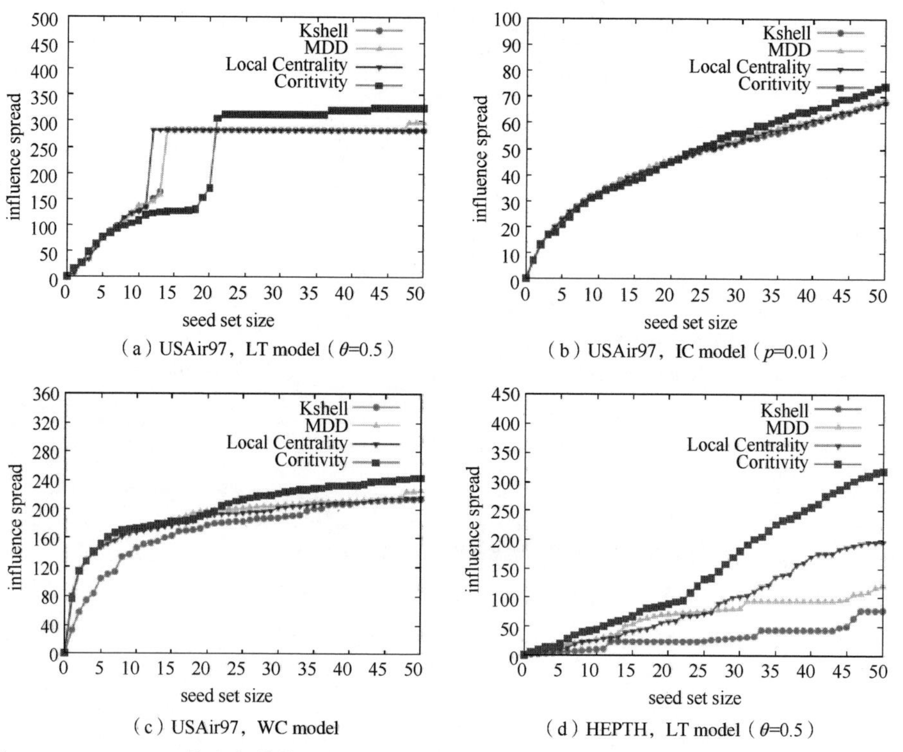

（a）USAir97，LT model（θ=0.5）

（b）USAir97，IC model（p=0.01）

（c）USAir97，WC model

（d）HEPTH，LT model（θ=0.5）

图 12.12　Coritivity 算法与其他节点影响力度量算法随初始活跃节点集规模变化的扩散结果

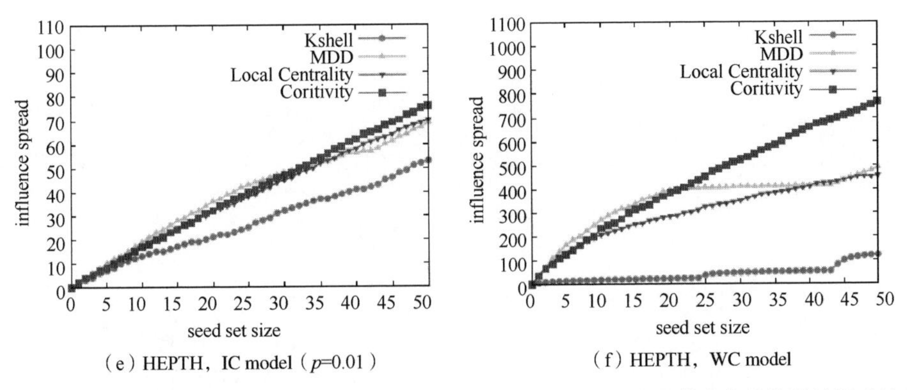

（e）HEPTH，IC model（p=0.01）　　（f）HEPTH，WC model

图 12.12　Coritivity 算法与其他节点影响力度量算法随初始活跃节点集规模变化的扩散结果（续）

图 12.13 是 Coritivity 算法与其他节点影响力度量算法随时间变化的扩散结果（初始活跃节点集规模为 50）。图 12.13（a）～（c）是在 USAir97 数据集中运行的结果，图 12.13（d）～（f）是在 HEPTH 数据集中运行的结果。这些结果表明 Coritivity 算法收敛速度快、传播范围广。

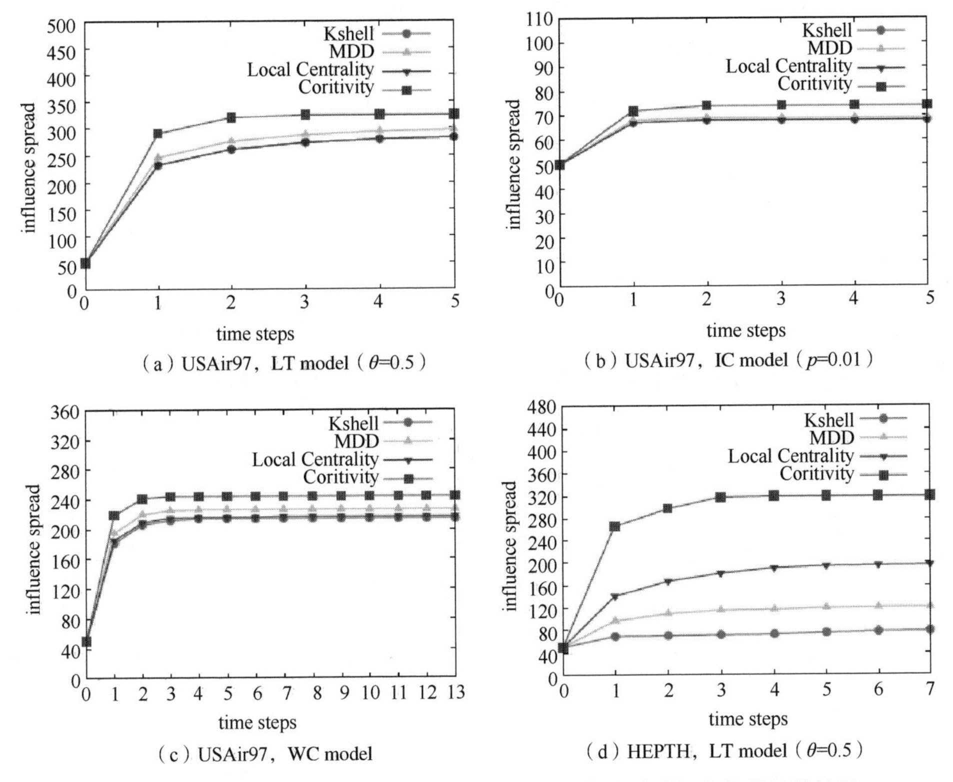

（a）USAir97，LT model（θ=0.5）　　（b）USAir97，IC model（p=0.01）

（c）USAir97，WC model　　（d）HEPTH，LT model（θ=0.5）

图 12.13　Coritivity 算法与其他节点影响力度量算法随时间变化的扩散结果

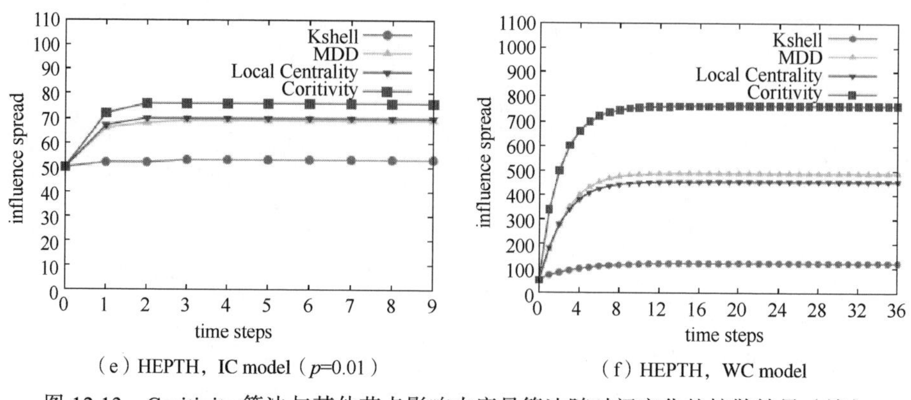

（e）HEPTH，IC model（p=0.01）

（f）HEPTH，WC model

图 12.13　Coritivity 算法与其他节点影响力度量算法随时间变化的扩散结果（续）

12.6　本章小结

本章介绍了系统的核与核度理论在社交网络领域的应用。首先，研究了群体人际关系方面的两个应用方向，即群体人际关系的优劣准则和一定要求下的人际关系的优化设计。本章的结论是在人际关系网络图抽象的基础上得出的，为研究提供了理论指导，具体的应用还应在理论指导下综合考虑人的心理、行为等其他因素。然后，研究了社交媒体用户兴趣集中度的度量方法，并以新闻推荐为例进行了说明。最后，基于核度理论研究了影响最大化问题，提出了一种计算核度的数值方法，并基于此实现了基于核度的影响最大化算法。该算法首先计算给定网络的核，然后从中选择节点作为初始活跃节点。本章还通过实验将该算法与传统算法在两个真实网络数据集中进行了比较，并分析了这些算法的效果。实验结果表明，本章提出的基于核度的影响最大化算法收敛速度更快、扩散范围更广。

参考文献

[1] 林传鼎，陈舒永，张厚粲. 心理学词典[M]. 南昌：江西科学技术出版社, 1986.

[2] 时蓉华. 社会心理学[M]. 上海：上海人民出版社, 1986.

[3] Cartwright D, Harary F. Structural Balance: A Generalization of Heider's

Theory[J]. Psychological Review, 1956, 63(5): 277.
[4] Johnsen E C. Network Macrostructure Models for the Davis-Leinhardt Set of Empirical Sociomatrices[J]. Social Networks, 1985, 7(3): 203-224.
[5] Beineke L W, Wilson R J. Applications of Graph Theory[M]. London: Academic Press, 1979.
[6] 陈树柏. 网络图论及其应用[M]. 北京: 科学出版社, 1982.
[7] 汪应洛. 系统工程[M]. 北京: 机械工业出版社, 1986.
[8] 许进, 席西民, 汪应洛. 系统的核与核度(I)[J]. 系统科学与数学, 1993, 13(2): 102-110.
[9] 许进, 席西民, 汪应洛. 系统的核与核度理论(II)——优化设计与可靠通讯网络[J]. 系统工程学报, 1994(1): 1-11.
[10] Ma M, Na S, Wang H, et al. The Graph-based Behavior-aware Recommendation for Interactive News[J]. Applied Intelligence, 2021: 1-17.
[11] Domingos P, Richardson M. Mining the Network Value of Customers[C]// ACM. Proceedings of the Seventh ACM SIGKDD International Conference on Knowledge Discovery and Data Mining, San Francisco. New York: ACM, 2001: 57-66.
[12] Richardson M, Domingos P. Mining Knowledge-sharing Sites for Viral Marketing[C]// ACM. Proceedings of the Eighth ACM SIGKDD International Conference on Knowledge Discovery and Data Mining. New York: ACM, 2002: 61-70.
[13] Kempe D, Kleinberg J, Tardos E. Maximizing the Spread of Influence through A Social Network[C]// ACM. Proceedings of the Ninth ACM SIGKDD International Conference on Knowledge Discovery and Data Mining. New York: ACM, 2003: 137-146.
[14] Leskovec J, Krause A, Guestrin C, et al. Cost-effective Outbreak Detection in Networks[C]// ACM. Proceedings of the 13th ACM SIGKDD International Conference on Knowledge Discovery and Data Mining. New York: ACM, 2007: 420-429.
[15] Kimura M, Saito K. Tractable Models for Information Diffusion in

Social Networks[C]// Springer. Knowledge Discovery in Databases: PKDD 2006. Berlin: Springer, 2006: 259-271.

[16] Wei C, Chi W, Wang Y. Scalable Influence Maximization for Prevalent Viral Marketing in Large-scale Social Networks[C]// ACM. Proceedings of the 16th ACM SIGKDD International Conference on Knowledge Discovery and Data Mining. New York: ACM, 2010: 1029-1038.

[17] Yu W, Gao C, Song G, et al. Community-based Greedy Algorithm for Mining Top-*K* Influential Nodes in Mobile Social Networks[C]// ACM. Proceedings of the 16th ACM SIGKDD International Conference on Knowledge Discovery and Data Mining. New York: ACM, 2010: 1039-1048.

[18] Goyal A, Lu W, Lakshmanan L. SIMPATH: An Efficient Algorithm for Influence Maximization under the Linear Threshold Model[C]// IEEE. Proceedings of the IEEE 11th International Conference on Data Mining. NJ: IEEE, 2012: 211-220.

[19] Chen W, Wang Y, Yang S. Efficient Influence Maximization in Social Networks[C]// ACM. Proceedings of the 15th ACM SIGKDD International Conference on Knowledge Discovery and Data Mining. New York: ACM, 2009: 199-208.

[20] Jiang Q, Song G, Cong G, et al. Simulated Annealing Based Influence Maximization in Social Networks[C]// AAAI. Proceedings of the Twenty-Fifth Conference on Artificial Intelligence. CA: AAAI, 2011: 127-132.

[21] Jung K, Wooram H, Wei C. Irie: Scalable and Robust Influence Maximization in Social Networks[C]// IEEE. Proceedings of IEEE 12th International Conference on Data Mining. NJ: IEEE, 2012: 918-923.

[22] Lü L, Zhang Y C, Yeung C H, et al. Leaders in Social Networks, the Delicious Case[J]. Plos One, 2011, 6(6): e21202.

[23] Hou B, Yao Y, Liao D. Identifying All-around Nodes for Spreading Dynamics in Complex Networks[J]. Physica A: Statistical Mechanics and Its Applications, 2012, 391(15): 4012-4017.

[24] An Z, Zhang C J. Ranking Spreaders by Decomposing Complex

Networks[J]. Physics Letters A, 2012, 377(14): 1031-1035.

[25]Liu J G, Ren Z M, Guo Q. Ranking the Spreading Influence in Complex Networks[J]. Physica A: Statistical Mechanics and Its Applications, 2013, 392(18): 4154-4159.

[26]Chen D B, Gao H, Lü L, et al. Identifying Influential Nodes in Large-Scale Directed Networks: The Role of Clustering[J]. Plos One, 2013, 8 (10): e77455.

[27]许进. 系统的核与核度理论(VII)——子核与核度的计算[J]. 系统工程学报, 1999, 14(3): 243-246.

[28]Zachary W. An Information Flow Model for Conflict and Fission in Small Groups[J]. Journal of Anthropological Research, 1977, 33(4): 452-473.

[29]Goldenberg J, Libai B, Muller E. Talk of the Network: A Complex Systems Look at the Underlying Process of Word-of-mouth[J]. Marketing Letters, 2001, 12(3): 211-223.

[30]Goldenberg J, Libai B, Muller E. Using Complex Systems Analysis to Advance Marketing Theory Development: Modeling Heterogeneity Effects on New Product Growth Through Stochastic Cellular Automata[J]. Academy of Marketing Science Review, 2001, 9(3): 1-8.

[31] Jiang F, Jin S, Wu Y, et al. A Uniform Framework for Community Detection via Influence Maximization in Social Networks[C]// IEEE. IEEE/ACM International Conference on Advances in Social Networks Analysis and Mining. NJ: IEEE, 2014: 27-32.

[32]Newman M E. The Structure of Scientific Collaboration Networks[J]. Proceedings of the National Academy of Sciences, 2001, 98(2): 404-409.

[33]Kitsak M, Gallos L K, Havlin S, et al. Identification of Influential Spreaders in Complex Networks[J]. Nature Physics, 2010, 6(11): 888-893.

[34]Chen D, Lü L, Shang M, et al. Identifying Influential Nodes in Complex Networks[J]. Physica A: Statistical Mechanics and Its Applications, 2012, 391(4): 1777-1787.

第 13 章

基于树核度的社交网络影响最大化问题

社交网络中的影响最大化问题是指对于给定的 k 值，寻找 k 个在特定传播模型下能够使得传播范围达到最大的节点。该问题在常用的几种传播模型中都是 NP-难的。目前虽然已经有很多近似求解的算法，但如何在较低的算法时间复杂度下保证较大的传播范围，仍然是求解该问题的一个挑战。本章介绍一种新颖的基于图的树核度理论的方法来求解社交网络影响最大化问题，并相应地给出一个多项式时间的算法。该算法综合考虑了网络的结构特征和传播特征。另外，本章通过实验将该算法与传统的随机度算法以及贪心算法进行了比较。实验结果表明，该算法可以较快地找到能够使得传播范围较大的节点集合。

13.1 概述

社交网络是由代表人（或组织）的节点构成的复杂社会结构。它用来描述群组中个体之间的关系和交互[1]，是它的成员之间进行信息、思想，以及影响的传播的基本介质。作为社交网络分析的一个方面，研究信息传播和扩散是非常有价值的。认识社交网络中有益信息的扩散机制，可以更好地知道如何使它们传播得更快、更广。同时，了解社交网络中有害信息的扩散机制，还可以帮助人们更早、更有效地对它们进行预防，从而阻止它们传播到更大的范围。

为研究社交网络中信息的传播和扩散过程，需要挖掘最具影响力的某些用户。这就是社交网络中的影响最大化问题，即如何选 k 个初始活跃节点，使得从这些节点开始传播信息，在传播过程结束后，信息传播的范围能够达到最大。佩德罗・多明戈斯（Pedro Domingos）和马特・理查森（Matt Richardson）[2,3]最早将影响最大化问题引入社交网络，并结合概率方法将此问题归纳为一个算法问题。大卫・肯佩（David Kempe）等人[4,5]把这个问题描述成离散优化问题，并证明此优化问题是 NP-难的。他们提出了一种贪心算法近似地计算最优解，并证明所求近似解能保证约 63%接近最优解。但是使用该算法计算传播范围的效率不高，耗时较长。为此，尤尔・莱斯科维克（Jure Leskovec）[6]提出了“Lazy-forward”的思想来优化算法的速度。为有效地计算社交网络中信息传播的范围，学者们还提出了基于独立级联模型的 SPM 算法和 SP1M 算法[7]、MIA 模型和 PMIA 模型[8]、基于社区[9]和路径[10]的方法等。另外，关于应用启发式方法研究影响最大化问题，Chen Wei 等人[11]在独立级联模型中提出了 Degree Discount 方法，Jiang Qingye 等人[12]利用模拟退火法启发式求解，郑孝敏（Kyomin Jung）等人[13]提出了 IRIE 方法。近年来，Li Jinshuang 等人[14]提出了一种用社区挖掘的方法来求解影响力最大化问题的算法。Zhu Yuqing 等人[15]将半定规划应用到求解影响力最大化问题上。他们考虑了现实网络中信息传递对时间敏感的特性，提出了一种新的传播模型，并且针对不同情况设计了两种使用半定规划求解算法。Cheng Suqi 等人[16]提出了一种迭代的排序框架来解决独立级联模型下的影响最大化问题。伊迪丝・科恩（Edith Cohen）等人[17]提出了概括影响力公式的问题，布伦丹・路西尔（Brendan Lucier）等人[18]提出了一种在独立级联模型下估计节点级联影响力的方法。

考虑到图的树核度是一种反映图的结构及其连通性的参数[19]，故本章在其基础上介绍一种求解影响最大化问题的方法。本章的内容主要有以下几个方面。

（1）将图的树核度理论应用到影响最大化问题中，并给出了一种求解该问题的多项式时间的算法。

（2）在各种不同数据集上进行了实验，结果表明，本章介绍的算法有很好的传播范围和覆盖率。

（3）通过比较分析了不同节点的选择方法产生不同效果的原因。

下面首先介绍本章可能用到的一些基础定义和符号，再介绍求解树网络树核的方法，并在此基础上介绍一种求解社交网络影响最大化节点集的算法；最后给出实验结果，并分析不同节点选择方法的性能。

13.2 树核与树核度

为方便阅读，本节再简单介绍一下树核度相关理论。不难发现，任意一个网络中总是存在一些占有非常重要位置的要素。如果从网络中删去这些要素，那么该网络的结构甚至稳定性将会受到很大的破坏。可见，研究网络中的这些要素是非常有意义的。为此，引入了图的树核度理论来研究此问题。图的树核度理论通过判断从图中删去一些顶点及其关联边后所得之图中所含连通分支数与所删顶点数的差值，以及各连通分支是否含有圈来衡量这些顶点在图中的重要性。

本章提及的图皆指有限无向简单图（无环无重边），所使用的图论术语都是标准的[20]。对于一个图 G，分别用 $V(G)$ 和 $E(G)$（或简记为 V 和 E）表示 G 的顶点集和边集。图 G 中一个顶点 v 的度 $d_G(v)$ 是指 G 中与 v 关联的边的个数。图 G 的一条从 v_0 到 v_k 的途径是指一个有限非空序列 $W = v_0e_1v_1e_2v_2\cdots e_kv_k$，它的项交替地为顶点和边，使得对于 $1\leqslant i\leqslant k$，e_i 的顶点是 v_{i-1} 和 v_i。若 W 的顶点 $v_0,v_1,\cdots,v_k$ 互不相同，那么称 W 为路。若 $k\geqslant 3$ 且 $v_0,v_1,\cdots,v_k$ 中只有 v_0 和 v_k 相同，其余任意两个顶点都互不相同，那么称 W 为圈。若 G 中任意两个顶点之间都存在一条路，那么称 G 是连通的；否则，称 G 是不连通的。如果 G 是不连通的，那么 G 至少含有两个连通分支，用 $\omega(G)$ 表示 G 的连通分支的个数。若图 G 是连通的，且 G 不包含圈，则称 G 为树。

令 $V'\subseteq V$，若 $G-V'$ 不连通，则称 V' 为 G 的顶点割，其中 $G-V'$ 表示从 G 中删去 V' 中的顶点以及与这些顶点关联的边所得到的子图。$C(G)$ 表示 G 的所有顶点割构成的集合。进一步，把 $G-V'$ 中含圈的连通分支（不是树）称为 G 的基于 V' 的圈分支，否则称为 G 的基于 V' 的树分支，分别简称为圈分支和树分支。

定义13.1[19]（树核与树核度） 对于非完全图 G，令 $T(G)$ 表示 $C(G)$ 中满足 $G-S$ 的每个分支都是树分支的顶点割 S 构成的集合，即

$$T(G)=\{S\mid S\in C(G),G-S\text{不含圈分支}\}$$

则称

$$h_t(G) = \max\{\omega(G-S) - |S|; S \in T(G)\}$$

为图 G 的树核度。若 $S_t^* \in T(G)$ 满足

$$h_t(G) = \omega(G - S_t^*) - |S_t^*|$$

则称 S_t^* 为图 G 的树核。其中，$|S|$ 表示 S 中所含元素（顶点）的个数。由于完全图没有顶点割，我们定义 n 个顶点的完全图 K_n 的树核度为 $2-n$，并且任意 $n-1$ 个顶点都构成它的一个树核。相反，考虑到 n 阶空图 $\bar{K}_n$ 的割集是空集，故定义 $h_t(\bar{K}_n) = n$。

例如，对于图 13.1 所示的图 G，容易验证 $T(G) = \{S_1 = \{v_1, v_3\}, S_2 = \{v_2, v_3\}, S_3 = \{v_3, v_4\}, S_4 = \{v_1, v_2, v_3\}, S_5 = \{v_1, v_3, v_4\}, S_6 = \{v_2, v_3, v_4\}\}$。另外，对于任意 S_i（$i = 1,2,\cdots,6$），$G - S_i$ 都恰好含有两个树分支，从而可以推出该图的树核度为 0，S_1、S_2、S_3 是它的树核。

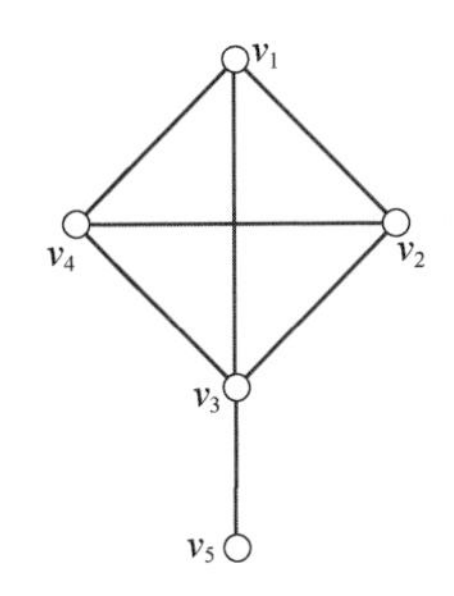

图 13.1　一个含 5 个顶点的图 G

定理 13.1[21]　设 G 是一个 n 阶简单连通图，$n \geqslant 3$。如果 $h_t(G) \leqslant 0$，那么 G 中必含圈。

证明　假设结论不成立，即当 $h_t(G) \leqslant 0$ 时，G 中不含圈，那么显然 G 是树。因为当 $n \geqslant 3$ 时，G 中必含有割点（树的每个非 1 度顶点都是割点），故删去 G 中任意割点后所得之图至少为 G 的两个树分支。从而可以推出 $h_t(G) \geqslant 2 - 1 = 1$。这与假设矛盾，从而结论成立。

13.3　算法

对于一个网络 G，找到其最具影响力的 k 个顶点的思路是：首先寻找 G 的树核，然后在其树核中挑选最具影响力的 k 个顶点（一般树核的顶点数要比

k大）。然而，求一个图的树核是NP-完全的[14]，这说明很难给出一个多项式时间的算法来精确求解此问题。为此，本章介绍一种优化算法来近似地求解。首先，考虑一个网络是树的情况。

设T是一棵树，$v\in V(T)$，如果v至少与T中两个1度顶点相邻，且至多与一个非1度顶点相邻，那么称v是T的一个外枝点[22]。用$N_T^+(v)$表示T中与外枝点v相邻的所有1度顶点构成的集合，并令$T_v=T-\{\{v\}\cup N_T^+(v)\}$。显然，若$v$是$T$的外枝点并且$|V(T_v)|>0$，则$T_v$连通（即$T_v$是树）。对于至少含有4个顶点的树$T$，如果$v$是1度顶点并且其邻点是2度顶点[22]，则称$v\in V(T)$为$T$的一个树叶。注意，这里定义的树叶与常用的树的树叶有一定区别，它更为特殊，不仅需要度数为1，并且需要与其相邻的顶点的度数为2。如图13.2所示的树T，v_3、v_4是外枝点，v_5是树叶。

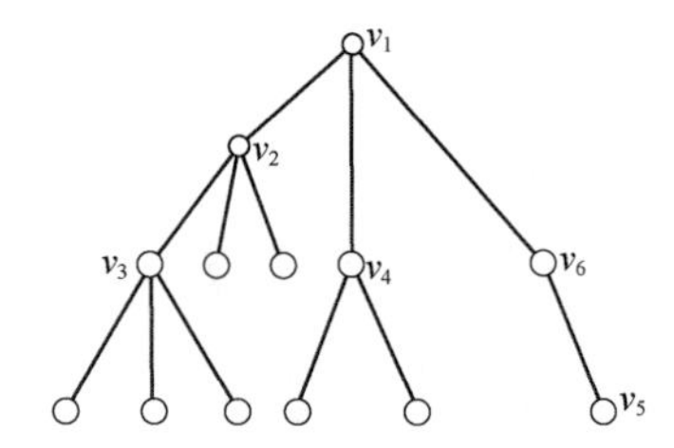

图13.2　一个含有两个外枝点、一个树叶的树T

定理13.2[22]　设T是至少含有4个顶点的树。如果T不含树叶，那么T中含有外枝点。

定理13.3[21]　设T是至少含有4个顶点的树。如果v是T的树叶，那么$h_t(T)=h_t(T-v)$。

证明　令v'是与v相邻的2度顶点。考虑树$T-v$，v'在$T-v$中是1度顶点。令S是$T-v$的一个树核，那么$v'\notin S$。这是因为此时若$v'\in S$，那么有

$$\omega\big(T-v-(S\setminus v')\big)-|S\setminus v'|\geqslant\omega(T-v-S)-|S|+1>h_t(G)$$

这与S是T的树核矛盾。从而，可以推出

$$\begin{aligned}h_t(T-v)&=\omega(T-v-S)-|S|\\&=\omega\big(T-(S\cup\{v\})\big)-|S\cup\{v\}|+1\\&=\omega(T-S)-|S\cup\{v\}|+1\\&=\omega(T-S)-|S|=h_t(T)\end{aligned}$$

从而结论成立。

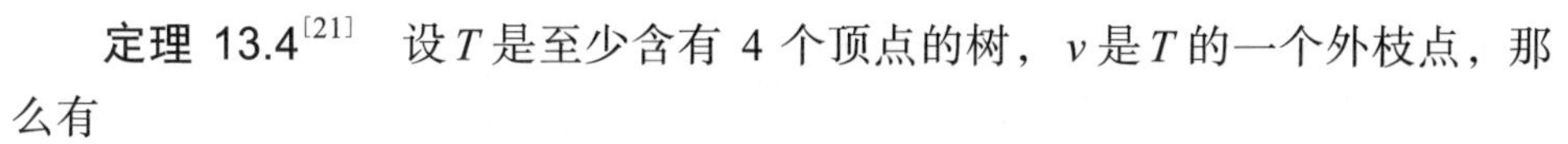

定理 13.4[21]　设 T 是至少含有 4 个顶点的树，v 是 T 的一个外枝点，那么有

$$h_t(T)=h_t(T_v)+\left|N_T^+(v)\right|-1$$

证明　令 S^* 是 T 的一个树核，因为 v 至少与 T 中两个 1 度顶点相邻，故总可取到 S^* 包含 v，从而有

$$\begin{aligned}h_t(T)&=\omega(T-S^*)-\left|S^*\right|\\&\leqslant\omega\left(T-(S^*-\{v\})\right)+\left|N_T^+(v)\right|-\left|S^*\right|\\&\leqslant\omega\left(T-(S^*-\{v\})\right)-\left|S^*-\{v\}\right|+\left|N_T^+(v)\right|-1\\&\leqslant h_t(T_v)+\left|N_T^+(v)\right|-1\end{aligned}$$

另外，令 S_v^* 是 T_v 的一个树核，有

$$\begin{aligned}h_t(T_v)&=\omega(T_v-S_v^*)-\left|S_v^*\right|\\&=\omega\left(T-(S_v^*\cup\{v\})\right)-\left|N_T^+(v)\right|-\left|S_v^*\right|\\&=\omega\left(T-(S_v^*\cup\{v\})\right)-\left|S_v^*\cup\{v\}\right|-\left|N_T^+(v)\right|+1\\&\leqslant h_t(T)-\left|N_T^+(v)\right|+1\end{aligned}$$

从而有

$$h_t(T)\geqslant h_t(T_v)+\left|N_T^+(v)\right|-1$$

至此，该定理获证。

图 13.2 所示的树 T 是定理 13.3 和定理 13.4 的一个例子。该图中共有两个外枝点 v_3、v_4 和一个树叶 v_5。第一，令 $T^1=T-v_5$，由定理 13.3，$h_t(T)=h_t(T^1)$；第二，T^1 中不含树叶，但含有两个外枝点 v_3、v_4，任选其中一个外枝点 v_3，根据定理 13.4，$h_t(T^1)=h_t(T_{v_3}^1)+\left|N_{T^1}^+(v_3)\right|-1=h_t(T_{v_3}^1)+2$；第三，令 $T^2=T_{v_3}^1$，T^2 中不含树叶，但含两个外枝点 v_2 和 v_4，选择其中的 v_2，根据定理 13.4，$h_t(T^2)=h_t(T_{v_2}^2)+\left|N_{T^2}^+(v_2)\right|-1=h_t(T_{v_2}^2)+1$；第四，在 $T_{v_2}^2$ 中，v_6 是树叶，故由定理 13.3，$h_t(T_{v_2}^2)=h_t(T_{v_2}^2-v_6)$，令 $T^3=T_{v_2}^2-v_6$，T^3 中不含树叶，含有一个外枝点 v_4，由定理 13.4，$h_t(T^3)=h_t(T_{v_4}^3)+\left|N_{T^3}^+(v_4)\right|-1=h_t(T_{v_4}^3)+2$；第五，因为 $T_{v_4}^3$ 是一个空图，即不含任何顶点，从而 $h_t(T_{v_4}^3)=0$，故 $h_t(T)=2+1+2=5$。这里用到的符号 $T_{v_j}^i$（$i\in\{1,2,3\}$，$j\in\{2,3,4\}$）表示在 T^i 中删去 $\left\{\{v_j\}\cup N_{T^i}^+(v_j)\right\}$ 中的顶点及其关联边得到的图，即 $T_{v_j}^i=T^i-\left\{\{v_j\}\cup N_{T^i}^+(v_j)\right\}$。

根据定理 13.3 和定理 13.4，下面给出树的树核算法。

算法 13.1[21] 树的树核算法 FindTreeCoreofTree(T)

输入： 树 T，$|V(T)| \geqslant 4$，$V(T)$为顶点集合，$S^* = \varnothing$，$h_t(T) = 0$，$t = 0$

输出： T 的树核 S^* 和树核度 $h_t(T)$。

$T^0 = T$；

$i = 0$；

while （$|V(T^i)| \neq 4$ && T^i 含有叶子节点 v_i）

  $T^{i+1} = T^i - v_i$，i++;

if $|V(T^i)| = 4$

  if T^i 含叶子节点

    $h_t(T) = h_t(T) + 1 + t$；

    $S^* = S^* \cup \{u\}$，其中 u 是 T^i 中任意一个 2 度顶点；

  else

   找到 T^i 的一个外枝点 v；

  $T_v^i = T^i - \left\{ \{v\} \cup N_{T^i}^+(v) \right\}$，$S^* = S^* \cup \{v\}$，

  $t = N_{T^i}^+(v) - 1$；

  if $|V(T_v^i)| \geqslant 4$

   $T = T_v^i$；

   FindTreeCoreofTree(T);

  else if $|V(T_v^i)| = 3$

   $h_t(T) = h_t(T) + 1 + t$；

   $S^* = S^* \cup \{u\}$，其中 u 是 T_v^i 中唯一的 2 度顶点；

  else

   S^* 不变，$h_t(T) = h_t(T) + t$。

在算法 13.1 的基础上，下面给出一个在网络 G 中寻找 k 个最有影响力节点的算法，其思路是：首先删除 l 个节点 $S = \{v_1, v_2, \cdots, v_l\}$，使得 $G - S$ 的每个分支都是树，其中 v_i 是 $G - \{v_1, v_2, \cdots, v_{i-1}\}$ 中的最大度顶点；其次，利用算法 13.1 求 $G - S$ 中每个分支的树核 S_t^*，然后在 $S \cup S_t^*$ 中选择度数最大的 k 个顶点。具体流程见算法 13.2，对于一个网络 G 中的每个顶点 v，定义 $w_G(v) = d_G(v)$ 为顶点 v 在 G 中的权值。

算法 13.2[21]　寻找 k 个最有影响力的节点

输入： 图 G，数 k。

输出： 大小为 k 的节点集 S。

$G_0=G$;

$S_0=\varnothing$;

$i=0$;

while (G_i 中存在不是树的分支)

　　选择 G_i 中权值最大的一个顶点 v_i;

　　$S_{i+1}=S_i\cup\{v_i\}$;

　　$G_{i+1}=G_i-v_i$，$i{+}{+}$;

if $k<i$

　　$S=S_k$;

else

　　求出各个分支 $T_1,T_2,\cdots,T_m$ 的树核 $S^*(T_1),S^*(T_2),\cdots,S^*(T_m)$;

　　令 $S'=S^*(T_1)\cup S^*(T_2)\cup\cdots\cup S^*(T_m)$;

　　if $|S'|\geqslant k-l+1$

　　　令 S_2 为 S' 中度数（在 G 中）最大的前 $k-l+1$ 个顶点，

　　　$S=S_1\cup S_2$;

　　else

　　　$|S'|<k-l+1$，$S_2=S'$;

　　　令 S_3 为 $G-(S_1\cup S_2)$ 中所有的 2 度顶点的集合，$l''=|S_3|$;

　　　if $l''\geqslant k-l-l'+1$

　　　　在 S_3 中任意选择 $k-l-l'+1$ 个顶点；

　　　　$S=S_1\cup S_2\cup S_3$;

　　　else

　　　　在 $G-(S_1\cup S_2\cup S_3)$ 中任意选择 $k-l-l'-l''+1$ 个顶点，记为 S_4;

　　　　$S=S_1\cup S_2\cup S_3\cup S_4$

在算法 13.1 中，为找到一个叶子节点，最多将树中所有节点扫描一遍即可，而判断一个节点是否为叶子节点，可在线性时间内完成，因此找到叶子节点的复杂度为 $O(n_T)$，其中 n_T 表示树 T 中的节点个数。同理，寻找一个外

枝点也最多只需将树中所有节点扫描一遍，同时判断某个节点是否为外枝点的复杂度不超过 $O(k_d)$，其中 k_d 表示树 T 中节点的最大度，因此找到外枝点的复杂度为 $O\left(k_d n_{|T|}\right)$。考虑到 while 循环每执行一次就减少一个节点，且找到外枝点之后在调用算法 FindTreeCoreofTree(T)时节点个数也少一个，因此每减少一个节点的最大复杂度为 $O(k_d n_T)$，所以算法 13.1 的总复杂度为 $O(k_d n_T{}^2)$。进行类似的分析可知，算法 13.2 中找一个权值最大的顶点复杂度为 $O(n)$（将所有节点扫描一遍，对一个节点的判断可在线性时间内完成），其中 n 表示图 G 中的节点数，所以 while 循环的时间复杂度不超过 $O(n^2)$。后面的处理是对于每个树调用算法 13.1，假设所有树中节点的最大度为 k_T，则这一步的复杂度为

$$
\begin{aligned}
& O(k_{d_1} n^2{}_{T_1}) + O(k_{d_2} n^2{}_{T_2}) + \cdots + O(k_{d_m} n^2{}_{T_m}) \\
& \leqslant O\left(k_T (n^2{}_{T_1} + n^2{}_{T_2} + \cdots + n^2{}_{T_m})\right) \\
& < O\left(k_T (n_{T_1} + n_{T_2} + \cdots + n_{T_m})^2\right) \leqslant O(k_T n^2)
\end{aligned}
$$

因此，总的时间复杂度不超过 $O(k_T n^2)$，从而该算法是多项式时间的。

13.4 实验分析

为了证明树核理论在求解影响最大化问题中的有效性，本节在真实网络的数据集上进行实验，比较相应算法与其他节点选择算法的传播效果，并展开相关分析。实验数据集为 E-mail 网络[23]和爵士（Jazz）音乐家形成的网络[24]。E-mail 网络是罗维拉・依维尔基里大学的成员之间 E-mail 联系形成的网络，由 1133 个节点和 5451 条边组成，其中每个节点代表一个成员，每条边代表边连接的两个成员之间曾经使用 E-mail 联系过。爵士音乐家形成的网络由 198 个节点和 2742 条边组成，其中每个节点代表一个爵士音乐家，每条边表示边连接的两个爵士音乐家之间有联系。这两个网络均为无向的，下面分别使用线性阈值模型、独立级联模型和加权级联模型这 3 个传播模型对这两个网络进行实验。

（1）**线性阈值模型**。在线性阈值模型中，一个节点是否受到影响从不活跃状态变为活跃状态，是由其邻居的共同影响力决定的。对于节点 w 的邻居节点 v，将 v 对 w 的影响记为 $b_{w,v}$，则有 $\sum_v b_{w,v} \leqslant 1$。在该模型中，如果节点

w 活跃邻居的影响总和超过某个阈值 θ_w，则节点 w 由不活跃状态变为活跃状态，即满足

$$\sum_{v:w\text{的活跃邻居}} b_{w,v} \geqslant \theta_w$$

时，节点 w 被激活（即由不活跃状态变为活跃状态）。可以看出，θ_w 越大，则节点 w 越不容易被激活。因此 θ_w 可以反映出节点 w 被激活的倾向性[25]。

（2）**独立级联模型**。在独立级联模型中，节点只有在刚被激活时才可以尝试去激活其邻居。假设 v 是一个在时刻 t 刚被激活的节点，则对于 v 的每个不活跃邻居 w，v 可以以概率 $p_{v,w}$ 尝试激活 w。若激活成功，则节点 w 在时刻 $t+1$ 变为活跃节点；若不成功，w 仍然保持不活跃状态。无论 w 是否成功激活其邻居，在 $t+1$ 以后的时刻，v 都不能再尝试激活其他节点。如果在时刻 t 不活跃节点 w 有多个邻居都刚被激活，则其邻居节点对其的激活顺序对于最后结果没有影响。概率 $p_{v,w}$ 不依赖于之前所有对 w 的激活尝试。传播过程以这种方式不断进行，直到没有刚被激活的节点时停止[5]。

（3）**加权级联模型**。加权级联模型可以看作独立级联模型的一个特例。在该模型中，节点 v 激活其不活跃邻居节点 w 的概率 $p_{v,w}$ 与节点 w 的度 $d(w)$ 有关，$p_{v,w} = 1/d(w)$[20]。故当一个节点有很多邻居时，每个邻居对这个节点的影响就会平均到一个非常小的值，这在某种程度上可以反映出真实世界中的人际关系。例如，如果一个人只有一个朋友，那么这个朋友对他的建议就非常具有影响力，而如果他有很多朋友，那么其中一个朋友的建议对于他作何决定的影响并不大[5]。

为了显示算法的实验效果，这里使用的作为对比的节点选择方法有随机（Random）算法、度数（Degree）算法、CELFGreedy 算法和树核（TreeCore）算法。

Random 算法是一种简单的节点选择方法，这种方法完全随机地选择出 k 个需要的节点。

Degree 算法的特点是选择出网络中度最大的 k 个节点作为初始活跃节点集合。

CELFGreedy 算法是使用 Lazy-forward 优化的贪心算法，每次都选择能使活跃节点数增加最多的节点。对于每个候选节点集 S，该算法进行 10,000 次模拟来得到准确的传播范围 $\sigma(S)$。

TreeCore 算法使用算法 13.2 来选择初始活跃节点集合。

将用这 4 种节点选择方法选出的节点作为初始的活跃节点，各自分别按照线性阈值模型、独立级联模型、加权级联模型的传播方式进行传播，对最终的传播效果进行比较。

13.4.1　E-mail 网络

图 13.3 为在 E-mail 网络中采用 4 种节点选择方法选出的初始节点集合的传播效果，其中横坐标为初始节点集合的规模（seed set size），纵坐标为最终传播到的节点集合的规模，即传播范围（influence spread）。

图 13.3（a）为在线性阈值模型下的传播效果对比。由于缺少阈值信息，同时为了实验的简洁性，实验中各个节点的阈值均设为同一值（0.5），并且认为一个节点的各个邻居对其影响是相同的[5]。这样，当一个不活跃节点有一半的邻居是活跃状态时，该节点即可被激活。由图 13.3（a）可以看出，在线性阈值模型下 CELFGreedy 算法的效果最好，TreeCore 算法由于进一步利用了网络的连通性，因此效果比 Degree 算法效果更好，因为度数大的节点之间可能互相连接也比较多，这样只选择其中一部分即可达到较好的效果而无须将所有度数大的节点都选为初始活跃节点。Random 算法由于没有利用到网络的任何信息而只进行随机选择，因此效果最差。

图 13.3（b）为在独立级联模型下的传播效果对比。同样出于简洁性以及缺少相关信息的考虑，这里将节点之间的激活概率均设为相同的值（0.01），这也是该模型下通常使用的概率值[5]。由于激活概率值较小，因此图中显示的传播范围并不大。由图 13.3（b）可以看出，在独立级联模型下 TreeCore 算法的效果会比 Degree 算法及 CELFGreedy 算法稍好一些，这 3 种算法的效果都比 Random 算法好很多。因为 Random 算法没有利用到网络的任何信息，而其他算法都有针对性地利用了网络的特性进行节点选择。

图 13.3（c）为在加权级联模型下的传播效果对比。由于网络中大部分节点的度数并不大，导致激活概率比 0.01 大，传播范围也比图 13.3（b）中的广，而且节点数较少的时候传播范围的增长速度比图 13.3（c）中快。

图 13.4 为 E-mail 网络中各算法的运行时间对比。从图中可以看出，CELFGreedy 算法在各个模型中的运行时间均较长，而 Random 算法以及 Degree 算法由于不需要进行各种计算而运行时间较短，TreeCore 算法虽然运行时间比 Random 算法和 Degree 算法稍长，但也可以在很短的时间内完成运算，时间效率也较高。

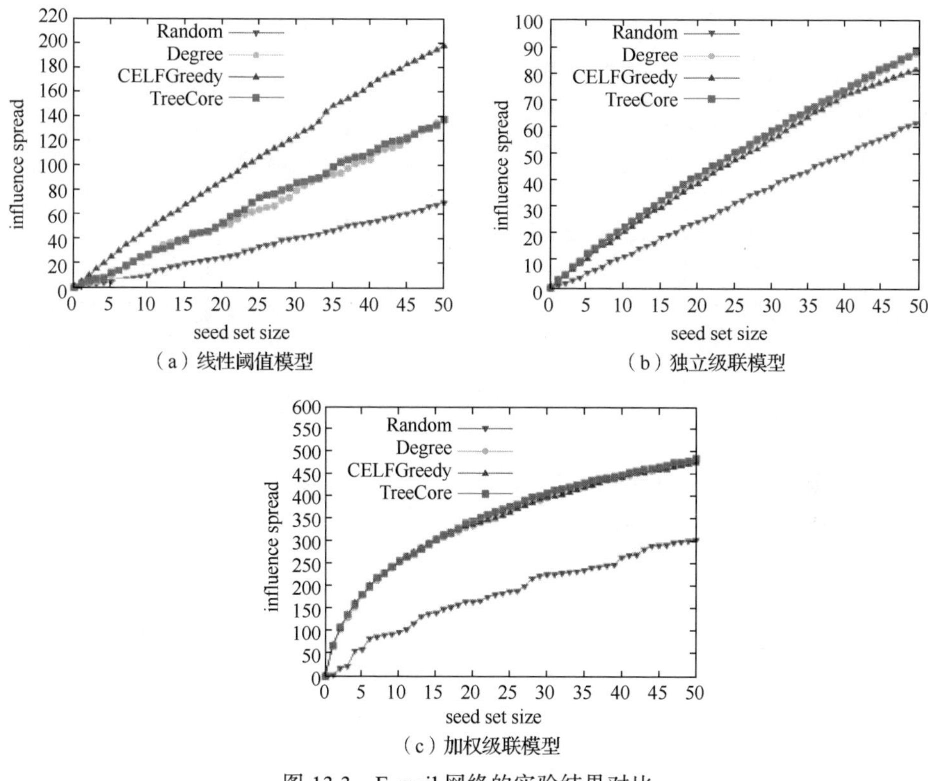

（a）线性阈值模型

（b）独立级联模型

（c）加权级联模型

图 13.3　E-mail 网络的实验结果对比

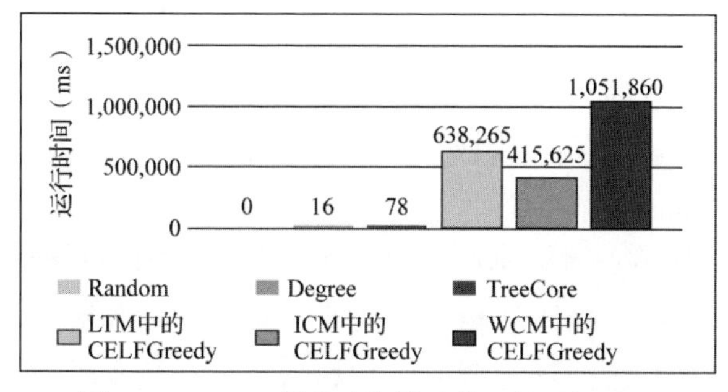

图 13.4　E-mail 网络中各算法的运行时间对比

13.4.2　爵士音乐家网络

图 13.5 为在爵士音乐家网络中采用各种节点选择方法选出的初始节点集合的传播效果，其中横坐标为初始节点集合的规模（seed set size），纵坐标为最终传播到的节点集合的规模，即传播范围（influence spread）。

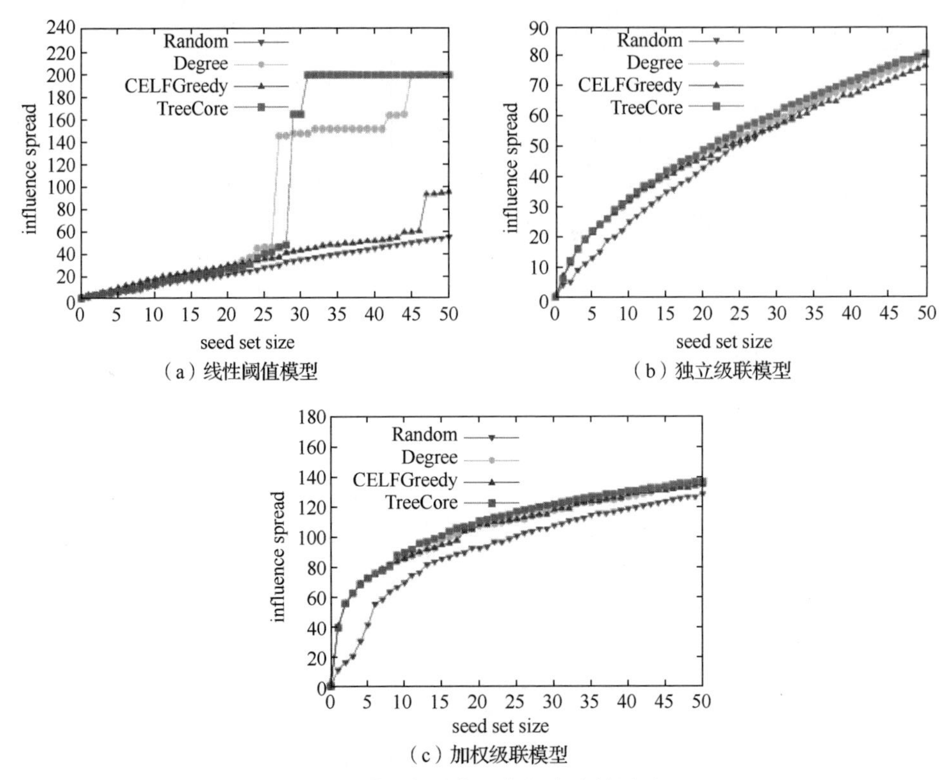

（a）线性阈值模型

（b）独立级联模型

（c）加权级联模型

图 13.5　爵士音乐家网络的实验结果对比

图 13.5（a）为在线性阈值模型下的传播效果对比。与在 E-mail 网络中相同，实验中各个节点的阈值均设为同一值（0.5），并且认为一个节点的各个邻居对其影响是相同的。由图 13.5（a）可以看出，该网络在线性阈值模型下的传播情况与 E-mail 网络不同。使用 Degree 算法、CELFGreedy 算法以及 TreeCore 算法选择节点时在某些点处会出现传播范围的突然扩大。这与传播模型以及数据集有关，由于该模型下某个节点只有当其活跃邻居数累积到邻居总数的一半时才能被激活，因此当初始活跃节点较少时只有某些度数比较小的节点可以被激活，随着初始活跃节点数的增多，节点的活跃邻居数也不断增加，当累积到某一程度时，很多节点受到活跃邻居的影响都达到阈值从而变为活跃状态，产生图 13.5（a）中的突变，而在独立级联模型和加权级联模型下就不会出现这种情况。另外，在图 13.5（a）中，当初始活跃节点集合较大时，TreeCore 算法效果明显比其他算法更好，表明 TreeCore 算法更适用于需要的初始节点集合较大时的情况。

图 13.5（b）（c）分别为在独立级联模型和加权级联模型下的传播效果对比。同样出于简洁性以及缺少相关信息的考虑，这里将节点之间的激活概率均设为相同的值（0.01）。由于该网络的密度较大，因此在这两个模型下的传播范围相差不多。从这两幅图中可以看出，在这两个模型下，实验中使用的几种算法在爵士音乐家网络的传播效果相差不多，而 TreeCore 算法的效果会比其他算法稍微好一些。

从实验结果可以看出，TreeCore 算法在选择节点数较多时效果较好。这种现象出现的原因与算法的理论基础有关。在节点数较少时，其他节点直接选择影响力较大的少数几个节点进行信息传播，可以达到比较好的效果。但是当节点数不断增多时，如果还按照节点自身单独的影响力进行选择，那么由于不同节点的影响范围会存在很多交叉，增加的节点影响到的范围可能之前的节点已经可以影响到，故此时节点增加对于影响范围的作用并不大。TreeCore 算法利用网络连通性相关信息，考虑到对整体的影响效果，节点数较多时节点影响范围交叉对于算法的负面影响更少一些，因此出现在选择的节点数较多时效果较好的现象。

图 13.6 为爵士音乐家网络中各算法的运行时间对比。与在 E-mail 网络上的结果类似，CELFGreedy 算法在各个模型中的运行时间均较长，Random 算法以及 Degree 算法的运行时间较短，TreeCore 算法也可以在很短的时间内完成运算，时间效率也较高。

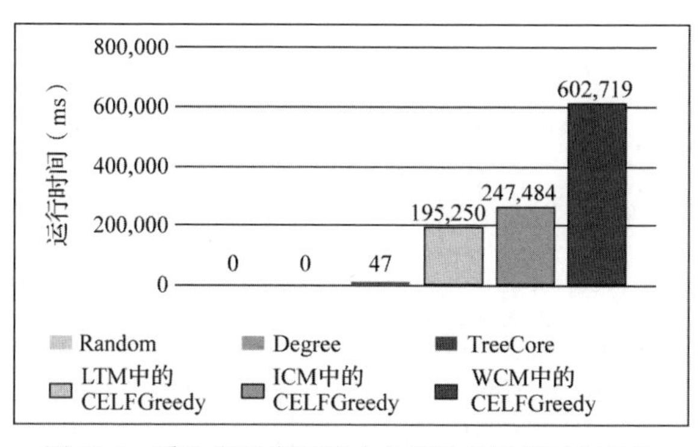

图 13.6　爵士音乐家网络中各算法的运行时间对比

13.5　本章小结

本章介绍了一种基于树核度求解网络影响最大化问题的方法，并给出了一种多项式时间的算法以寻找网络中的 k 个初始活跃节点。最后，本章通过实验将该方法与传统的Random算法、Degree算法及CELFGreedy算法进行了比较。结果表明，该方法可以较快地找到能够使传播范围较大的节点集合。

由于求解一般图的树核是非常困难的，故本章首先在算法 13.2 中给出了一种删点的方法，使得所求网络变成一个森林，然后再分别求每棵树的树核。但是，该方法只是考虑了图中顶点度的影响，故具有一定的局限性。为此，在后续的工作中研究出更好的删点方法（也许在删点的同时将该点所在圈的数量考虑在内会得到更好的结果），是值得深入探索的课题。

参考文献

[1] Wasserman S, Faust K. Social Network Analysis in the Social and Behavioral Sciences[M]// Social Network Analysis: Methods and Applications. Cambridge, Eng.: Cambridge University Press, 1994: 3-27.

[2] Domingos P, Richardson M. Mining the Network Value of Customers[C]// Proceedings of the Seventh ACM SIGKDD International Conference on Knowledge Discovery and Data Mining. New York: ACM, 2001: 57-66.

[3] Richardson M, Domingos P. Mining Knowledge-sharing Sites for Viral Marketing[C]// Proceedings of the Eighth ACM SIGKDD International Conference on Knowledge Discovery and Data Mining. New York: ACM, 2002: 61-70.

[4] Kempe D, Kleinberg J, Tardos É. Influential Nodes in a Diffusion Model for Social Networks[C]// Caires L, Italiano G F, Monteiro L, et al. Proceedings of 32nd International Colloquium on Automata, Languages and Programming. Berlin: Springer, 2005: 1127-1138.

[5] Tardos É, Kempe D, Kleinberg J. Maximizing the Spread of Influence in a Social Network[C]// Proceedings of the 9th ACM SIGKDD International Conference on Knowledge Discovery and Data Mining. New York: ACM, 2003: 137-146.

[6] Leskovec J, Krause A, Guestrin C, et al. Cost-effective Outbreak

Detection in Networks[C]// Proceedings of the 13th ACM SIGKDD International Conference on Knowledge Discovery and Data Mining. New York: ACM, 2007: 420-429.

[7] Kimura M, Saito K. Tractable Models for Information Diffusion in Social Networks[C]// Fürnkranz J, Scheffer T, Spiliopoulou M. Proceedings of Knowledge Discovery in Databases: PKDD 2006. Berlin: Springer, 2006: 259-271.

[8] Wei C, Chi W, Wang Y. Scalable Influence Maximization for Prevalent Viral Marketing in Large-scale Social Networks[C]// Proceedings of the 16th ACM SIGKDD International Conference on Knowledge Discovery and Data Mining. New York: ACM, 2010: 1029-1038.

[9] Yu W, Gao C, Song G, et al. Community-based Greedy Algorithm for Mining Top-*k* Influential Nodes in Mobile Social Networks[C]// Proceedings of the 16th ACM SIGKDD International Conference on Knowledge Discovery and Data Mining. New York: ACM, 2010: 1039-1048.

[10] Goyal A, Lu W, Lakshmanan L. SIMPATH: An Efficient Agorithm for Influence Maximization under the Linear Threshold Model[C]// Proceedings of 2011 IEEE 11th International Conference on Data Mining (ICDM). NJ: IEEE, 2011: 211-220.

[11] Chen W, Wang Y, Yang S. Efficient Influence Maximization in Social Networks[C]// Proceedings of the 15th ACM SIGKDD International Conference on Knowledge Discovery and Data Mining. New York: ACM, 2009: 199-208.

[12] Jiang Q, Song G, Gao C, et al. Simulated Annealing Based Influence Maximization in Social Networks[C]// Proceedings of the Twenty-fifth AAAI Conference on Artificial Intelligence. CA: AAAI, 2011: 127-132.

[13] Jung K, Heo W, Wei C. IRIE: Scalable and Robust Influence Maximization in Social Networks[C]// Proceedings of the 2012 IEEE 12th International Conference on Data Mining. NJ: IEEE, 2012: 918-923.

[14] Li J, Yu Y. Scalable Influence Maximization in Social Networks using the Community Discovery Algorithm[C]// Proceedings of the 6th

International Conference on Genetic and Evolutionary Computing. NJ: IEEE, 2012: 284-287.

[15] Zhu Y, Wu W, Bi Y, et al. Better Approximation Algorithms for Influence Maximization in Online Social Networks[J]. Journal of Combinatorial Optimization, 2015, 30(1): 97-108.

[16] Cheng S, Shen H W, Huang J, et al. IMRank: Influence Maximization via Finding Self-consistent Ranking[C]// Proceedings of the 37th International ACM SIGIR Conference on Research & Development in Information Retrieval (SIGIR '14). New York: ACM, 2014: 475-484.

[17] Cohen E, Delling D, Pajor T, et al. Sketch-based Influence Maximization and Computation: Scaling up With Guarantees[C]// Proceedings of the 23rd ACM International Conference on Information and Knowledge Management. New York: ACM, 2014: 629-638.

[18] Lucier B, Oren J, Singer Y. Influence at Scale: Distributed Computation of Complex Contagion in Networks[C]// Proceedings of the 21st ACM SIGKDD International Conference on Knowledge Discovery and Data Mining. New York: ACM, 2015: 735-744.

[19] Li Z P, Shao Z H, Zhu E Q, et al. Tree-core and Tree-coritivity of Graphs[J]. Information Processing Letters, 2015, 115(10): 754-759.

[20] Bondy J A, Murty U S R. Graph Theory[M]. Berlin: Springer, 2008.

[21] 朱恩强，吴艳蕾，许宇光，等. 基于树核度的社交网络影响最大化问题[J]. 电子学报, 2019, 47(1): 161-168.

[22] 欧阳克智，欧阳克毅，于文池. 图的相对断裂度[J]. 兰州大学学报：自然科学版, 1993, 29(3): 43-49.

[23] Guimera R, Danon L, Diaz-Guilera A,et al. Self-similar Community Structure in a Network of Human Interactions[J]. Physical Review E, 2003, 68(3): 93-108.

[24] Gleiser P, Danon L. Community Structure in JAZZ[J]. Advances in Complex Systems, 2003, 6(4): 565-573.

[25] Goldenberg J, Libai B, Muller L E. Talk of the Network: A Complex Systems Look at the Underlying Process of Word-of-mouth[J]. Marketing Letters, 2001,12 (3): 211-223.

第 14 章

基于核度的脑网络研究

本章重点研究核度计算方法及其在脑网络上的应用。首先提出 3 种基于蚁群算法的核度求解方法，然后介绍大脑网络的基础知识，进一步描述实验准备，包括算法流程、数据集和基准方法等，并给出不同算法在真实大脑网络数据集上的实验结果。此外，本章还分析了正常人和神经与精神病患者大脑网络的结构特征差异，并比较了不同特征组合的性能。最后，本章分析使用不同阈值构建大脑网络对最终分类性能的影响，对神经与精神疾病的诊断具有一定的启发作用。

14.1 概述

近年来，大脑网络的挖掘和利用受到了越来越多研究者的关注。在许多神经与精神疾病中，研究者们难以通过临床表现发现早期的神经系统障碍，且通常情况下临床症状的出现代表着大脑损伤已经严重且不可逆转。所以，发展有效的早期检测方法对大脑神经系统诊断具有重要意义，可以帮助人们在早期发现大脑的变化和异常，预防脑障碍并避免神经系统损伤加重，从而减少疾病带来的社会负担。

神经影像学的快速发展提供了一种有效的早期检测方法，医生可以通过观察神经影像来发现患者大脑的早期异常。此外，研究者们可以从神经影像中提取有临床意义的结构模式，对这些结构模式的研究和分析可提高医生对神经和精神疾病的认识，为诊断提供一定的帮助。以往关于功能磁共振成像

（functional Magnetic Resonance Imaging，fMRI）和弥散张量成像（Diffusion Tensor Imaging，DTI）的研究分析均已证明了精神或神经疾病患者的大脑网络结构存在异常。磁共振成像（Magnetic Resonance Imaging，MRI）技术的出现极大地丰富了关于人类认知的实验方法，如何挖掘并利用神经影像也成为近年来一个重要的研究方向。

在对神经影像学数据进行处理之后，利用复杂的图论分析，可以将人脑抽象成一个网络，其中网络的节点代表具有解剖学意义的大脑区域，边代表不同大脑区域之间的结构或功能连接[1]。在此基础上，可以从大脑中提取相应的结构特征，用于神经与精神疾病的分析与研究。本章将核度应用到大脑功能网络上，将核度作为大脑功能网络的重要特征，并与其他重要的结构特征进行组合，以此来判别大脑是否存在神经或者精神异常。

14.2 基于蚁群的核度算法

蚁群算法是一种基于种群的方法，也被证明是一种可以解决组合优化问题的方法[2-4]。它的主要思想之一是模拟蚂蚁群体中个体之间的间接交流。这个思想是基于一种蚂蚁个体之间用于交流的化学物质，即信息素。在运动过程中，蚂蚁通常在经过的路径上留下信息素来进行信息交流，并且蚂蚁在运动中可以感觉到同伴留下的这种物质，并用它来引导自己的运动方向[2]。由于经过最短路径的蚂蚁用时更少，所以蚂蚁在该路径留下的信息素更多，这样在该路径上的蚂蚁数量就越来越多。因此，蚁群行为表现出正反馈现象：越好的路径被后来的蚂蚁选择的概率越大[3]。图 14.1 展示了一个蚁群算法的实例。

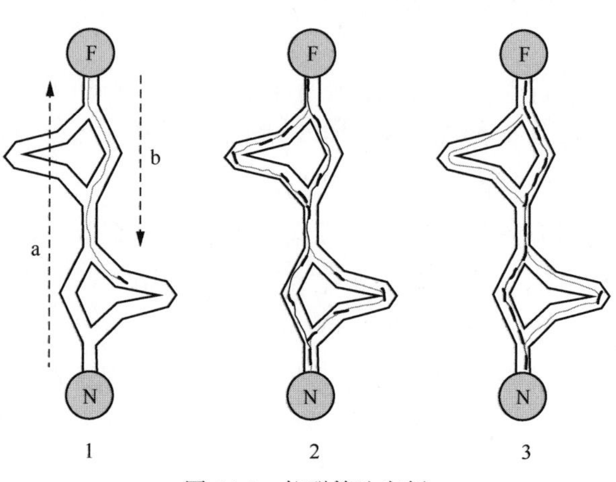

图 14.1 蚁群算法实例

为了方便起见，表 14.1 列出了基于蚁群的核度算法涉及的重要变量。

表 14.1　基于蚁群的核度算法中涉及的重要变量

变量	描述
m	蚂蚁数量
k	蚂蚁编号
t	时刻
n	节点数量
d_{ij}	节点 (i,j) 之间的距离
η_{ij}	启发式因子
τ_{ij}	边 (i,j) 上的信息素
$\Delta\tau_{ij}$	本次迭代边 (i,j) 上的信息素增量
$\Delta\tau_{ij}^{k}$	蚂蚁 k 在本次迭代中留在边 (i,j) 上的信息素增量
ρ	信息素挥发系数
$1-\rho$	持久性系数
$P_{ij}^{k}(t)$	时刻 t 蚂蚁 k 由节点 i 转移到节点 j 的概率
α	信息素的相对重要程度
β	启发式因子的相对重要程度
$J_k(i)$	蚂蚁 k 在节点 i 下一步选择的节点集合
Q	正数常数
L_k	蚂蚁 k 在一次周游中所走路径的长度

14.2.1　基于基础蚁群的核度算法

在蚂蚁系统中，t 时刻蚂蚁 k 从节点 i 到节点 j 的转移概率为

$$P_{ij}^{k}(t)=\begin{cases}\dfrac{[\tau_{ij}(t)]^{\alpha}*[\eta_{ij}(t)]^{\beta}}{\sum_{s\in J_k(i)}[\tau_{is}(t)]^{\alpha}*[\eta_{is}(t)]^{\beta}} & j\in J_k(i)\\ 0 & \text{其他}\end{cases}$$

其中，$P_{ij}^{k}(t)$ 满足 $\sum_{j\in J_k(i)}P_{ij}^{k}(t)=1$。

启发式因子为

$$\eta_{ij}=\frac{1}{d_{ij}}$$

在基础蚁群算法中，信息素的更新方式为

$$\tau_{ij}(t+1)=(1-\rho)*\tau_{ij}(t)+\Delta\tau_{ij} \tag{14.1}$$

$$\Delta\tau_{ij}=\sum_{k=1}^{m}\Delta\tau_{ij}^{k} \tag{14.2}$$

$$\Delta\tau_{ij}^{k}=\begin{cases}\dfrac{Q}{L_k} & \text{蚂蚁}k\text{经过边}(i,j)\\ 0 & \text{其他}\end{cases} \tag{14.3}$$

借用蚁群算法的思想，可以设计一种核度的求解算法。在这里，目标函数 $f'(S)$ 对应蚂蚁在一次周游中所走路径的长度，而路径的边则为对应的节点。算法会呈现一定的正反馈现象，核节点被后来更新的蚂蚁选择的概率会越来越大，这样蚂蚁在周游过程中就逐渐找到了核度的近似值。通常来说，信息素的初始值会根据经验给出。在核度算法中，度数不同的节点被分配的初始信息素是不同的。算法 14.1 和算法 14.2 给出了**基于基础蚁群的核度算法**。

算法 14.1 CalCoreAnt

输入： 无向图 G，运行次数 k，信息素挥发系数 ρ，蚂蚁数量 m，迭代次数 cnt。

输出： 核度值 Coritivity，图 G 的核节点集 Cores。

Begin：

1：　Cores = {}

2：　Coritivity = $-\infty$

3：　**while** $k>0$ **do**

4：　　$k=k-1$

5：　　pherovec = Initialization(G)

6：　　curcores = {}

7：　　curcoritivity = $-\infty$

8：　　curcores, curcoritivity = Iterate(G, pherovec, ρ, cnt, curcoritivity, curcores)

9：　　**if** curcoritivity > Coritivity **then**

10：　　　Cores = curcores

11：　　　Coritivity = curcoritivity

12：　　**end if**

```
13:    end while
14:    return  Coritivity,Cores
End
```

算法 14.1 中，Initialization 函数的作用是初始化信息素，由于度数大的节点为核节点的概率要大于度数较小的节点，所以初始化信息素时并不是随机生成，而是增加度数较大节点的信息素，减小度数较小节点的信息素，这样就实现了信息素的合理分配。初始化结束后，度数较大的节点更容易成为候选核节点，这样，算法的收敛速度就加快了。

算法 14.2　Iterate

输入： 无向图 G，初始信息素 pherovec，信息素挥发系数 ρ，当前核度值 curcoritivity，蚂蚁数量 m，当前核节点集 curcores，迭代次数 cnt。

输出： 核度值 Coritivity，图 G 的核节点集 Cores。

Begin：

1: **while** cnt>0 **do**

2: $\text{cnt} = \text{cnt} - 1$

3: $n = |G|$

4: 根据 pherovec 分配新核 newcores

5: 计算新的核度值 newcoritivity $f'(S') = \omega(G - S') - |S'|$

6: **if** newcoritivity>curcoritivity **then**

7: curcoritivity = newcoritivity

8: curcores = newcores

9: **end if**

10: **for** $i=1$ to n **do**

11: **for** $j=1$ to m **do**

12: **if** 蚂蚁 j 经过节点 i **then**

13: $\Delta\text{pherovec}_i = \Delta\text{pherovec}_i + \text{coritivity}_j / \sum\text{coritivity}$

14: **end if**

15: **end for**

16: $\text{pherovec}_i = (1-\rho)\text{pherovec}_i + \Delta\text{pherovec}_i$

17: **end for**

```
18:          更新 pherovec
19:      end while
20:   return  curcoritivity, curcores
End
```

在更新信息素的过程中，我们计算每只蚂蚁对应的路径，其中最优路径对应的核节点最有可能成为解集。在基于基础蚁群的算法中，每个蚂蚁都对信息素的更新有贡献。其中，找到的路径越优，对应的蚂蚁对相应的节点信息素的贡献越大。通过对每只蚂蚁对不同节点贡献度的加权，信息素实现一次更新。经过多次更新，目标函数 $f'(S)=\omega(G-S)-|S|$ 趋于稳定。为增加算法的鲁棒性，我们设定运行次数 k 进行多次求解，以此来取得近似最优解。

14.2.2 基于精英蚁群的核度算法

通常来讲，基础蚁群算法的信息素更新机制单一，在搜索过程中往往会出现信息素更新停滞或者早熟收敛（收敛至局部次优解）。为了防止这种情况发生，较早的一种改进方法是精英策略。精英策略的思想是在算法开始后将最优路径记为全局最优路径，其中经过最优路径的蚂蚁记为精英。当算法进行信息素更新时，精英蚂蚁对最优路径上的信息素进行额外的加权，这样较优路径被选择的概率就增加了[5]。

在精英蚁群算法中，信息素的更新规则为

$$\tau_{ij}(t+1)=(1-\rho)*\tau_{ij}(t)+\Delta\tau_{ij}+\varepsilon\Delta\tau_{ij}^{\mathrm{el}}$$

$$\Delta\tau_{ij}^{\mathrm{el}}=\begin{cases}\dfrac{Q}{L_{\mathrm{el}}} & \text{精英蚂蚁经过边}\ (i,j)\\ 0 & \text{其他}\end{cases}$$

同样，一次周游后，每只蚂蚁都对信息素的更新有贡献。其中，找到的路径越优，对应的蚂蚁对相应的节点信息素的贡献越大。但是，它和基础蚁群的信息素更新公式的区别在于，当所有蚂蚁更新完自己路径上的信息素之后，精英蚂蚁会以一定的衰减率重复更新最优路径上的信息素，其中衰减率为 $\varepsilon\ (0\leqslant\varepsilon\leqslant1)$[5]。这种方法有助于加速算法的收敛和提高算法的准确性。算法 14.3 和算法 14.4 给出了基于精英蚁群的核度算法。

算法 14.3　CalCoreEliteAnt

输入： 无向图 G，运行次数 k，信息素挥发系数 ρ，蚂蚁数量 m，迭代次数 cnt。

输出： 核度值 Coritivity，图 G 的核节点集 Cores。

Begin:

1:　Cores = {}
2:　Coritivity = $-\infty$
3:　**while**　$k>0$　**do**
4:　　$k=k-1$
5:　　pherovec = Initialization(G)
6:　　curcores = {}
7:　　curcoritivity = $-\infty$
8:　　curcores, curcoritivity = IteratE(G, pherovec, ρ, cnt, curcoritivity, curcores)
9:　　**if**　curcoritivity > Coritivity　**then**
10:　　　Coritivity = curcoritivity
11:　　　Cores = curcores
12:　　**end if**
13:　**end while**
14:　**return**　Coritivity, Cores

End

算法 14.4　IteratE

输入： 无向图 G，初始信息素 pherovec，信息素挥发系数 ρ，当前核度值 curcoritivity，当前核节点集 curcores，蚂蚁数量 m，迭代次数 cnt。

输出： 核度值 Coritivity，图 G 的核节点集 Cores。

Begin:

1:　**while**　cnt > 0　**do**
2:　　cnt = cnt − 1
3:　　$n=|G|$
4:　　根据 pherovec 分配新核 newcores

```
5:      计算新的核度值 newcoritivity   f'(S') = ω(G − S') − |S'|
6:      if  newcoritivity > curcoritivity  then
7:          curcoritivity = newcoritivity
8:          curcores = newcores
9:      end if
10:     maxcoritivity = −∞
11:     eliteant = 0
12:     for  j = 1 to m  do
13:         if  coritivity_j > maxcoritivity  then
14:             maxcoritivity = coritivity_j
15:             eliteant = j
16:         end if
17:     end for
18:     for  i = 1 to n do
19:         for  j = 1 to m  do
20:             if 蚂蚁 j 经过节点 i  then
21:                 Δpherovec_i = Δpherovec_i + coritivity_j / Σcoritivity
22:             end if
23:         end for
24:         if 精英蚂蚁经过节点 i  then
25:             Δpherovec_i^el = e * maxcoritivity / Σcoritivity
26:             Δpherovec_i = Δpherovec_i + Δpherovec_i^el
27:         end if
28:         pherovec_i = (1 − ρ)pherovec_i + Δpherovec_i
29:     end for
30:     更新 pherovec
31: end while
32: return  curcoritivity, curcores
End
```

在更新信息素的过程中，我们计算每只蚂蚁对应的目标函数，其中最优路径对应的节点最有可能成为解集。在基于精英蚁群的算法中，每个蚂蚁都

对信息素的更新有贡献，其中精英蚂蚁对最优路径的信息素重复更新，从而增加最优路径上信息素的浓度，使得算法收敛更快。同样，经过多次更新，解集对应的目标函数 $f'(S)=\omega(G-S)-|S|$ 趋于稳定。这样，算法就求得了此次运行的核度。为了增加算法的鲁棒性，我们设定运行次数 k，对核度进行多次求解，以此来保证近似最优解。

14.2.3　基于最大最小蚂蚁系统的核度算法

精英蚁群算法虽然能在一定程度上获得更好的解，但是如果选择的精英蚂蚁数量过多，算法在搜索过程中同样会出现信息素更新停滞或者早熟收敛，最终影响算法的性能。蚁群算法的另一种优秀的改进算法是最大最小蚂蚁系统算法[6]。最大最小蚂蚁系统算法只允许找到最优解的蚂蚁在信息素更新时增加信息素，从而能够更有效地利用搜索历史，有效地帮助算法跳出早熟收敛，更好地发挥了蚁群算法的优势。同时，为了避免信息素浓度强度超出范围，最大最小蚂蚁系统算法使用了一个简单的机制来限制信息素的强度，即给定一个信息素浓度范围 $[\tau_{\min},\tau_{\max}]$，将信息素初始化的值设置为区间的上限，并在搜索过程中将每一条边上的信息素严格限制在此浓度内。信息素的调整规则如下：

$$\tau_{ij}^{*}(t)=\tau_{ij}(t)+\delta\left[\tau_{\max}(t)-\tau_{ij}(t)\right]$$

其中，$0<\delta<1$，$\tau_{ij}(t)$ 和 $\tau_{ij}^{*}(t)$ 分别表示更新前和更新后的值。

在最大最小蚂蚁系统算法中，信息素的更新规则如下：

$$\tau_{ij}(t+1)=(1-\rho)*\tau_{ij}(t)+\Delta\tau_{ij}^{\text{best}}$$

$$\Delta\tau_{ij}^{\text{best}}=\begin{cases}\dfrac{Q}{L_{\text{best}}} & \text{最优蚂蚁经过边}\ (i,j)\\ 0 & \text{其他}\end{cases}$$

由上式可知，一次周游后，只有找到最优解的蚂蚁或者发现已知最优解的蚂蚁才可以对相应的节点增加信息素。这样，最优路径对应的节点更有可能成为解集。通常情况下，这种改进型的算法能够以更快的速度获得更优的解。

算法 14.5 和算法 14.6 给出了基于最大最小蚂蚁系统的核度算法。

算法 14.5　CalCoreMmas

输入： 无向图 G，运行次数 k，信息素挥发系数 ρ，蚂蚁数量 m，迭代次数 cnt。

输出：核度值 Coritivity，图 G 的核节点集 Cores。

Begin:

1： Cores = {}

2： Coritivity = $-\infty$

3： **while** $k>0$ **do**

4： $k = k - 1$

5： pherovec = Initialization(G)

6： curcores = {}

7： curcoritivity = $-\infty$

8： curcores, curcoritivity = IteratM(G, pherovec, ρ, cnt, curcoritivity, curcores)

9： **if** curcoritivity > Coritivity **then**

10： Coritivity = curcoritivity

11： Cores = curcores

12： **end if**

13： **end while**

14： **return** Coritivity, Cores

End

算法 14.6 IteratM

输入：无向图 G，初始信息素 pherovec，信息素挥发系数 ρ，当前核度值 curcoritivity，当前核节点集 curcores，蚂蚁数量 m，迭代次数 cnt。

输出：核度值 Coritivity，图 G 的核节点集 Cores。

Begin:

1： **while** cnt > 0 **do**

2： cnt = cnt − 1

3： $n = |G|$

4： 根据 pherovec 分配新核 newcores

5： 计算新的核度值 newcoritivity $f'(S') = \omega(G - S') - |S'|$

6： **if** newcoritivity > curcoritivity **then**

7： curcoritivity = newcoritivity

```
8:            curcores = newcores
9:        end if
10:     maxcoritivity = -∞
11:       bestant = 0
12:       for  j=1 to m  do
13:            if  coritivity_j > maxcoritivity  then
14:                 maxcoritivity = coritivity_j
15:                 bestant = j
16:            end if
17:       end for
18:       for  i=1 to n  do
19:            if 最优蚂蚁经过节点 i  then
20:                 Δpherovec_i^best = maxcoritivity / ∑coritivity
21:            end if
22:            pherovec_i = (1-ρ)pherovec_i + Δpherovec_i^best
23:       end for
24:       更新 pherovec
25:    end while
26:    return  curcoritivity,curcores
End
```

在更新信息素过程中，只有找到最优路径的蚂蚁才可以对信息素进行更新。这样，通过只允许找到最优解的蚂蚁或者发现已知最优解的蚂蚁对相应的节点增加信息素，算法实现了对搜索历史的有效利用。

经过多次更新，目标函数 $f'(S)=\omega(G-S)-|S|$ 趋于稳定。这样，算法就求得了这次运行的最大核度。同样，为了增加算法的鲁棒性，我们设定运行次数为 k，对核度进行多次求解，以此来保证近似最优解。

14.3　大脑网络基础知识

本节介绍神经影像学与大脑网络挖掘领域的一些基本概念。

1. 神经影像学的基础概念

fMRI 是一种新兴的神经影像学模式，其工作原理是使用 MRI 来测量由神经元引起的血液动力学变化活动[7]。虽然 fMRI 是一种非介入性技术，但它在定位大脑活动特定皮层区域时展现出了极强的准确性和可靠性，而且空间分辨率也很高。图 14.2 展示了大脑的 fMRI 图像。

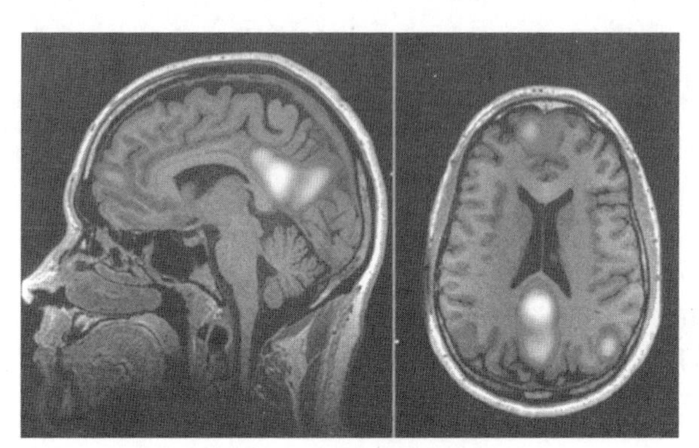

图 14.2　大脑的 fMRI 图像

DTI 是一种描述大脑结构的新技术，是弥散加权成像（Diffusion-weighted Imaging，DWI）的发展和深化[8]。在大脑中的一些特定组织中，水分子在每个方向上的扩散具有差异性。这种各向异性可以作为描述大脑的重要特征。通过定量评估白质的各向异性，DTI 可以观察和跟踪白质纤维束，是一种非常有效的非介入性技术。图 14.3 展示了几种不同的 DTI 图像。

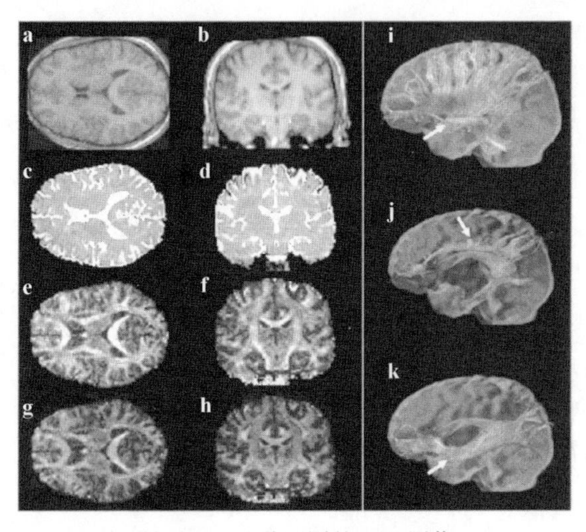

图 14.3　几种不同的 DTI 图像

2. 人脑连接组

为了全面描述人脑的结构和功能连接模式，研究学者们提出了人脑连接组的概念，定义了 3 种尺度。他们在这 3 种尺度下，给出了人脑连接组的描述。

在微观尺度下，单个神经元作为节点，神经元之间的连接作为大脑网络的连接。但是人的大脑由亿万数量级的神经元构成，它们之间有 10^{15}～10^{16} 个连接[9,10]。记录或跟踪 10^{15}～10^{16} 个连接在技术上是不可能的，同时也是不必要的。

在宏观尺度下，每个大脑区域都保持着各自的连接模式。一个隔离的大脑区域的定义是，它的所有结构元素都具有高度相似的连接模式，而且这些模式在大脑区域之间是不同的。这些连接模式决定了该区域的功能特性，也允许对其进行解剖学描述。

虽然一个宏观的描述将为人类大脑皮层的大规模组织提供许多基本的描述，但不足以全面了解人脑的功能动力和信息处理能力。中尺度主要关注基本处理单元之间的连接模式，对应神经元的局部群体，如皮层的小柱。弗农·芒卡斯尔（Vernon Mountcastle）最初提出了将大脑皮层的微柱作为哺乳动物大脑皮层的基本功能单元[11]。

由于现有的技术难以获得在中尺度下和微观尺度下的大脑网络数据，所以宏观尺度下无向未加权的网络是本章的研究重点。

3. 大脑网络的构建流程

通常来说，一旦使用神经影像数据构建了脑网络连通矩阵，人们会使用一个阈值将初始连通矩阵转换为二元邻接矩阵。下面介绍构建大脑网络的具体过程[1]。

不同神经影像的预处理和提取数据方法也有所不同。对于 fMRI、脑电图（electroencephalography，EEG）和脑磁图（magnetoencephalography，MEG），需要提取的对应时间序列如下：

（1）对于结构磁共振成像（structural Magnetic Resonance Imaging，sMRI），需要提取对应的形态学指标；

（2）对于 DTI，需要提取相应的大脑白质纤维束信息；

（3）根据原始 MRI，使用模板提取出相应的大脑区域信息。

根据大脑区域信息得到相应的连接矩阵，其中不同的神经影像对应的连接矩阵不同。对于 EEG、MEG、fMRI、sMRI，连接矩阵通常对应相关性矩阵；对于 DTI，连接矩阵对应连接强度或者纤维束区域的数量。

一旦使用神经影像数据构建了脑网络，通常会使用一个阈值将初始连接矩阵转换为二元邻接矩阵，以此来生成大脑网络。

14.4 实验分析

本节包括实验准备、不同算法的性能与结果分析、正常人和神经与精神病患者的特征分析，以及不同结构特征和不同阈值的性能与结果分析。

14.4.1 实验准备

本节将描述算法的整体流程，以及使用的数据集、基准算法和相应的实验配置。

1. 算法整体流程

算法的整体流程为：首先在大脑全连通矩阵上进行预处理，得到对应的具有不同程度有效信息的脑网络，然后使用多种核度算法求解核度和对应的其他结构特征。由于基于子核的分割算法无法在有效时间内计算出图的核度，所以该实验使用基于基础蚁群的算法、基于精英蚁群的算法和基于最大最小蚂蚁系统的算法来计算大脑网络的核度。最后，通过网络核度和核节点集求解其他特征，并将不同的特征进行组合，提供给模式分类器进行模型训练。

2. 数据集

该实验在 3 个真实的大脑网络数据集上进行。这 3 个数据集来自两种不同的神经和精神疾病，具体描述如下。

（1）BP-fMRI 数据集：包括 52 例双相障碍患者和 45 例健康对照者的 fMRI 数据。其中，患者和健康对照组的年龄和性别相匹配。每个大脑网络被表示为一个由 82 个节点组成的图形，这个图形的节点对应不同的大脑区域。有关数据采集和预处理的详细说明，参见文献[12]。

（2）HIV-fMRI 数据集和 HIV-DTI 数据集：分别包括 56 例 HIV 患者和 21 例健康对照者的 fMRI 和 DTI 数据。其中，患者和健康对照组的年龄和性别相匹配。每个大脑网络被表示为一个具有 90 个节点的图形，这个图形的节点对应于不同的大脑区域[13]。

表 14.2 为上述 3 个数据集的统计数据。

表 14.2　3 个数据集的统计数据

数据集名称	成像种类	节点数（个）
BP-fMRI	fMRI	82×82
HIV-fMRI	fMRI	90×90
HIV-DTI	DTI	90×90

3. 基准方法

为了评估 3 种启发式算法的性能，本章将它们与其他先进的算法进行比较。参与比较的基准算法如下。

（1）Conf 算法、Ratio 算法、Gtest 算法、HSIC 算法：这些算法分别是基于置信度、频率比、G 检验得分和 HSIC 的监督子图选择算法[14]，具体方法都是根据不同的判别准则选取前 *n* 个判别子图特征。

（2）AutoEncoder 算法：这种算法学习所有连通性数据的隐含式表示，而不考虑任何结构信息，是一种基于自编码器（autoencoder）的无监督特征选择方法[15]。

（3）Graph-SSC 算法：这种算法通过采用渐进的方式对图数据进行半监督特征选择，有效地搜索最优子图特征[16]。

（4）CNN 算法：这种算法包含了卷积层、池层、非线性层和完全连接层，是一个平凡的卷积神经网络。

（5）SDBN 算法：这种算法是一种高度保留大脑结构的非结构化网络挖掘方法，分为浅层架构（即 SDBN-Shallow 算法）和深层架构（即 SDBN-Deep 算法）[17]。

（6）M-ant 算法：这种算法是一种基于核度的特征提取方法，首先通过基于基础蚁群的算法求解出核度、核节点和对应的其他结构特征，然后作为特征组合输入模型分类器进行训练。

（7）M-elite 算法：这种算法是一种基于核度的特征提取方法，首先通过基于精英蚁群的算法求解出核度、核节点和对应的其他结构特征，然后作为特征组合输入模型分类器进行训练。

（8）M-mmas 算法：这种算法是一种基于核度的特征提取方法，首先通过基于最大最小蚂蚁系统的算法求解出核度、核节点和对应的其他结构特征，然后作为特征组合输入模型分类器进行训练。

4. 实验配置

对于子图挖掘方法，3 个数据集的阈值分别为 0.9、0.3、0.5。与文献[15]类似，该实验选择前 100 个特征进行分类。

SDBN 算法使用了谱聚类的方法，并将聚类大小设为 9。SDBN 算法选择构建 CNN 的配置。为了防止过拟合问题，SDBN 算法在全连通层上增加了随机失活层（dropout），漏失率为 0.5。在实验中，使用优化器 AdaGrad，这是一种基于梯度的自适应优化方法，可以自动确定每个参数的学习速率。由于数据集中的受试者数量有限，SDBN 算法对平衡数据集进行了 3 次交叉验证，并得到了平均结果。详细的实验配置可以参考文献[17]。

M-ant 算法、M-elite 算法和 M-mmas 算法是在分别求得脑网络的核度和对应的核节点之后，计算去掉核节点前后的连通分支数量及三角形数量，作为脑网络结构特征的补充。分类器采用支持向量机，测试数据集的比例为 0.3。由于数据集的数量有限，这 3 种算法对平衡数据集进行了 10 次交叉验证，并得到了平均结果。

14.4.2 不同算法的性能与结果分析

为了验证本章提出的算法在真实数据集上的效果，该实验使用准确率作为评价指标，来阐述不同算法的效果。实验采用支持向量机对提取出的结构特征进行分类训练。具体的实验配置可以参考文献[18,19]。

图 14.4～图 14.6 展示了不同算法在不同数据集下的准确率。

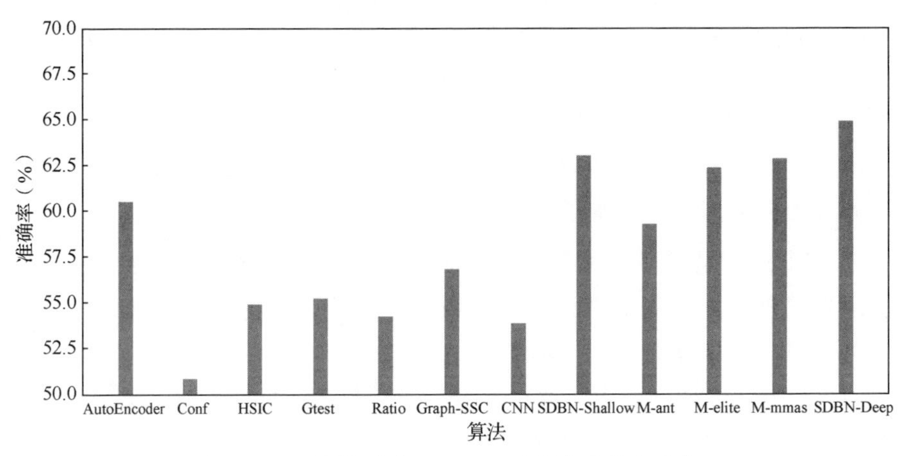

图 14.4　不同算法在 BP-fMRI 数据集中的准确率

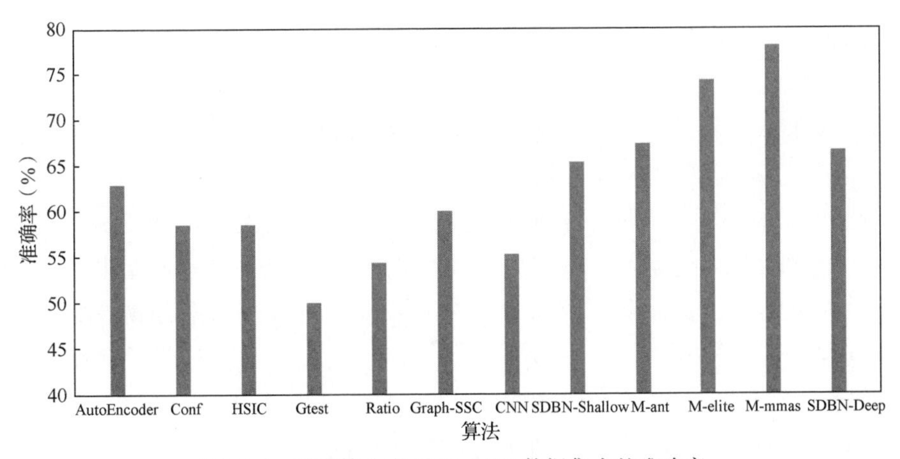

图 14.5　不同算法在 HIV-fMRI 数据集中的准确率

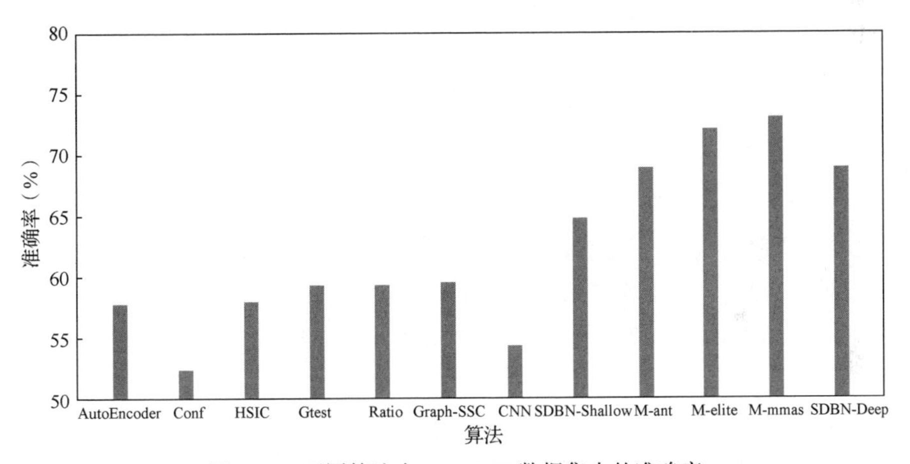

图 14.6　不同算法在 HIV-DTI 数据集中的准确率

此外，本章还使用召回率对 3 种基于核度的特征提取算法进行评估。实验结果表明，这 3 种基于核度的算法的召回率都在 0.85 以上。准确率是指分类正确的样本占总样本个数的比例，精确率是指分类正确的正样本个数占分类器判定为正样本的样本个数的比例，召回率是指分类正确的正样本个数占总样本中真正的正样本数量的比例，F1 分数是精确率与召回率的调和平均值。从图 14.4～图 14.6 中可以看出，与基准算法相比，3 种基于核度的特征提取算法在大多数情况下，都具有较优的分类效果。其中，M-mmas 算法的表现在大多数情况下要优于 M-elite 算法和 M-ant 算法，这与本书 14.3 节在 3 种复杂网络中的实验结果一致。其中，3 种基于核度的特征提取算法的召回率普遍偏高，说明算法的漏报率很低，大多数精神疾病患者都可以被检测出来；精确率相对较低，说明算法存在一定的误报性。不过在实际神经与精神疾病的诊断中，漏报比误报具有更严重的后果，说明了这 3 种算法在一定程度上适用于真实世界的神经与精神疾病诊断。

此外，从图中可以看出，CNN 算法效果很差，但是 SDBN-Deep 算法具有较好的性能。可能是因为与其他基准算法相比，SDBN-Deep 算法采用了更深层的网络结构，可以利用深度学习对非线性结构数据进行高效的挖掘，所以可以实现更好的效果。

14.4.3 正常人和神经与精神病患者的特征分析

为了探究正常人核度特征和神经与精神病患者的特征差异，该实验统计了 3 个数据集中正常人和神经与精神病患者的特征差异[18,19]。表 14.3 为在不同数据集中使用 M-elite 算法和 M-mmas 算法计算出来的正常人和神经与精神病患者的核度平均值。

许多神经与精神疾病可以通过大脑网络的连接性表现出来，其中一部分表现为多连接性，另一部分表现为少连接性。相对于正常人的大脑，多连接性大脑网络表现为患者的某些大脑功能区域之间的连接性变强，而这些区域在正常人的脑中连接并不紧密。而少连接性大脑网络则表现为患者的某些大脑功能区域之间的连接性变弱，而这些区域在正常人的脑中连接较为紧密。显然，少连接和多连接的大脑网络在连通性上会有较大的差异，而核度可以反映网络的连通性。所以，不同类型的疾病在核度上会表现出较大的差异。通常来说，少连接性大脑网络的核度偏大，多连接性大脑网络的核度偏小。

表 14.3　正常人和神经与精神病患者的核度平均值

数据集名称与数据类别		核度平均值（M-elite 算法）	核度平均值（M-mmas 算法）
HIV-fMRI	正常人	7.2	8.2
	患者	9.2	10.8
HIV-DTI	正常人	7.2	9.5
	患者	9.8	10.4
BP-fMRI	正常人	6.2	6.7
	患者	7.4	7.6

由表 14.3 可以看出，表中两种算法下 BP 患者和 HIV 患者的核度都偏大，说明这两类患者的大脑网络具有少连接性，即大脑中一部分原本较强的功能或结构连接变弱。

14.4.4　不同结构特征的性能与结果分析

为了探究不同结构特征对分类的影响，该实验计算了在删除核节点前后大脑网络中不同的连通图数量、三角形数量，并将其不同的特征进行组合，输入模式分类器。图 14.7～图 14.9 展示了不同特征组合对性能的影响。

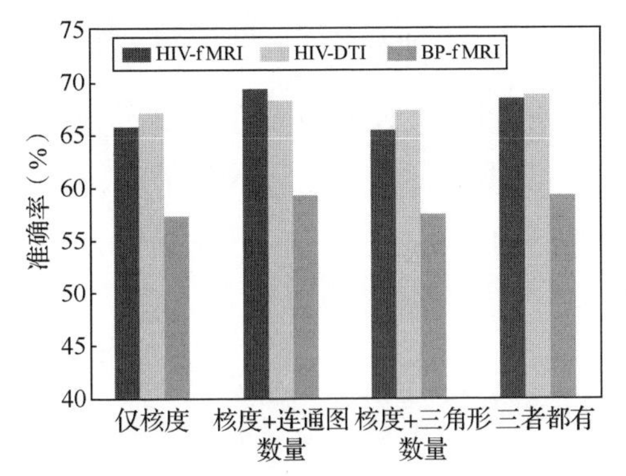

图 14.7　M-ant 算法在不同特征下的性能

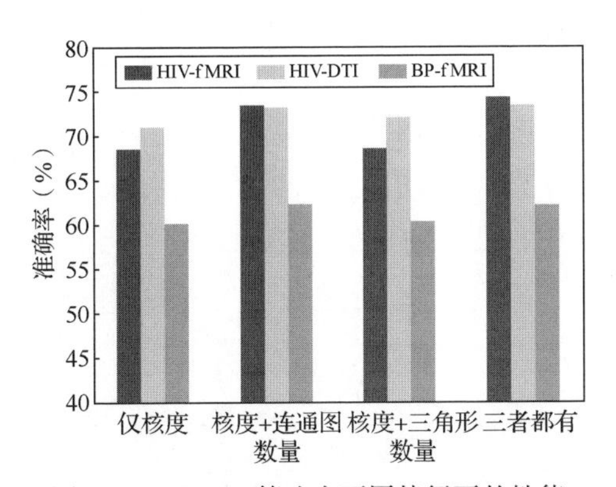

图 14.8　M-elite 算法在不同特征下的性能

从图 14.7～图 14.9 可以看出，这 3 种算法仅使用核度就可以达到不错的效果，说明了核度是一个区分正常人和神经与精神病患者的重要特征。其中，M-mmas 算法的性能总体要好于 M-elite 算法和 M-ant 算法，此结果与上文的算法实验结果相似。同时，使用连通图数量作为核度的补充对分类性能

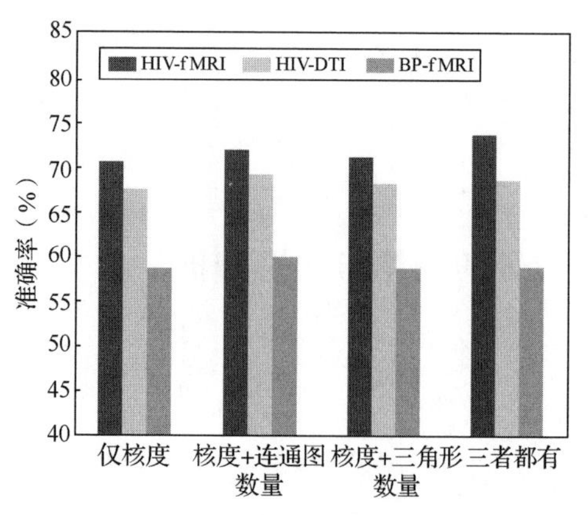

图 14.9 M-mmas 算法在不同特征下的性能

也有一定的正向作用，说明正常人和患者在核节点分割大脑网络时产生的连通图数量不同。然而，使用核度与三角形数量的特征组合对性能的提升微乎其微，甚至在有些数据集中性能有所降低，这说明了正常人和患者在核节点分割大脑网络时产生的三角形数量无显著差异。

14.4.5 不同阈值的性能与结果分析

为了探究在生成大脑网络时使用不同阈值带来的影响，该实验在预处理时使用不同阈值，以此来构建具有不同程度信息的大脑网络，并分别测试了不同阈值下 M-elite 算法和 M-mmas 算法的性能[18,19]。图 14.10～图 14.13 展示了在不同阈值下两种算法的表现，图中采用了两个评估指标，即准确率（Accuracy）和 F1 分数（F1-score）。

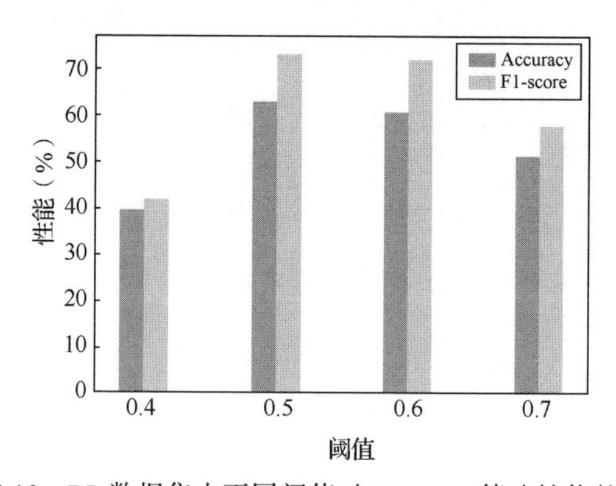

图 14.10 BP 数据集中不同阈值对 M-mmas 算法性能的影响

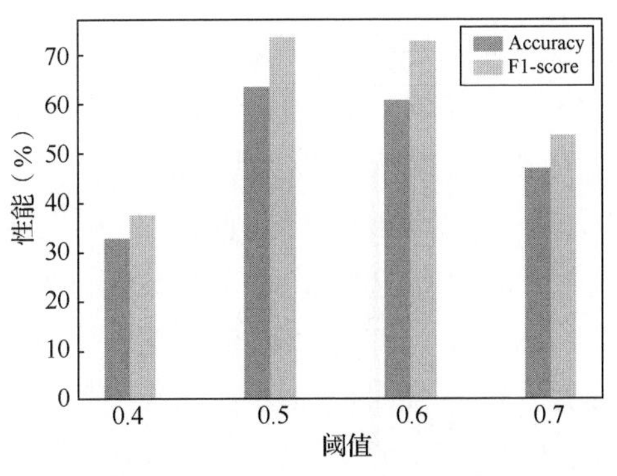

图 14.11　BP 数据集中不同阈值对 M-elite 算法的性能影响

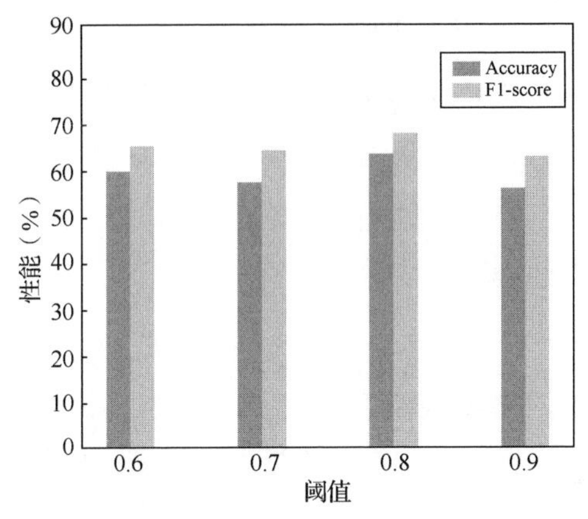

图 14.12　HIV 数据集中不同阈值对 M-mmas 算法性能的影响

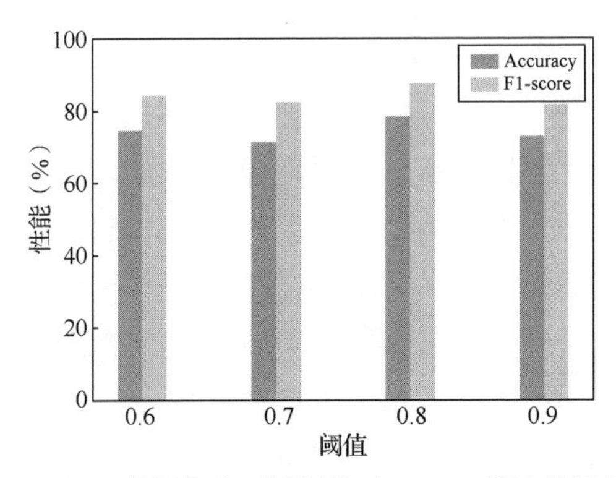

图 14.13　HIV 数据集中不同阈值对 M-elite 算法性能的影响

功能连接矩阵的权重表示大脑区域之间的功能相关性，也表示大脑网络中节点的连接程度。其中，矩阵对应的权重越大，功能相关性越大，节点之间的连接性越强。本章采用阈值方法对原始功能连接矩阵进行处理，以此来生成具有不同程度信息的大脑网络。假设功能连接程度小于某阈值的边和对应的节点对整个网络的影响非常小，则通过调节不同的阈值，可以实现保留权重较大的节点和边，删除权重较小的节点和边。

从图 14.10～图 14.13 可以看出，当阈值处在一个合适的范围时，算法的性能较好，太小或太大的阈值都会降低模型的性能。通常情况下，如果阈值太小，一些对网络影响非常小的节点和边会被保留，从而扰乱整个网络的有效信息；如果阈值过大，则一些对网络有实质影响的节点和边会被删除，从而损失整个网络的有效信息。

研究者们已经证实了网络中的一些弱连接也会有举足轻重的作用，所以选取合适的阈值对后续模型表现的影响很大。为了在不损失信息的情况下避免过多无效连接扰乱整个网络的表达，应该选择适当的阈值来删除权重过小的元素，同时要保留适量权重较小的元素。

14.5 本章小结

本章介绍了大脑网络挖掘模型框架，并为了验证模型的有效性，在真实大脑网络数据集上进行了实验。本章介绍了 3 种基于蚁群的核度算法，并介绍了所使用的数据集和其他的基准算法。实验结果表明，与基准算法相比，基于核度的算法在 3 个数据集上的表现几乎都比较优秀。其中，M-mmas 算法的表现在大多数情况下优于M-elite算法和M-ant算法，表明了用M-mmas算法求解出的核度更准确。此外，本章分析了正常人和神经与精神病患者大脑网络的结构特征差异，并展示了不同特征组合的性能，结果表明仅使用核度就可以达到不错的效果，连通图数量对分类性能也有一定的正向作用。最后，本章分析了使用不同阈值构建大脑网络对最终分类性能的影响，实验结果表明如果阈值太小或太大，性能都会降低。通常情况下，如果阈值太小，一些对网络影响非常小的节点和边会被保留，从而扰乱整个网络的有效信息。如果阈值过大，则一些对网络有实质影响的节点和边会被删除，从而损失整个网络的有效信息。

参考文献

[1] Sporns O, Tononi G, Kötter R. The Human Connectome: A Structural

Description of the Human Brain[J]. PLoS Computational Biology, 2005, 1(4): 42.

[2] Dorigo M, Maniezzo V, Colorni A. Ant System: Optimization by a Colony of Cooperating Agents[J]. IEEE Transactions on Systems Man and Cybernetics Part B, 1996, 26(1): 29-41.

[3] Dorigo M, Maniezzo V, Colorni A. Positive Feedback as a Search Strategy[R]. Milano: Politecnico di Milano, 1991.

[4] Dorigo M, Di C, Gambardella L M. Ant Algorithms for Discrete Optimization[J]. Artificial Life, 1999, 5(2): 137-172.

[5] Dorigo M, Blum C. Ant Colony Optimization Theory: A Survey[J]. Theoretical Computer Science, 2005, 344(2-3): 243-278.

[6] Stutzle T. Max-min Ant System[J]. Future Generation Computer Systems, 2000, 16(8): 889-914.

[7] Logothetis N K, Pauls J, Augath M, et al. Neurophysiological Investigation of the Basis of the fMRI Signal[J]. Nature, 2001, 412(6843): 150-157.

[8] Assaf Y, Pasternak O. Diffusion Tensor Imaging (DTI)-based White Matter Mapping in Brain Research: A Review[J]. Journal of Molecular Neuroscience, 2008, 34(1): 51-61.

[9] Murre J, Sturdy D. The Connectivity of the Brain: Multi-level Quantitative Analysis[J]. Biological Cybernetics, 1995, 73(6): 529.

[10] Braitenberg V, Schuz A, Winer J A. Anatomy of the Cortex: Statistics and Geometry[J]. Journal of Anatomy, 1991, 179(3): 203.

[11] Mountcastle V B. The Columnar Organization of the Neocortex[J]. Brain, 1997, 120(4): 701-722.

[12] Cao B, Zhan L, Kong X, et al. Identification of Discriminative Subgraph Patterns in fMRI Brain Networks in Bipolar Affective Disorder[C]// Proceedings of International Conference on Brain Informatics and Health. Berlin: Springer, 2015: 105-114.

[13] Nathalie T, Brigitte L, Dimitri P, et al. Automated Anatomical Labeling of Activations in Spm Using a Macroscopic Anatomical Parcellation of the MNI MRI Single-subject Brain[J]. NeuroImage, 2002, 15(1):

273-289.

[14] Kong X, Yu P S, Wang X, et al. Discriminative Feature Selection for Uncertain Graph Classification[C]// Proceedings of the 2013 SIAM International Conference on Data Mining. [S.l.]: Society for Industrial and Applied Mathematics, 2013: 82-93.

[15] Zhang J, Cao B, Xie S, et al. Identifying Connectivity Patterns for Brain Diseases via Multi-side-view Guided Deep Architectures[C]//Proceedings of the SIAM International Conference on Data Mining. PA: SIAM, 2016: 36-44.

[16] Kong X, Yu P S. Semi-supervised Feature Selection for Graph Classification[C]// Proceedings of the 16th ACM SIGKDD International Conference on Knowledge Discovery and Data Mining. New York: ACM, 2010: 793–802.

[17] Wang S, He L, Cao B, et al. Structural Deep Brain Network Mining[C]// Proceedings of the 23rd ACM SIGKDD International Conference on Knowledge Discovery and Data Mining. NY: ACM, 2017: 475-484.

[18] Zhang Y, Zhang K, Zou X. Structural Brain Network Mining Based on Core Theory[C]// Proceedings of IEEE 3rd International Conference on Data Science in Cyberspace. NJ: IEEE, 2018, 1: 161-168.

[19] 张衎. 复杂网络核心节点研究及推荐系统应用[D]. 北京: 北京大学, 2018.